COMPLEX ANALYSIS

道具としての
複素関数

涌井貞美 SADAMI WAKUI

$f(z)=3z^2+4z+2$

$z_1=r_1(\cos\theta_1+i\sin\theta_1)$、$z_2=r_2(\cos\theta_2+i\sin\theta_2)$

$\int_C f(z)dz=\frac{1}{2}(\beta^2-\alpha^2)$

日本実業出版社

はじめに

入学したばかりの大学生に複素数のことを尋ねると、次のような返答がなされるのが普通です。

「存在しない空想上の数」「2 次方程式の解で使う仮想的な数」

間違った答えではありませんが、それは近視眼的な見方です。複素数は実数を拡張したものであり、その分見える世界が広がります。より高い視点から数学を捉えられるようになるのです。複素関数論（複素解析とも呼ばれます）は、このような高い視点から微分積分を眺める数学なのです。

こう記述すると複素関数論が純粋数学のように思われるかもしれません。しかし、それは違います。多くの理工系大学の講座にこのテーマが組み入れられていることからわかるように、複素関数論は極めて実用的です。複雑な積分計算が解ける武器を提供するからです。いくらコンピュータが普及発展し、数値計算が容易になったといっても、実際に積分がしっかり計算できることは大切です。理論がすっきりするからです。また、応用数学で有名な線形の微分方程式、フーリエ解析、ラプラス変換などにも、複素関数論は活躍します。

これほど応用上大切な複素関数論ですが、市販されている多くの解説書は難解です。難しい記号が羅列されていたり、厳密性を重んじるために話が冗長だったりします。そこで本書は「道具として使う」観点から、より直感的に解説を進めます。応用で使うのなら、厳密性よりもイメージ的な理解が大切です。このことを念頭に置きながら、複素関数論の素晴らしさを本書は解説します。図を多用し、例題を豊富に掲載し、話を進めます。本書を通して複素関数論の応用の世界とその素晴らしさが紹介できたなら幸いです。

最後になりましたが、本書の企画から上梓まで一貫してご指導くださった日本実業出版社の中尾淳氏、山田聖子氏にこの場をお借りして感謝の意を表させていただきます。

2017 年 秋　著 者

目 次

《3 章》 複素関数の微分と積分の基本

《4 章》 コーシーの積分定理とその応用

《5 章》
複素関数としての初等関数

《6 章》
複素関数の応用

本書の使い方

- 本書は道具として複素関数論を使えることを目的としています。そこで、直感的理解を主眼にしたため、細部で数学的な厳密性が欠けている箇所もありますが、ご容赦ください。
- 本書で扱う関数は注記のない限り必要なだけ微分可能とします。積分においては、その値が存在することを仮定します。また、級数においても、一様に収束すると仮定します。これらの仮定を一々確かめると、話の流れが途切れてしまい、大きな流れを見失うからです（実用的にはこの条件は満たされるのが普通です）。
- 注記しない限り、領域は単連結であり、閉曲線は単純閉曲線と仮定します。また、閉曲線の向きは反時計回りを正としています。
- 電気工学の分野では、電流と区別するために虚数単位を j と表現するのが普通ですが、本書では数学の標準表記の i を用います。
- 実関数の世界では、自然対数を純粋数学では log、応用数学では ln、と表すのが普通です。本書では、実関数と複素関数の対数を区別するために、実関数の対数を ln で、複素関数の対数を log で表すことにします。
- 本書では曲線を広くとらえ、直線も曲線の一形態と考えます。「長方形の閉曲線」「直線 C の弧長」などの表現もご容赦ください。

カバーデザイン◆冨澤 崇（EBranch）
本文デザイン・イラスト・DTP ◆初見弘一（TOMORROW FROM HERE）

序　章

複素関数とは

本論に入る前に、これから学ぶ複素関数論の大切さと、学ぶ上での注意点を確認します。「実数関数 $f(x)$ の変数 x を複素数 z に置き換えただけ」という簡単な話ではないことを了解してください。

複素数とは次の数をいいます。

$a + bi$（a、b は実数、i は虚数単位と呼ばれ、$i^2 = -1$ となる数）

これだけの約束で生まれた数が、壮麗な理論体系に発展することを本書は紹介します。本章では、その複素数について簡単なおさらいをしましょう。また、今後の話の流れを簡単に確認します。

複素数とは何？

最初に次のことを確認します。

$(1) \times (1) = 1$、$(-1) \times (-1) = 1$

このように、(0以外の) 同じ数を掛け合わせると、値は正の数になります。一般化すれば、$a^2 > 0$（$a \neq 0$ のとき）となります。ところで、次のような数は考えられないでしょうか。

$a^2 < 0$

このような数を考えようというのが、複素数の始まりです。

存在するの？

「2回掛けて負となる数など存在しないのでは？」と問われます。しかし、この存在するという問いかけは難問です。例えば

「－1は存在するか？」

と問われると、同じように困惑します。マイナスの数など世の中にはないからです。身の回りで負の数を探すと、例えば温度計にその記載がありますが、これとて絶対温度で測れば正の数になります。

このことは分数でも同じです。

「$\frac{1}{3}$ は存在するか？」

と問われて、「これがその数だ」と実体を示すことはできません。

「1mの棒を3等分すれば、それが $\frac{1}{3}$ では？」

と反論されるかもしれませんが、そもそも3等分自体が空想の産物です。正確に3等分などできないのです。

以上のように「存在するなら見せてみよ！」的な発想をとると、不毛の世界に陥ります。数学は、素直に推論し、議論を深める学問です。結果として生まれた産物の有無については他の学問に場を譲ることになります。

方程式の解としての数

数を「方程式の解」という観点から見てみましょう。

最初に0と自然数（すなわち0以上の整数）の存在を仮定します。

0と自然数：0、1、2、3、4、5、6、7、…

これらの数を係数に持つ次の方程式を考えます。

$x+1=0$

この方程式を満たす数は、0と自然数だけからなる世界には存在しません。しかし、「解なし」では面白くありません。そこで、この方程式が解を持てる世界を考えます。それが負の数を含めた**整数**です。そうすることで、方程式は $x=-1$ という解を持つことができます。このように、「方程式に解を持たせる」という発想から、数の世界を広げることができるのです。

同様に、整数係数を持つ方程式として次の例を調べましょう。

$3x-1=0$

この方程式は整数の世界には解がありません。そこで、この方程式が解を持てるよう世界を拡張します。その拡張された世界が**有理数**です。そうすることで、方程式は $x=\frac{1}{3}$ という解を持つことができます。

さらに、有理数係数を持つ次の方程式を考えてみましょう。

$x^2=2$

この方程式は有理数の世界では解を持ちません。そこで再びこの方程式が解を持てるよう世界を拡張します。その拡張された世界が**無理数**を含めた**実数**です。そうすることで、方程式は $x=\pm\sqrt{2}$ という無理数を解に持つことができます。

そしてさらに、実数係数を持つ次の方程式を考えてみましょう。

$x^2=-1 \quad \cdots(1)$

この方程式は実数の世界では解を持ちません。そこで、この方程式が解を持てるよう世界を拡張します。その拡張された世界が複素数なのです。方程式に解を持たせるという観点から自然に複素数の世界が見えることになります。複素数は素直な流れの中から産まれ出てくるのです。

方程式（1）の解の一つは i と書かれ、**虚数単位**と呼ばれます。すなわち、

$i^2 = -1$　…（2）

最初に述べたように、この虚数単位を用いてすべての複素数は次のように表せます。

$a + bi$　（a、b は実数）　…（3）

$b \neq 0$ のとき、その複素数を**虚数**といいます。

周知のように、複素数係数の n 次方程式は複素数の世界に解を持ちます（**代数学の基本定理**と呼ばれます）。

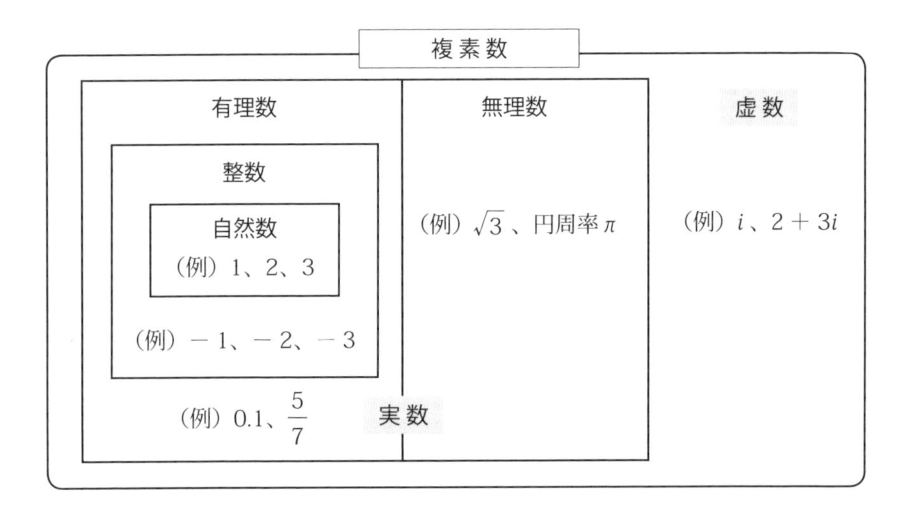

なお、拡張された世界でも、四則計算とそれに伴う計算規則（交換法則や結合法則、分配法則）はそのまま保持されると仮定されます。

どこで役立つの？

高等学校で習う複素数の復習はこれくらいにして、複素数がどのように

役立つかを見てみましょう。

一つ有名な応用は幾何学の世界です。

複素数は２つの実数 a、b を組み合わせた数です。そこで２次元、すなわち平面を記述できます。ある意味、複素数は平面のベクトルと等価なのです。しかし、積はベクトルとは大きく異なります。

ベクトル：$(a_1,\ a_2)$、$(b_1,\ b_2)$ の積は $a_1 b_1 + a_2 b_2$（内積）　…（4）

複素数：$a_1 + a_2 i$、$b_1 + b_2 i$ の積は $(a_1 b_1 - a_2 b_2) + (a_1 b_2 + a_2 b_1) i$　…（5）

ベクトルの内積（4）は一方のベクトルの他方への正射影というイメージを持ちます。複素数の積（5）は何を意味しているのでしょうか？

後に復習するように、ド・モアブルの定理を利用すると、積（5）は「点の回転と伸縮を表す」と解釈できることがわかります。すなわち、複素数は平面の世界の相似変換の研究に役立つのです。

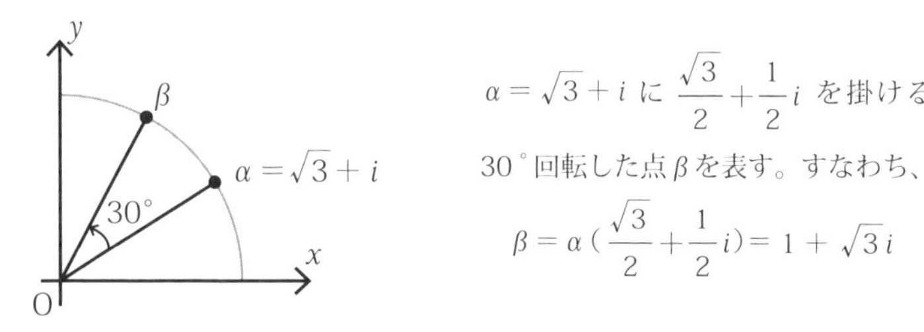

もう一つの有名な応用の世界を見てみましょう。それは力学の世界です。

力学は現実の世界を記述する学問ですが、対象とする相手が極微の世界にあるとき、実数だけでは記述できません。量子力学と呼ばれる、複素数をも取り込んだ新たな学問が必要になるのです。

例えば、歴史的に有名な「対応原理」というものがあります。運動量と呼ばれる物理量は量子力学では次の演算子に置き換えられる、という原理です。運動量を p とし、x 軸方向のみを考えるとして、

$$p = -i\hbar \frac{\partial}{\partial x}$$

なんと、現実を記述する力学に虚数が現れるのです！　すなわち、自然の

記述には複素数の世界が必要になるのです。

次の方程式はシュレディンガー方程式と呼ばれる極微の世界の運動を記述する方程式ですが、ここにも虚数単位が現れています。

$$i\hbar \frac{\partial}{\partial x}\psi(x,\ t) = \hat{H}\psi(x,\ t)$$

(注) $\hbar$ はプランク定数、$\hat{H}$ はハミルトニアンと呼ばれる演算子です。

最後にもう一つの有名な応用例を見てみましょう。それが本書で扱う**複素関数論**という分野です。また、**複素解析**とも呼ばれます。これは関数の微分と積分を複素数にまで拡張して扱う学問です。

こう表現すると、「複素関数論とは単に実数の関数（**実関数**といいます）の変数を複素数に置き換えただけでは？」と思われるかもしれませんが、それは誤りです。関数を複素数の世界に拡張する中で、実数の世界では見ることができない様々な関係が見つけられるのです。

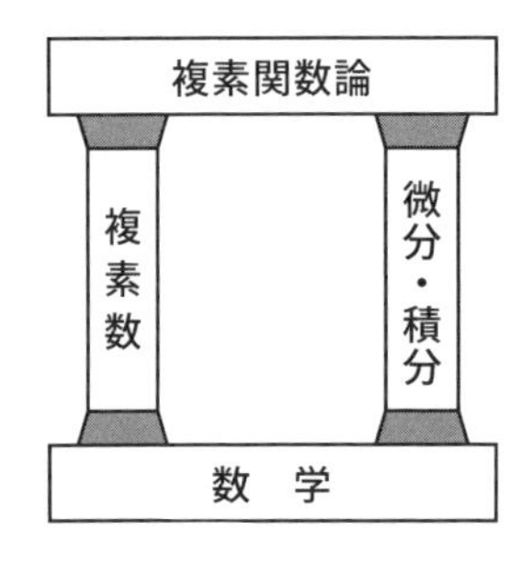

複素関数論は微分・積分の理論を複素数まで拡張した理論。実数の世界では見えない面白い性質が発見できます。

複素関数が難しい理由

山や谷の入り組んだ複雑な地形でも、空から見るとその配置がよくわかります。見晴らしがきくからです。それと同様に、実数だけで見ていると複雑な関数でも、実数よりも広い世界となる複素数から眺めると、よりよく理解できる場合があります。世界を広げたことで、見晴らしがよくなるからです。

実際、関数を複素数まで拡張すると、微分・積分の見通しがよくなります。ある意味、「美しい世界」が広がります。その美しさを記述するのが本書の狙いです。

しかし、「きれいなバラには棘がある」の格言の通り、複素数の関数（**複素関数**といいます）には困った側面があります。それはグラフに描いて理解することができないということです。

複素関数は従属変数と独立変数が各々２次元、すなわち計４次元の世界の理論です。そのため、紙面に関数のグラフを描いて理解することは困難です。実関数のように、グラフから直感的に理解することができないのです。したがって、複素関数論を理解するには慣れが必要になります。

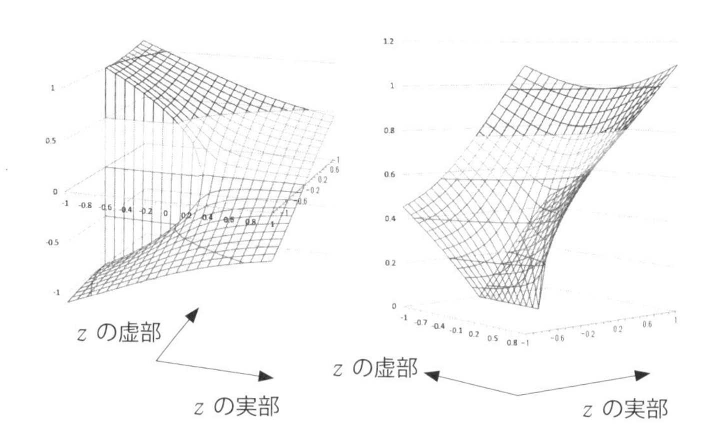

$w = z^{\frac{1}{2}}$ を w の実数部（右側）と虚数部（左側）に分けて描いたグラフ。単純な関数でも、グラフはこのように複雑になります。

「グラフから直感的には理解できない」というこの性質を納得しながら素直に計算を追うと、複素関数論はけっして難しい理論ではありません。理論の発展には奇抜なアイデアを要しないからです。

学習の注意点（1）

複素関数論の学習で注意すべきことは、実数の世界で普段利用している関数をそのままの意味で理解してはいけないことです。

一例を挙げましょう。多くの文献に取り上げられている「オイラーの公式」という有名な式があります。

オイラーの公式：$e^{ix} = \cos x + i \sin x$

$x = \pi$を代入すると、「オイラーの等式」が得られます。

オイラーの等式：$e^{i\pi} + 1 = 0$

初めて複素関数論を学習するときには、その不思議さに魅了される公式です。しかし、ここで立ち止まって考えてもらいたいことは、e^{ix}という関数がどう定義されているか、ということです。

高等学校の復習になりますが、一般に指数関数は次のような流れで定義されます。例として$y = 2^x$を利用して調べてみましょう。

最初にxが自然数のとき、2^xは「2をx回掛け合わせた数」と定義されます。

（例）$2^3 = 2 \times 2 \times 2$

xが負の数や分数になると、この定義は通用しません。2^{-3}は「2を－3回掛け合わせた数」といっても意味が通じないからです。そこで、指数法則と呼ばれる次の公式が登場します。

（指数法則）$a^m a^n = a^{m+n}$、$(a^m)^n = a^{mn}$、$(ab)^n = a^n b^n$

この法則はa、bが正で、m、nが自然数のときに成立が証明されますが、それが実数の世界でも成立すると仮定するのです。すると、例えば2^0、2^{-3}、$2^{\frac{1}{2}}$は次のように定義できます。

$2^3 \times 2^0 = 2^{3+0} = 2^3$から、$2^0 = 1$

$2^{-3} \times 2^3 = 2^{-3+3} = 2^0 = 1$から、$2^{-3} = \dfrac{1}{2^3}$

$(2^{1/2})^2 = 2^{\frac{1}{2}\cdot 2} = 2^1 = 2$から、　$2^{\frac{1}{2}} = \sqrt{2}$

このようにして、上記の指数法則を仮定することで、指数関数2^xは実数全体に拡張できます。しかし、指数関数2^xのxを複素数にまで拡張するには、以上の論法は使えません。例えば、2^iを簡単には定義できないのです。すなわち、先のオイラーの公式やオイラーの等式の不思議さに魅了される前に、「指数が複素数の場合はどう定義されるの？」に答えなければならないのです。

「実数の関数をそのままの意味で複素数の関数として理解してはいけない」ということは、三角関数でも当てはまります。例えば実数の世界では、$y = \sin x$ の x は角度と解釈されますが、もし x に複素数が許されるとすると、$\sin x$ はいったい何を表現するのでしょうか？　角度が複素数とはいったいどんな意味なのでしょうか？

以上から、関数を複素数の世界に拡張するには新たな視点が必要なことが理解できるでしょう。

学習の注意点（2）

先に調べたように、複素数の関数は紙面上のグラフには描けません。「グラフを見ればわかる」という議論が使えないのです。

例えば、実数の導関数 $f'(x)$ は「関数 $y = f(x)$ のグラフにおける接線の傾き」という直感的な意味で理解できます。

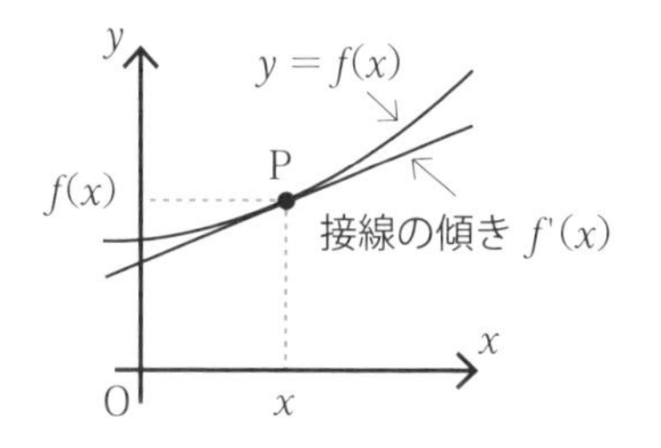

実数の世界の関数 $y = f(x)$ の導関数 $f'(x)$ は、そのグラフ上の点 $(x,\ f(x))$ における接線の傾きを表します。

それに対して、複素数で扱う関数 $w = f(z)$ では、独立変数 z は2次元です。1本の横軸だけでは表現できません。さらに、関数の値 w も2次元です。そこで、導関数 $f'(z)$ をどうイメージしてよいか、またそれをどう解釈してよいか、不明です。単純に「導関数は接線のイメージ」などというような理解はできないのです。

「グラフを見ればわかる」という議論が使えないのは積分でも同じです。実数関数の積分は「$f(x) \geqq 0$ のとき、定積分 $\int_a^b f(x)dx$ は区間 $a \leqq x \leqq b$

で関数 $f(x)$ のグラフと x 軸とに挟まれた部分の面積を表す」と解釈されます。

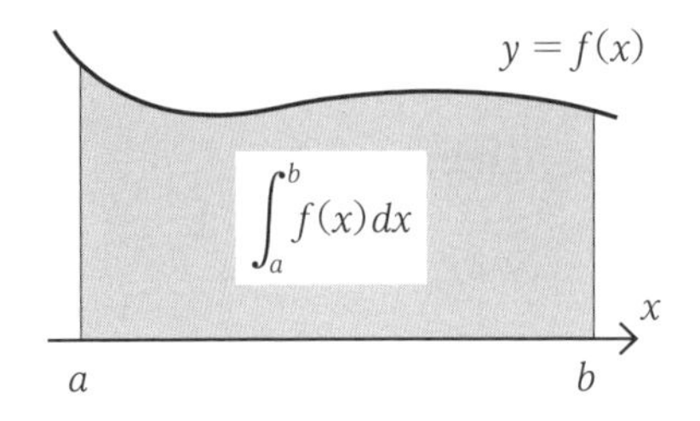

定積分 $\int_a^b f(x)dx$ は、関数 $f(x)$ のグラフと x 軸とで挟まれた部分の面積を表す（ただし、$f(x) \geqq 0$）。

しかし、複素関数論では、このような直感的な理解ができません。先の微分の場合に調べたように、複素数の関数 $w = f(z)$ では、独立変数 z が 2 次元となるからです。1 本の横軸だけでは表現できないのです。そこで、下図のように曲線上で積分を定義することになります。この曲線上でどう積分を定義し意味づけしてよいか、自明ではありません。イメージに頼らないしっかりした定義が必要になります。

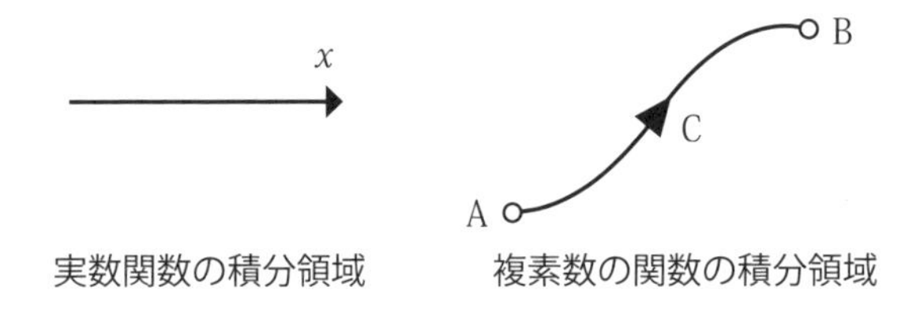

複素数は 2 次元なので、独立変数 z は平面上の曲線上で定義されることになります。

複素関数論の学習のコツ

以上、2 つの学習上の注意点を調べました。しかし、これらを見て困惑する必要はありません。先にも述べたように、素直に議論を進めると、複素関数論はけっして難しくはないからです。ただし、上記の注意点に関心を持ち続けることで、複素関数論の理解は一層容易になるはずです。複素関数論の仕組みが見えやすくなるからです。本書を読み進めて、これらの注意点を克服できれば、複素関数論を学習する一つの目的は達せられたといえるでしょう。

1 章

複素数の復習

複素関数論に必要となる複素数の基礎知識について確認しましょう。ほとんどは高校数学の内容になりますが、今後の展開の基本になり大切です。

三角関数の復習

三角関数と複素数には切っても切れない関係があります。そこで、複素関数論で必要になる三角関数の復習をしましょう。

（注）本項で扱う数はすべて実数です。

定義

複素数の章の初めに三角関数の復習を配置するのに違和感があるかもしれません。しかし、複素数と三角関数とは親密な関係があります。そこで、複素数の計算に必要な三角関数の復習をすることにします。

三角関数は高等学校の教科書では次のように定義されています。

> 右の図のように原点Oを中心にした半径 r の円を考える。点Pを円上の点とし、半径OPと x 軸とのなす角を θ とする。このとき、三角関数sin、cosは次のように定義される。
>
> $\sin\theta = \dfrac{y}{r}$ 、$\cos\theta = \dfrac{x}{r}$　… (1)

（例1） $\theta = \dfrac{11}{6}\pi$ のとき、$\sin\theta$、$\cos\theta$ の値を求めましょう。このとき、次の図と定義式（1）から、

$$\sin\frac{11}{6}\pi = -\frac{1}{2} \text{、} \cos\frac{11}{6}\pi = \frac{\sqrt{3}}{2}$$

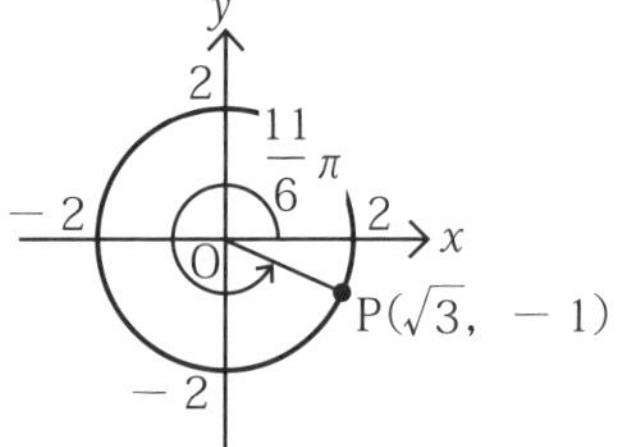

グラフ

上記の三角関数の定義（1）から、$y = \sin\theta$ と $y = \cos\theta$ のグラフが次のように描けます。

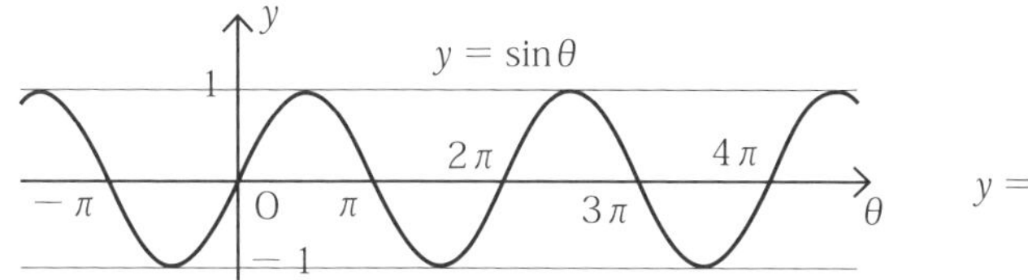

$y=\sin\theta$ のグラフ

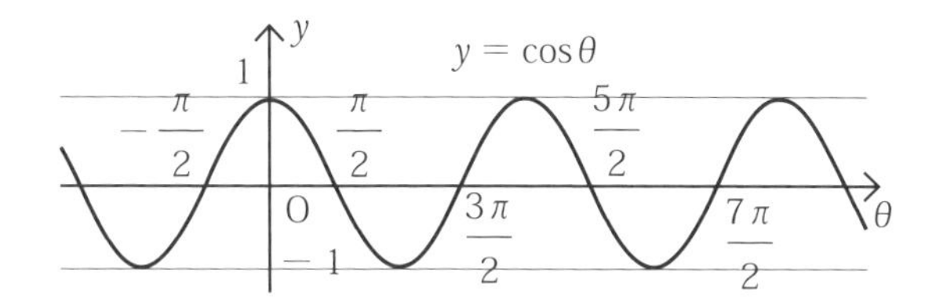

$y=\cos\theta$ のグラフ

sinθとcosθの関係

定義式（1）から明らかなように、三角関数 $\sin\theta$、$\cos\theta$ は独立ではありません。次の大切な関係があります。

$$\sin^2\theta+\cos^2\theta=1 \quad \cdots (2)$$

〔**証明**〕三平方の定理からすぐに証明できます。（**証明終**）

（**例2**）$\sin\frac{3}{4}\pi=\frac{1}{\sqrt{2}}$、$\cos\frac{3}{4}\pi=-\frac{1}{\sqrt{2}}$ であり、$\sin^2\frac{3}{4}\pi+\cos^2\frac{3}{4}\pi=1$

有名な不等式

積分公式の導出の際に、式の評価でよく利用される公式を示します。

$$\frac{2}{\pi}\theta \leqq \sin\theta \quad \left(0\leqq\theta\leqq\frac{\pi}{2}\right) \quad \cdots (3)$$

〔**証明**〕原点を通る直線 $y=\frac{2}{\pi}\theta$ は $0\leqq\theta\leqq\frac{\pi}{2}$ において常に $y=\sin\theta$ の下側にあります（右図）。したがって、式（3）が成立します。（**証明終**）

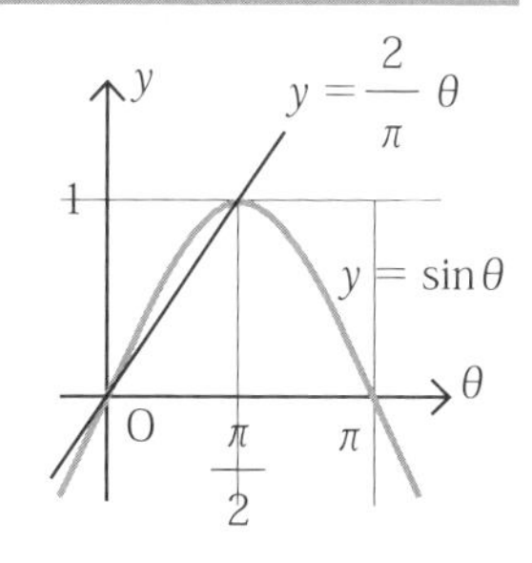

加法定理

２つの角 α、β について、次の関係が成立します。これらを三角関数の**加法定理**といいます。

$$\sin(\alpha \pm \beta) = \sin\alpha \cos\beta \pm \cos\alpha \sin\beta$$
$$\cos(\alpha \pm \beta) = \cos\alpha \cos\beta \mp \sin\alpha \sin\beta$$

〔証明〕 三角関数の定義、及び三平方の定理から証明できます。**（証明終）**

（例 2） 加法定理の使い方を次の２つの例で見てみましょう。

$$\sin\frac{\pi}{12} = \sin\left(\frac{\pi}{3} - \frac{\pi}{4}\right) = \sin\frac{\pi}{3}\cos\frac{\pi}{4} - \cos\frac{\pi}{3}\sin\frac{\pi}{4}$$
$$= \frac{\sqrt{3}}{2}\cdot\frac{\sqrt{2}}{2} - \frac{1}{2}\cdot\frac{\sqrt{2}}{2} = \frac{\sqrt{6}-\sqrt{2}}{4}$$

$$\cos\frac{\pi}{12} = \cos\left(\frac{\pi}{3} - \frac{\pi}{4}\right) = \cos\frac{\pi}{3}\cos\frac{\pi}{4} + \sin\frac{\pi}{3}\sin\frac{\pi}{4}$$
$$= \frac{1}{2}\cdot\frac{\sqrt{2}}{2} + \frac{\sqrt{3}}{2}\cdot\frac{\sqrt{2}}{2} = \frac{\sqrt{2}+\sqrt{6}}{4}$$

演習

〔問 1〕 $\sin\frac{5}{12}\pi$、$\cos\frac{5}{12}\pi$ の値を求めよう。

（解） 加法定理を用いて、

$$\sin\frac{5}{12}\pi = \sin\left(\frac{\pi}{6} + \frac{\pi}{4}\right) = \sin\frac{\pi}{6}\cos\frac{\pi}{4} + \cos\frac{\pi}{6}\sin\frac{\pi}{4}$$
$$= \frac{1}{2}\cdot\frac{\sqrt{2}}{2} + \frac{\sqrt{3}}{2}\cdot\frac{\sqrt{2}}{2} = \frac{\sqrt{2}+\sqrt{6}}{4} \quad \text{（答）}$$

$$\cos\frac{5}{12}\pi = \cos\left(\frac{\pi}{6} + \frac{\pi}{4}\right) = \cos\frac{\pi}{6}\cos\frac{\pi}{4} - \sin\frac{\pi}{6}\sin\frac{\pi}{4}$$
$$= \frac{\sqrt{3}}{2}\cdot\frac{\sqrt{2}}{2} - \frac{1}{2}\cdot\frac{\sqrt{2}}{2} = \frac{\sqrt{6}-\sqrt{2}}{4} \quad \text{（答）}$$

複素数のおさらい

人は自然数、整数、有理数、実数と広げてきた数の世界を、さらに複素数にまで拡張しました。その複素数の基本を調べましょう。（注）本書では虚数単位を i と表記します。工学系で利用される j は利用しません。

虚数単位

中学校では次の方程式に「解はない」と教えられます。

$x^2 = -1$　…(1)

数 x が正でも負でも、それを2回掛ける（すなわち x^2 を作る）と正になるからです。

(正)^2 ＝正×正＝正、(負)^2 ＝負×負＝正

実数の世界では、方程式（1）を満たす数は存在しないのです。しかし、高校数学からは方程式（1）が解を持つような新しい数が利用されます。2乗すると－1となる数を1つ考え、それを i で表すのです。この数 i を**虚数単位**と呼びます。

$i^2 = -1$　…(2)

（注1）虚数は英語で imaginary number。虚数単位の i はこの頭文字です。

定義式（2）から、方程式（1）の解は $\pm i$ と表せます。

複素数

虚数単位 i を含む次のような数を考えます。

$a + bi$　（a、b は実数）

これを**複素数**といいます。a を**実部**、b を**虚部**といいます。虚部 b が0のとき、そ

複素数 $a + bi$

$b = 0$ 実数 a （例） 2、0.1、 $\sqrt{3}$、$\frac{5}{7}$	$b \neq 0$ 虚数 $a + bi$ （例）$2 + 3i$ $0.1 - \sqrt{3}\,i$	$a = 0$ 純虚数 （例）$3i$

の複素数は実数です。実数は複素数の特別な場合と考えられるのです。

特に、$b \neq 0$ のとき、$a + bi$ を**虚数**といいます。また、$3i$ などのように実部が0の虚数を**純虚数**といいます。

（例 1） 複素数 $2 + 3i$ は、実部2、虚部3の虚数。

（例 2） 複素数 $3i$ は、実部が0なので純虚数。

複素数の相等

2つの複素数が等しいとは実部と虚部が等しいことをいいます。すなわち、a、b、c、d が実数のとき、次のことが成立します。

$$a + bi = c + di \Leftrightarrow a = c\text{、}b = d\text{、特に } a + bi = 0 \Leftrightarrow a = 0 \text{ かつ } b = 0$$

（例 3） a、b が実数のとき、$a + bi = 2 + 3i$ ならば、$a = 2$、$b = 3$

（例 4） x、y が実数のとき、$(x - 3) + (y + 1)i = 0$ ならば、$x = 3$、$y = -1$

〔例題 1〕 次の等式を満たす実数 x、y の値を求めよ

$$(3x + 2y) + (2x - 3y)i = -1 + 8i$$

（解） $3x + 2y$、$2x - 3y$ は実数なので、$3x + 2y = -1$、$2x - 3y = 8$

これを解いて、 $x = 1$、$y = -2$ 　　**（答）**

共役な複素数

複素数 $z = a + bi$（a、b が実数）に対して、$a - bi$ を z の**共役な複素数**といいます。z の共役な複素数は $\overline{z}$ と表されます。

（例 5） $z = 4 + 3i$ のとき、その共役な複素数 $\overline{z}$ は、$\overline{z} = 4 - 3i$

共役な複素数には、次のような関係が成立します。

$$\overline{\overline{z}} = z\text{、}\overline{z_1 \pm z_2} = \overline{z_1} \pm \overline{z_2}\text{、}\overline{z_1 z_2} = \overline{z_1}\,\overline{z_2}\text{、}\overline{\left(\frac{z_1}{z_2}\right)} = \frac{\overline{z_1}}{\overline{z_2}}$$

〔**証明**〕$z = a + bi$、$\overline{z} = a - bi$ として、計算で確かめます。（**証明終**）

共役な複素数を用いる計算は頻出します。そこで、これらの公式は覚えておくことをお勧めします。その際、次のように覚えるとよいでしょう。

和差の共役は共役の和差、積商の共役は共役の積商、共役の共役は戻る。

（例 6） $z = 4 + 3i$ のとき、$\overline{\overline{z}} = \overline{4 - 3i} = 4 + 3i = z$

複素数の四則

複素数は**実数と同じ計算規則が適用**されます。

（例 7） $(4 + 3i) + (1 - 2i) = (4 + 1) + (3 - 2)i = 5 + i$

$(4 + 3i) - (1 - 2i) = (4 - 1) + (3 + 2)i = 3 + 5i$

（例 8） $(4 + 3i)(1 - 2i) = 4 \times 1 - 4 \times 2i + 3i \times 1 - 3 \times 2i^2$

$= 4 - 8i + 3i - 6 \times (-1) = 10 - 5i$

（例 9） $\dfrac{5 + i}{2 + 3i} = \dfrac{(5 + i)(2 - 3i)}{(2 + 3i)(2 - 3i)}$

$= \dfrac{10 - 13i - 3i^2}{2^2 - (3i)^2} = \dfrac{10 - 13i + 3}{4 - (-9)} = \dfrac{13 - 13i}{13} = 1 - i$

（注）（例 9）の技法は「分子分母に分母の共役な複素数を掛ける」と表現できます。

以上の例からわかるように、複素数の四則計算から得られる数は再び複素数になります。すなわち、複素数は四則計算について閉じているのです。

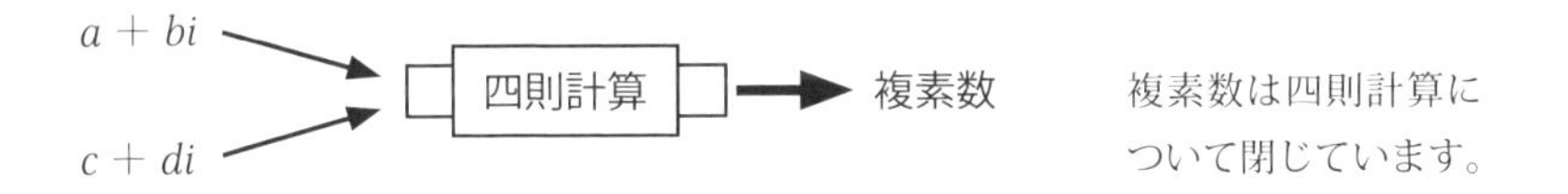

演習

〔**問**〕次の式を計算しよう。

（ア）$(7 + 3i) - (1 + 2i)$　（イ）$(1 - 2i)^2$　（ウ）$\dfrac{3i}{2 + i}$　（エ）i^5

（答）（ア）$6 + i$　（イ）$-3 - 4i$　（ウ）$\dfrac{3 + 6i}{5}$　（エ）i

03 複素数平面と極形式

複素数を視覚的に理解するのに役立つのが複素数平面です。その意味を調べてみましょう。また、その平面上で活躍する「複素数の極形式」について確認します。

複素数平面

先に確認したように、次のように表現される数 z を**複素数**と呼びます。

$z = a + bi$ （a、b は実数、i は虚数単位で $i^2 = -1$）

このように、複素数 $z = a + bi$ は2つの実数 a、b が組み合わされた数です。そこで、座標 (a, b) を持つ平面上の点として表すことができます。この平面を**複素数平面**といいます。

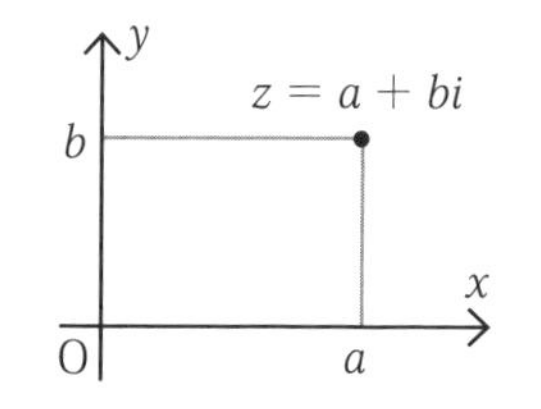

（注）複素数平面のことを**複素平面**、**ガウス平面**ともいいます。

複素数平面の横軸を**実軸**、縦軸を**虚軸**といいます。

（注）本書は複素数 $z = x + yi$ の実軸を x で、虚軸を y で表現しています。実軸を Re z、虚軸を Im z などと表している文献もあります。

複素数平面上で、複素数 z が表す点Pを P(z) と表します。もっと簡明に「点 z」とも表現します。

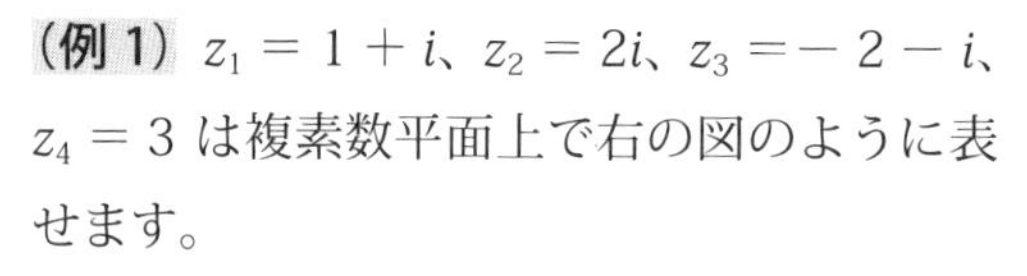

（例1） $z_1 = 1 + i$、$z_2 = 2i$、$z_3 = -2 - i$、$z_4 = 3$ は複素数平面上で右の図のように表せます。

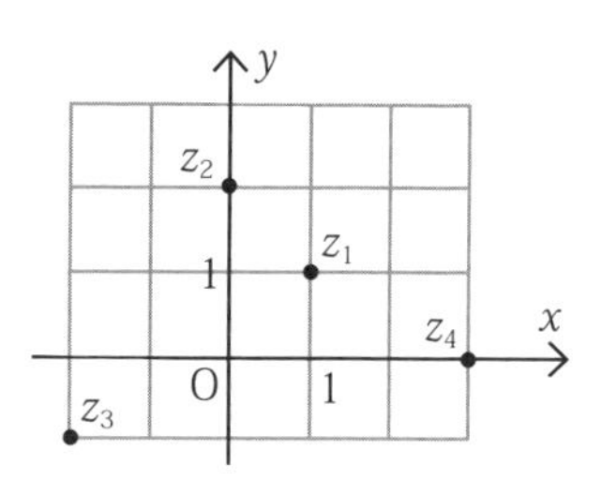

複素数の絶対値

原点Oと $z = a + bi$（a、b は実数）の表す点との距離を $|z|$ と表し、複素数 z の**絶対値**と呼びます。

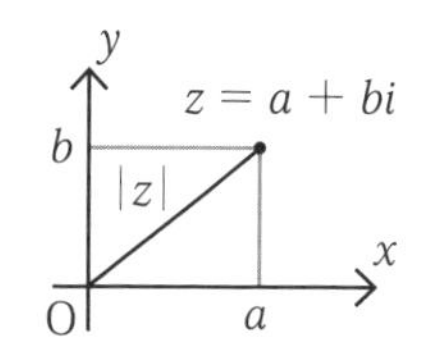

三平方の定理から、$z = a + bi$ の絶対値は次のように表せます。$b = 0$ とすると、この式は実数の絶対値と同じ式になります。

$$|z| = \sqrt{a^2 + b^2} \quad \cdots (1)$$

(例 2) $z_1 = 3 + 4i$、$z_2 = 2i$ の絶対値は順に次のように得られます。

$|z_1| = \sqrt{3^2 + 4^2} = 5$、$|z_2| = \sqrt{2^2} = 2$

共役な複素数の図形的な意味と絶対値との関係

先に示したように（→本章 §2）、複素数 $z = a + bi$（a、b は実数）に対して、$a - bi$ を**共役な複素数**といい、$\bar{z}$ で表します。複素数平面に示すと、右図のように実軸に対して対称の関係になります。

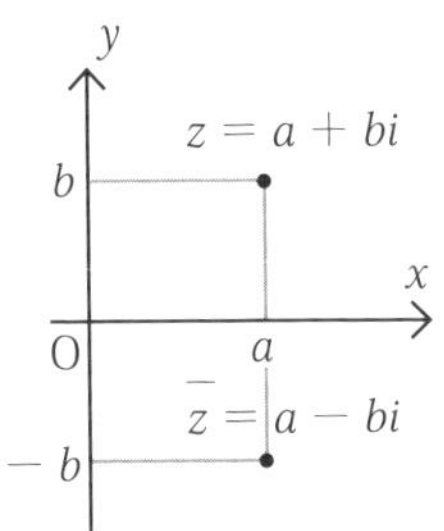

複素数 z の共役な複素数はその絶対値（すなわち原点と z との距離）を求めるのに役立ちます。それが次の公式です。

$$z\bar{z} = |z|^2 \quad \cdots (2)$$

〔証明〕 $z = a + bi$、$\bar{z} = a - bi$ とすると、公式（1）より、

$z\bar{z} = (a + bi)(a - bi) = a^2 + b^2 = |z|^2$ **（証明終）**

(例 3) $z = 12 + 5i$ のとき、$z\bar{z} = (12 + 5i)(12 - 5i) = 13^2$

また、$|z| = \sqrt{12^2 + 5^2} = 13$ から、公式（2）が確かめられます。

極形式

複素数 z を示すのに、$a + bi$ という形式以外に、別の表現があります。

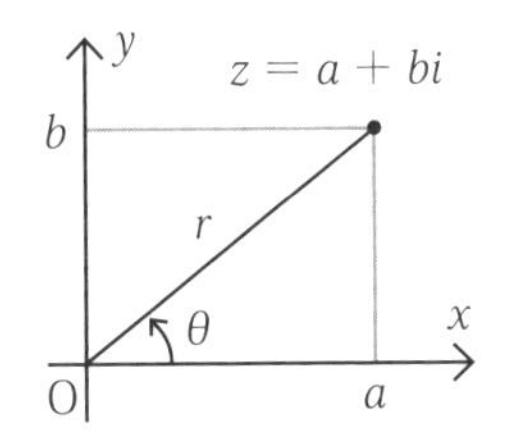

複素数は複素数平面上の点として表されますが、右の図に示すように、原点からの

距離 r（すなわち絶対値 $|z|$）と x 軸からの角度 θ とによりその位置が示されます。このとき、三角関数の定義から、次の関係が得られます。

$a = r\cos\theta$、$b = r\sin\theta$

こうして、複素数 $z = a + bi$ は絶対値 r と θ で次のように表せます。

$z = r\cos\theta + ir\sin\theta = r(\cos\theta + i\sin\theta)$

この表現法を複素数 z の**極形式**と呼びます。θ を z の**偏角**といい、記号で $\arg z$ と表します。

$z = r(\cos\theta + i\sin\theta)$　（$r = |z|$、θ は偏角）　… (3)

（例 4） $z = 1 + i$ のとき、右の図から、偏角は $\dfrac{\pi}{4}$ であり、$|z| = \sqrt{1^2 + 1^2} = \sqrt{2}$ なので、

z の極形式$= \sqrt{2}\left(\cos\dfrac{\pi}{4} + i\sin\dfrac{\pi}{4}\right)$

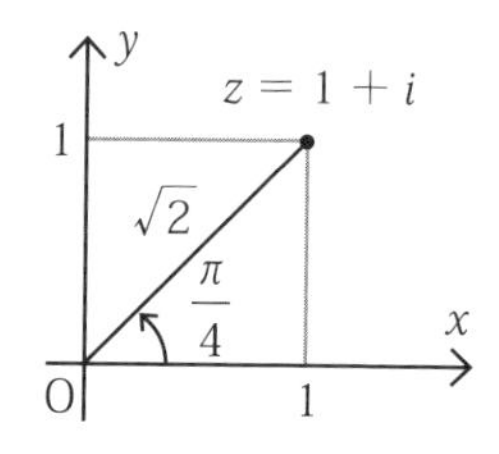

（注）偏角は 1 通りには定まりません。一般的には n 回転分の不定性を表す $2n\pi$（n は整数）を偏角に付加すべきです。このことが、後に複素関数論を複雑化します。

極形式と乗法・除法

極形式で表された 2 つの複素数

$z_1 = r_1(\cos\theta_1 + i\sin\theta_1)$、$z_2 = r_2(\cos\theta_2 + i\sin\theta_2)$

に対して、次の公式が成立します。これが複素数の応用の世界を広げる基本定理となります。

$$\left.\begin{aligned} z_1 z_2 &= r_1 r_2 \{\cos(\theta_1 + \theta_2) + i\sin(\theta_1 + \theta_2)\} \\ \frac{z_1}{z_2} &= \frac{r_1}{r_2}\{\cos(\theta_1 - \theta_2) + i\sin(\theta_1 - \theta_2)\} \end{aligned}\right\} \cdots (4)$$

〔証明〕 三角関数の加法定理（→本章 §1）から得られます。例えば、

$z_1 z_2 = r_1(\cos\theta_1 + i\sin\theta_1)\, r_2(\cos\theta_2 + i\sin\theta_2)$

$\quad = r_1 r_2\{(\cos\theta_1\cos\theta_2 - \sin\theta_1\sin\theta_2) + i(\cos\theta_1\sin\theta_2 + \sin\theta_1\cos\theta_2)\}$

$= r_1 r_2 \{\cos(\theta_1 + \theta_2) + i\sin(\theta_1 + \theta_2)\}$ **(証明終)**

(例 5) $z_1 = \sqrt{3} - i$、$z_2 = 1 + \sqrt{3}\,i$ のとき、極形式を用いて、$z_1 z_2$ を求めてみます。

z_1、z_2 を極形式で表すと、

$z_1 = 2\{\cos(-\frac{\pi}{6}) + i\sin(-\frac{\pi}{6})\}$、$z_2 = 2(\cos\frac{\pi}{3} + i\sin\frac{\pi}{3})$ から

$$z_1 z_2 = 2^2\{\cos(-\frac{\pi}{6}+\frac{\pi}{3}) + i\sin(-\frac{\pi}{6}+\frac{\pi}{3})\} = 4(\frac{\sqrt{3}}{2}+\frac{1}{2}i) = 2\sqrt{3}+2i$$

(例 6) $z = r(\cos\theta + i\sin\theta)$ のとき、

$$\frac{1}{z} = \frac{\cos 0 + i\sin 0}{r(\cos\theta + i\sin\theta)} = \frac{1}{r}\{\cos(0-\theta) + i\sin(0-\theta)\}$$

よって、次の式が成立します：$\frac{1}{z} = \frac{1}{r}\{\cos(-\theta) + i\sin(-\theta)\}$

(注) (例 6) の結果を覚えておくと、複素数の割り算が簡単になることがあります。

演習

〔問 1〕 $z = 1 + \sqrt{3}\,i$ を極形式で示しなさい。

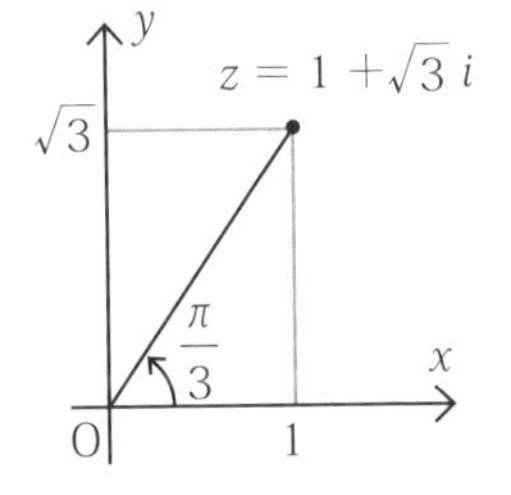

(解) 右の図から、偏角は $\frac{\pi}{3}$、$|z| = 2$ なので、

z の極形式 $= 2(\cos\frac{\pi}{3} + i\sin\frac{\pi}{3})$ **(答)**

〔問 2〕 $z_1 = \sqrt{3} - i$、$z_2 = 1 + \sqrt{3}\,i$ のとき、極形式を用いて、$\frac{z_1}{z_2}$ を求めよう。

(解) z_1、z_2 の極形式は (例 5) に求めてあるので、それを公式 (4) に当てはめて、

$$\frac{z_1}{z_2} = \frac{2}{2}\{\cos(-\frac{\pi}{6}-\frac{\pi}{3}) + i\sin(-\frac{\pi}{6}-\frac{\pi}{3})\} = -i$$ **(答)**

04 複素数の図形への応用

複素数は２つの要素からなり、「2元数」とも呼ばれます。それは２つの要素を持つ平面のベクトルと共通し、多くの似通った性質を持ちます。しかし、積や商の意味は、ベクトルと大きく異なります。

複素数の和と差はベクトル計算と一致

複素数 $z = x + yi$（x、y は実数）は平面上のベクトル（x, y）と捉えることができます。実際、２つの複素数 $\alpha = a + bi$、$\beta = c + di$（a、b、c、d は実数）について、$\alpha + \beta$、$\alpha - \beta$ の表す点は平面のベクトル（a, b）、（c, d）の和と差の表す点と一致します。下図はベクトルの和の求め方を利用して２つの複素数 α、β の和 $\alpha + \beta$ と差 $\alpha - \beta$ を作図したものです。

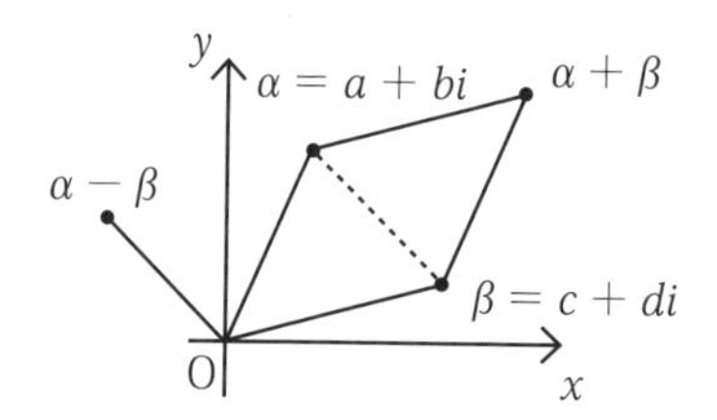

複素数平面上で複素数の和と差は、平面のベクトルの和と差と同一視できます。

分点の公式についても、ベクトルで有名な次の分点の公式がそのまま利用できます。

> α、β の表す点を $m:n$ に分ける点を表す複素数は $\dfrac{n\alpha + m\beta}{m + n}$

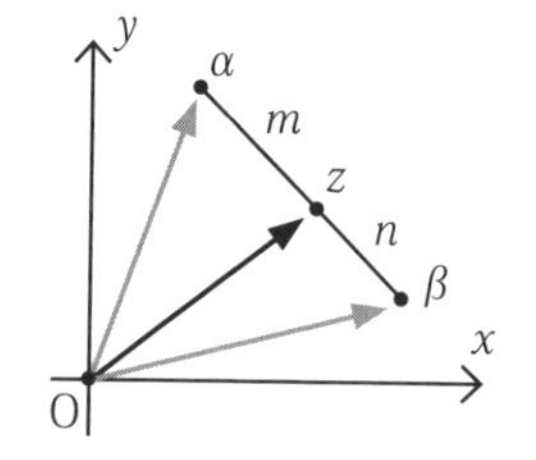

α、β の表す点を $m:n$ に分ける点を表す複素数を求めるには、ベクトルの分点の公式がそのまま利用できます。

三角不等式

様々な大切な定理の証明に利用される「三角不等式」を調べます。

$$|\alpha+\beta| \leqq |\alpha| + |\beta| \quad \cdots(1)$$

〔**証明**〕下図において、三角形の1辺は他の2辺の和よりも小さいという性質を適用した不等式です。（**証明終**）

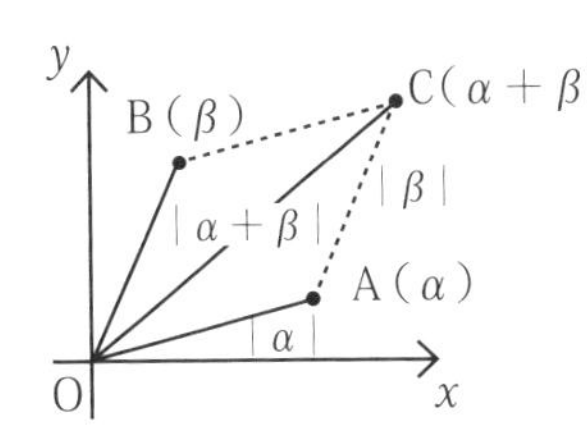

三角不等式は、図を見ればすぐに納得がいきます。

2点間の距離の公式

複素数平面において、2点A(α)、B(β) 間の距離ABは次のように表現できます。これが複素数平面における**距離の公式**です。

A(α)、B(β) において、$AB = |\beta - \alpha|$

〔**証明**〕三平方の定理から証明できます。（**証明終**）

（**例1**）$z_1 = -2 + i$、$z_2 = 2 + 4i$ の間の距離は

$$|z_2 - z_1| = |4 + 3i| = \sqrt{4^2 + 3^2} = 5$$

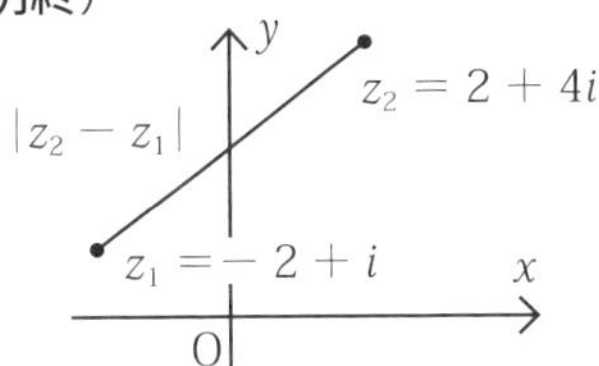

円の方程式

上記の距離の公式を利用すれば、複素数平面における円の方程式も次のようにベクトル方程式と同様に表現できます。

中心α、半径rの円周上の点zの方程式は

$$|z - \alpha| = r \quad \cdots(2)$$

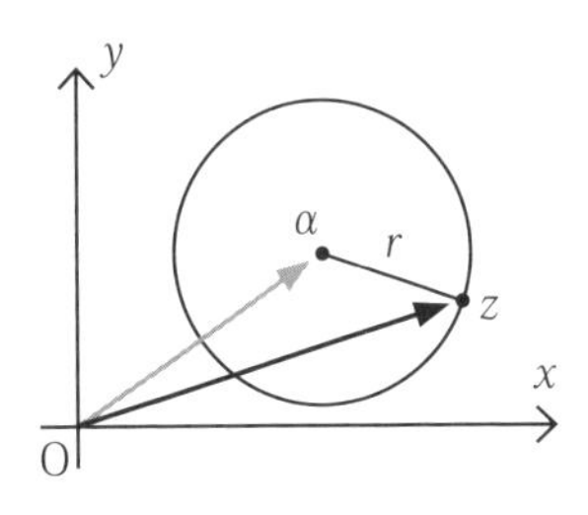

（例 2） $\alpha = i$、を中心にして半径 1 の円の方程式は次のようになります。

$|z - i| = 1$

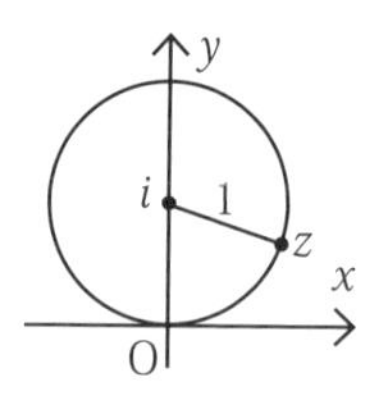

複素数の積とその図形的な意味

和や差だけを考えるとき、複素数と平面のベクトルは基本的に同じです。図形の問題で複素数が際立つのは、積と商が関係する分野です。それを確認するために、前節（§3）の公式（4）を再度見てみます。

> 2 つの複素数 $z_1 = r_1(\cos\theta_1 + i\sin\theta_1)$、$z_2 = r_2(\cos\theta_2 + i\sin\theta_2)$ に対して、
>
> $z_1z_2 = r_1r_2\{\cos(\theta_1 + \theta_2) + i\sin(\theta_1 + \theta_2)\}$　…（3）（再掲）

この公式を図形的に解釈してみましょう。

> 複素数 z_1 に複素数 z_2 を掛けると、z_1 は原点 O を中心に z_2 の偏角だけ回転し、z_2 の絶対値だけ伸縮する。

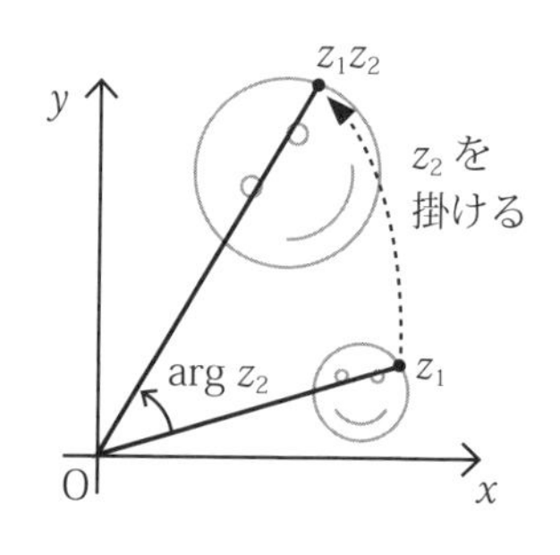

すなわち、複素数を掛けるということは、原点を中心にした図形の相似変換を実現するのです。

（例 3） 複素数平面で、原点を中心に $z_1 = \sqrt{3} + i$ を $\dfrac{\pi}{3}$ だけ回転して得られる点を表す複素数 z を求めてみましょう。

それには、偏角が $\dfrac{\pi}{3}$ で絶対値が 1 の次の複素数 z_2 を利用します。

$$z_2 = \cos\frac{\pi}{3} + i\sin\frac{\pi}{3} = \frac{1}{2} + \frac{\sqrt{3}}{2}i$$

これを z_1 に掛けて、目的の z が得られます。

$$z = z_1z_2 = (\sqrt{3} + i)\left(\frac{1}{2} + \frac{\sqrt{3}}{2}i\right) = 2i$$

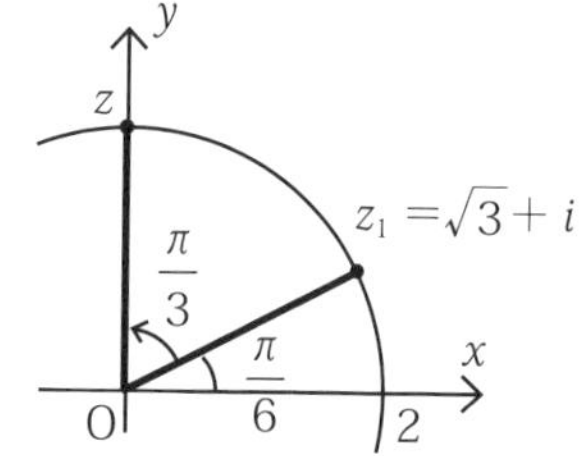

複素数の商とその図形的な意味

複素数の積と同様、その商にも図形的な意味が対応します。それを確認するために、前節（§3）の公式（4）を再度見てみます。

> 2つの複素数 $z_1 = r_1(\cos\theta_1 + i\sin\theta_1)$、$z_2 = r_2(\cos\theta_2 + i\sin\theta_2)$ に対して、
>
> $$\frac{z_1}{z_2} = \frac{r_1}{r_2}\{\cos(\theta_1 - \theta_2) + i\sin(\theta_1 - \theta_2)\} \quad \cdots (4)（再掲）$$

公式（4）を図形的に解釈してみましょう。偏角の記号を用いると、次のように表せます。

$$\arg\frac{z_1}{z_2} = \arg\theta_1 - \arg\theta_2 \quad \cdots (5)$$

すなわち、原点から見た2つの複素数 z_1、z_2 の点のなす角が z_1 と z_2 の商から簡単に得られることを意味しています。

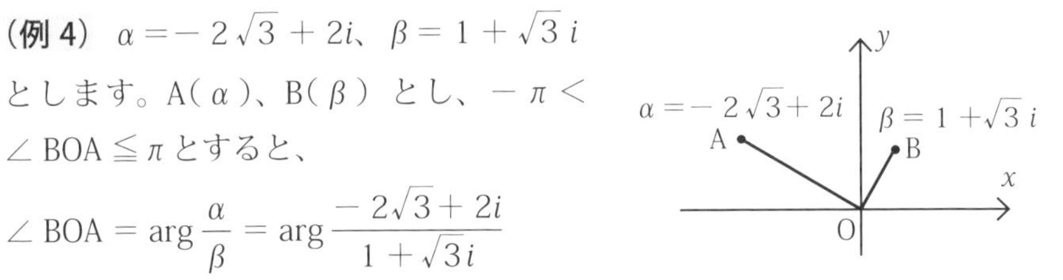

（例4） $\alpha = -2\sqrt{3} + 2i$、$\beta = 1 + \sqrt{3}\,i$ とします。A(α)、B(β) とし、$-\pi < \angle\mathrm{BOA} \leqq \pi$ とすると、

$$\angle\mathrm{BOA} = \arg\frac{\alpha}{\beta} = \arg\frac{-2\sqrt{3} + 2i}{1 + \sqrt{3}i}$$

$$= \arg 2i = \frac{\pi}{2}$$

式（5）を利用すると、次の角度の公式が得られます。

> 複素数平面上の3点P、Q、Rが各々 z_0、z_1、z_2 で表されるとき、
>
> $$\angle\mathrm{QPR} = \arg\frac{z_2 - z_0}{z_1 - z_0} \quad \cdots (6)$$

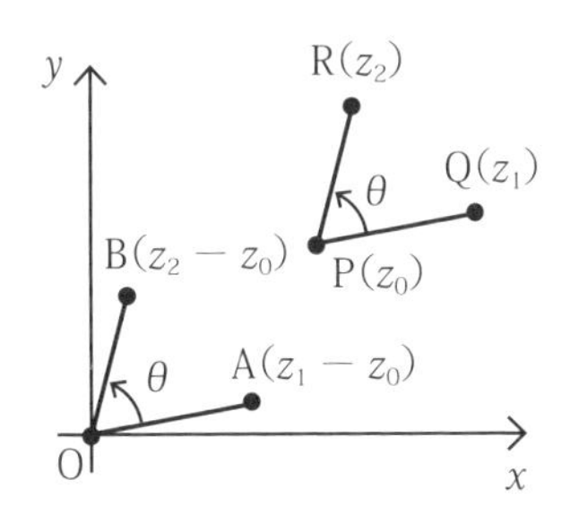

〔**証明**〕$z_1 - z_0$、$z_2 - z_0$ は図の点A、Bで表せます。∠AOBは式（5）の形で表せるので、∠QPRは式（6）で表せます。**（証明終）**

〔**例題**〕複素数 $1 + 2i$、$3 - i$、$2 + 7i$ が表す点を順にP、Q、Rとするとき、∠QPRを求めよう。ただし、$-\pi <$ ∠QPR $\leqq \pi$ とする。

（解） 公式（6）の右辺を計算します。

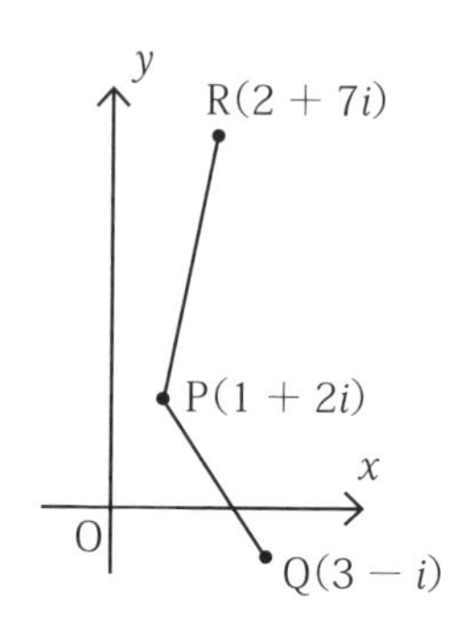

$$\angle \mathrm{QPR} = \arg \frac{(2 + 7i) - (1 + 2i)}{(3 - i) - (1 + 2i)}$$

$$= \arg \frac{1 + 5i}{2 - 3i} = \arg(-1 + i)$$

ここで、$-1 + i = \sqrt{2}\left(\cos \frac{3\pi}{4} + i\sin \frac{3\pi}{4}\right)$

よって、公式（6）から、∠QPR $= \frac{3\pi}{4}$ **（答）**

まとめの問題

〔**問1**〕$z_1 = 1 + i$、を、原点を中心に $\frac{\pi}{2}$ だけ回転した点 z を求めよう。

（解） 偏角が $\frac{\pi}{2}$ で絶対値が1の複素数 i を掛ければよいので、

$z = z_1 i =(1 + i)i = -1 + i$ **（答）**

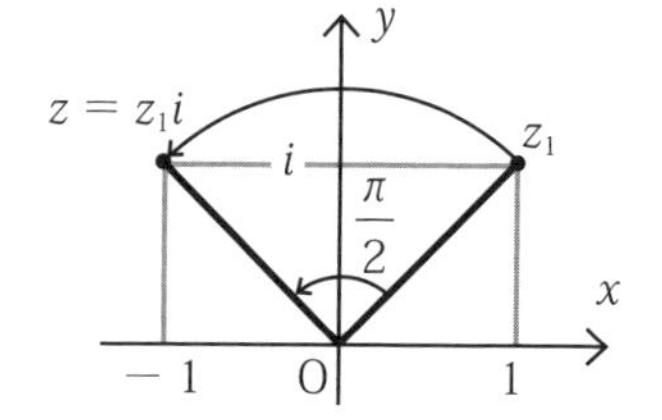

〔**問2**〕複素数P(2 − 2i)、Q(1 − i)、R($(2 + \sqrt{3}) - (2 - \sqrt{3})i$) とするとき、∠QPRを求めよう。ただし、$-\pi <$ ∠QPR $\leqq \pi$ とします。

（解） 公式（6）の右辺の分数部分を計算します。

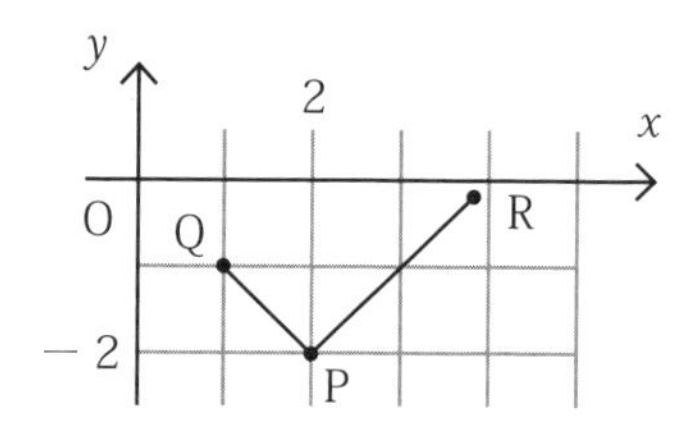

$$\frac{\{(2 + \sqrt{3}) - (2 - \sqrt{3})i\} - (2 - 2i)}{(1 - i) - (2 - 2i)}$$

$$= \frac{\sqrt{3}+\sqrt{3}\,i}{-1+i} = \sqrt{3}\ \{\cos(-\frac{\pi}{2}) + i\sin(-\frac{\pi}{2})\}$$

よって、公式（6）から、

$$\angle \mathrm{QPR} = \arg \frac{\{(2+\sqrt{3})-(2-\sqrt{3})i\}-(2-2i)}{(1-i)-(2-2i)} = -\frac{\pi}{2} \quad \text{(答)}$$

ド・モアブルの定理

複素数の計算の基本公式となるド・モアブルの定理を調べます。n 次方程式を解く際にも大活躍します。

ド・モアブルの定理

先の節（本章 §3）で調べた複素数の積の公式（4）を再掲してみましょう。

$z_1z_2 = r_1r_2\{\cos(\theta_1 + \theta_2) + i\sin(\theta_1 + \theta_2)\}$　…（1）（再掲）

ここで、$z_1 = z_2 = z$、$r_1 = r_2 = 1$、$\theta_1 = \theta_2 = \theta$ と置くと、

$z^2 = \cos(\theta + \theta) + i\sin(\theta + \theta) = \cos 2\theta + i\sin 2\theta$

$z^3 = z^2 \cdot z = (\cos 2\theta + i\sin 2\theta)(\cos\theta + i\sin\theta) = \cos 3\theta + i\sin 3\theta$

また、先の節（本章 §3）の（例 6）から、

$$z^{-1} = \frac{1}{z} = \cos(-\theta) + i\sin(-\theta)$$

上記と同様にして、

$$z^{-2} = \left(\frac{1}{z}\right)^2 = \{\cos(-\theta) + i\sin(-\theta)\}^2 = \cos(-2\theta) + i\sin(-2\theta)$$

以上から次の公式が成立することがわかります。これを**ド・モアブルの定理**といいます。「n 乗すると偏角が n 倍される」という定理です。

$$(\cos\theta + i\sin\theta)^n = \cos n\theta + i\sin n\theta \quad (n \text{ は整数})$$

（例 1） $z = 1 + \sqrt{3}\,i$ のとき z^3 を求めてみます。

極形式で表すと、$z = 2\left(\cos\frac{\pi}{3} + i\sin\frac{\pi}{3}\right)$

これから、ド・モアブルの定理を用いて、

$$z^3 = 2^3(\cos\frac{\pi}{3} + i\sin\frac{\pi}{3})^3 = 8(\cos\pi + i\sin\pi) = -8$$

（例 2） 方程式 $z^3 = i$ を解いてみます。$r > 0$ として、

$z = r(\cos\theta + i\sin\theta)$ と置くと、ド・モアブルの定理から、

$z^3 = r^3(\cos\theta + i\sin\theta)^3 = r^3(\cos 3\theta + i\sin 3\theta)$

また、$i = \cos\frac{\pi}{2} + i\sin\frac{\pi}{2}$ と表せるので、

方程式の左辺と右辺を見比べて

$$r^3 = 1、3\theta = \frac{\pi}{2} + 2n\pi \quad (n\text{ は整数})$$

よって、$r = 1$、$\theta = \frac{\pi}{6} + \frac{2n}{3}\pi$

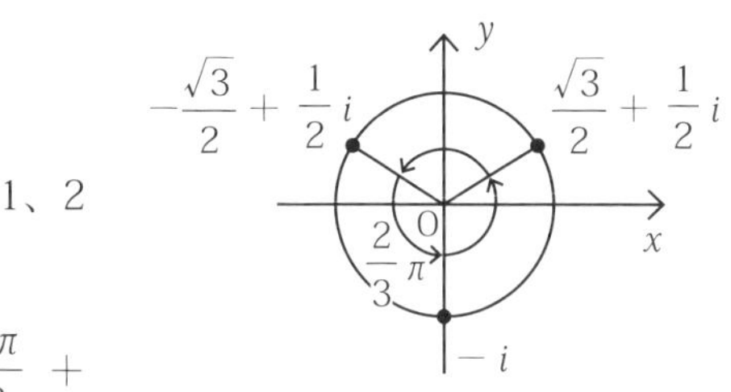

複素数平面上、3 つの解は原点を中心とする円周上で、$2\pi/3$ だけ回転した位置に存在

異なる z を与える n として 0、1、2 を用いて、

$$z = \cos\frac{\pi}{6} + i\sin\frac{\pi}{6}、\cos\frac{5\pi}{6} + i\sin\frac{5\pi}{6}、\cos\frac{3\pi}{2} + i\sin\frac{3\pi}{2}$$

計算して、解は　$z = \frac{\sqrt{3}}{2} + \frac{1}{2}i、-\frac{\sqrt{3}}{2} + \frac{1}{2}i、-i$　**（答）**

演習

（問 1） $z = -\frac{1}{\sqrt{2}} + \frac{1}{\sqrt{2}}i$ のとき、z^4 を求めよ。

（解） ド・モアブルの定理から、

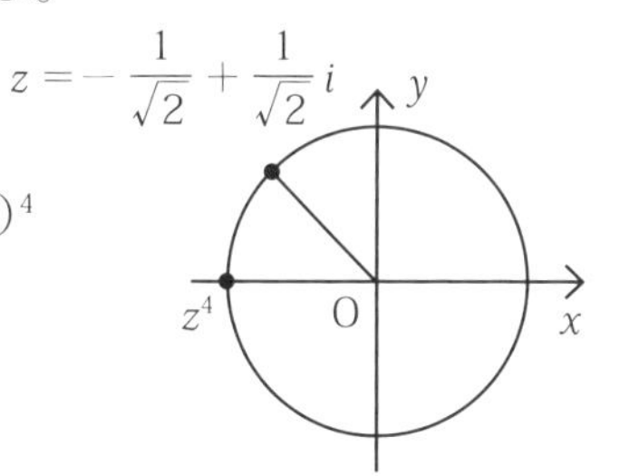

$$z^4 = (-\frac{1}{\sqrt{2}} + \frac{1}{\sqrt{2}}i)^4 = (\cos\frac{3\pi}{4} + i\sin\frac{3\pi}{4})^4$$

$$= \cos 3\pi + i\sin 3\pi = -1$$ **（答）**

2章

実関数の微分と積分

複素関数論に必要となる実数の関数（略して実関数）について、微分積分学の復習をします。ほとんどは高校数学の復習ですが、複素関数論の出発点となり大切です。なお、本章で扱う数や変数は、注記がなければ実数の世界を前提としています。また、関数は微分や積分が可能であり、級数は一様に収束すると仮定しています。

（注）〔本書の使い方〕でも示しましたが、実関数の自然対数を表す記号として、複素関数と区別するために、本書ではlnを利用します。

01 極限の復習

本節では数列の極限を復習します。数列の極限は微分積分、すなわち解析学の基本となるものです。本書でも後に複素積分の公式の証明に利用します。

数列の極限

数列 $\{a_n\}$ とは数の並び a_1, a_2, a_3, …, a_n, … を表します。この数の並びが無限に続く場合、この数列を**無限数列**といいます。

（例 1） 1, 2, 2^2, 2^3, 2^4, … は**等比差列**と呼ばれる無限数列の例です。

無限数列 $\{a_n\}$ において、n を限りなく大きくするとき、a_n が一定の値 α に限りなく近づく（または一致する）とき、数列 $\{a_n\}$ は α に**収束**するといい、その α を数列 $\{a_n\}$ の**極限値**といいます。また、記号で、$\lim_{n\to\infty} a_n = \alpha$ と表現されます。

（例 2） 数列 $\{0.1^n\}$ は 0.1, 0.1^2, 0.1^3, 0.1^4, …であり、$\lim_{n\to\infty} 0.1^n = 0$

数列 $\{a_n\}$ が収束しないとき、その数列は**発散**するといいます。特に、n を限りなく大きくすると、a_n が限りなく大きくなるとき、数列 $\{a_n\}$ は正の**無限大**に発散するといい、次の記号で表現します。

$$\lim_{n\to\infty} a_n = \infty$$

n を限りなく大きくすると、a_n が負で $|a_n|$ が限りなく大きくなるとき、数列 $\{a_n\}$ は「負の無限大に発散する」といいます。負の無限大は記号「$-\infty$」で表現されます。

（例 3） 数列 $\{n^2\}$ は 1^2, 2^2, 3^2, 4^2, … ですが、$\lim_{n\to\infty} n^2 = \infty$

無限級数

無限数列 $\{a_n\}$ において、初項から n 項までの和を S_n と表します。和 S_n も数列になり、その数列の極限 $\lim_{n\to\infty} S_n$ が考えられます。このとき、$\lim_{n\to\infty} S_n$ を次のように表現し、元の数列 $\{a_n\}$ の**無限級数**といいます。

$a_1 + a_2 + a_3 + \cdots + a_n + \cdots$

（例 4） 数列 $\left\{\dfrac{1}{n^2}\right\}$ の無限級数は次のように表されます。

$$\frac{1}{1^2} + \frac{1}{2^2} + \frac{1}{3^2} + \frac{1}{4^2} + \cdots + \frac{1}{n^2} + \cdots$$

無限等比級数

等比数列は一般的に次のように表せます。$a \neq 0$ として、

$a,\ ar,\ ar^2,\ ar^3,\ \cdots,\ ar^{n-1},\ \cdots$ （r を**公比**という）

この等比数列の初項から n 項までの和 S_n は次のように表せます。

$$S_n = \frac{a(1-r^n)}{1-r} \quad （ただし、r \neq 1） \quad \cdots (1)$$

等比数列の無限級数を**無限等比級数**といい、次のように表します。

$$a + ar + ar^2 + ar^3 + \cdots + ar^{n-1} + \cdots \quad \cdots (2)$$

無限等比級数については、次の公式が大切です。

$$a + ar + ar^2 + ar^3 + \cdots + ar^{n-1} + \cdots = \frac{a}{1-r} \quad (|r| < 1) \quad \cdots (3)$$

公比 r が $|r| < 1$ の外では、無限等比級数は発散します。

（例 5） $1 + 0.1 + 0.1^2 + 0.1^3 + 0.1^4 + \cdots = \dfrac{1}{1-0.1} = \dfrac{10}{9}$

（例 6） $0.33333\cdots = 0.3 + 0.03 + 0.003 + 0.0003 + \cdots = \dfrac{0.3}{1-0.1} = \dfrac{1}{3}$

複素数の世界の数列

複素数の世界でも数列が考えられます。そして、収束という考え方や記号 lim もこれまでの記述と同様に利用されます。ただし、点列は複素数平面上に描かれるので、点列が直線上に描かれる実数列とはイメージが異なります。ここでは、複素数の無限級数の公式を確認しておきましょう。

$$a + az + az^2 + az^3 + \cdots + ar^{n-1} + \cdots = \frac{a}{1-z} \quad (|z| < 1) \quad \cdots (4)$$

公式（3）の証明に実数という条件は利用しません。そこで、複素数の無限等比級数の公式（4）は、実数の場合の公式（3）の公比 r を複素数の公比 z に置き換えるだけで得られるのです。公式（4）の収束条件 $|z| < 1$ は大切です。この右辺の値 1 を**収束半径**と呼びます。

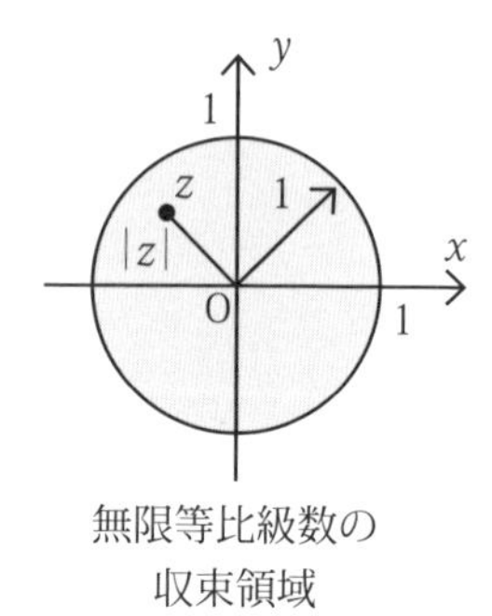

無限等比級数の
収束領域

関数の極限

関数 $f(x)$ において、x を限りなく a に近づけたとき $f(x)$ が限りなく α に近づくとき、その α を関数 $f(x)$ の**極限値**と呼び、$\lim_{x \to a} f(x) = \alpha$ と表現します。

関数の極限値として特に有名な公式が、次の 2 つです。

$$\lim_{x \to 0} \frac{\sin x}{x} = 1 \text{、} \quad \lim_{x \to 0} (1 + x)^{\frac{1}{x}} = e$$

ここで、e は**自然対数の底**または**ネイピア数**と呼ばれる無理数（e = 2.718281…）で、微分積分学では非常に大切な数です。

演習

〔**問**〕無限等比級数 $1 - 0.1 + 0.01 - 0.001 + 0.0001 - \cdots$ の和を求めよう。

（**解**）公比 $r = -0.1$ から、公式（3）より、$S = \dfrac{1}{1 - (-0.1)}$

$$= \frac{10}{11} \quad \text{（答）}$$

微分の復習

実数の関数（略して実関数）について、微分計算の基本を復習します。ここで調べる公式は連続性と極限値の存在だけを利用しているので、その性質を共有する複素数の世界にもそのまま拡張できます。

関数の微分

実関数 $f(x)$ が x において「連続」とは次のように定義されます。

$$\lim_{h \to 0} f(x+h) = f(x)$$

右の図でわかるように、これは x でグラフが切れていないことを意味します。

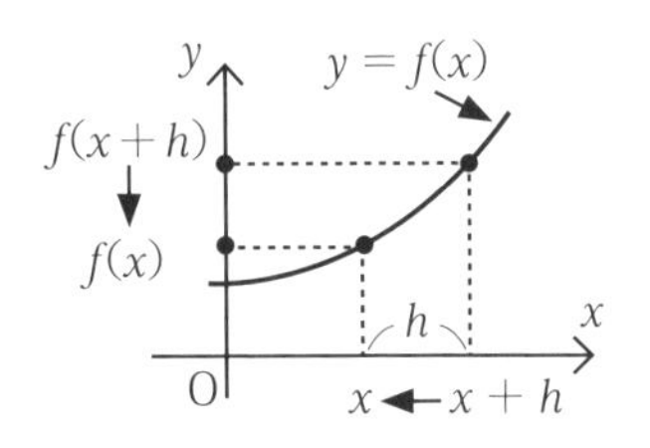

この連続関数 $y = f(x)$ について、次の極限値が存在するとき、関数 $f(x)$ は x で**微分可能**といい、その極限値を $f'(x)$ などと表します。

$$f'(x) = \lim_{h \to 0} \frac{f(x+h) - f(x)}{h} \quad \cdots (1)$$

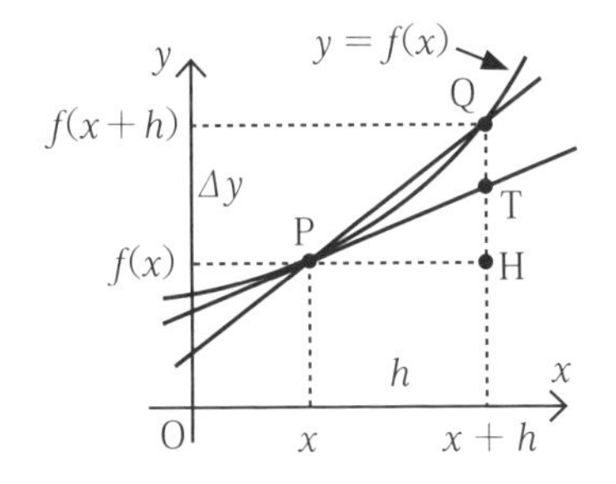

式（1）の意味。（1）の右辺の分数部分は直線PQの傾きを表します。その分母の h を限りなく小さくすると、直線PQは接線PTに限りなく近づくことになり、$f'(x)$ は x における接線の傾きを表すことになるのです。

この x を変数と捉えるとき、関数 $f'(x)$ を**導関数**と呼びます。そして、導関数 $f'(x)$ を求めることを「関数 $f(x)$ を**微分する**」といいます。微分する記号として $f'(x)$ 以外に、$\dfrac{dy}{dx}$、$\dfrac{d}{dx}f(x)$ などが用いられます。

図が示すように、導関数の値（**微分係数**といいます）は接線の傾きを表すことになります。

（例 1） $f(x) = x^2$ のとき、

$$f'(x) = \lim_{h \to 0} \frac{(x+h)^2 - x^2}{h} = \lim_{h \to 0} \frac{2xh + h^2}{h} = \lim_{h \to 0}(2x + h) = 2x$$

有名な関数の微分公式

導関数を求めるのに定義式（1）を利用するのは希です。上記の例からわかるように、計算が面倒だからです。普通は微分公式を利用します。本書で利用する公式を示しましょう（変数を x とし、c、n を定数とします）。

$$\left.\begin{array}{l} (c)' = 0、(x^n)' = nx^{n-1}、(e^x)' = e^x、(\ln x)' = \dfrac{1}{x} \\ (\sin x)' = \cos x、(\cos x)' = -\sin x \end{array}\right\} \cdots (2)$$

（注）e はネイピア数で、対数 ln は e を底とする対数（自然対数）です。

（例 2） $(3)' = 0$、$(x^3)' = 3x^2$

微分の性質

次の公式を利用すると、微分できる関数の世界が飛躍的に広がります。ここで $f(x)$、$g(x)$ は微分可能な関数で、c は定数です。

$$\{f(x) + g(x)\}' = f'(x) + g'(x)、\{cf(x)\}' = cf'(x) \quad \cdots (3)$$

（注）この（3）を組み合わせれば、$\{f(x) - g(x)\}' = f'(x) - g'(x)$ も簡単に示せます。

この公式（3）を微分の**線形性**と呼びます。次のように言葉にすると覚えやすいでしょう。

「和の微分は微分の和、定数倍の微分は微分の定数倍」

（例 3） $(2x^2 + 3x)' = (2x^2)' + (3x)' = 2(x^2)' + 3(x)' = 4x + 3$

合成関数の微分

関数 $y=f(u)$ があり、その u が $u=g(x)$ と表されるとき、関数 $f(g(x))$ を２つの関数 f と g の**合成関数**といいます。$f(u)$、$g(x)$ が微分可能なとき、この導関数は次のように簡単に求められます。これを**合成関数の微分公式**と呼びます。また、**連鎖律**（チェインルール）と呼ばれることもあります。

$$\frac{dy}{dx}=\frac{dy}{du}\frac{du}{dx} \quad \cdots (4)$$

以下に証明を示します。複素数の関数でもそのまま通用する論理を利用していることに留意してください。

〔証明〕導関数の定義（1）から、

$$\frac{dy}{dx}=\lim_{h\to0}\frac{f(g(x+h))-f(g(x))}{h}$$

$$=\lim_{h\to0}\frac{f(g(x+h))-f(g(x))}{g(x+h)-g(x)}\frac{g(x+h)-g(x)}{h}$$

$k=g(x+h)-g(x)$ とおいて、

$$\frac{dy}{dx}=\lim_{k\to0,\,h\to0}\frac{f(g(x)+k))-f(g(x))}{k}\frac{g(x+h)-g(x)}{h}=\frac{dy}{du}\frac{du}{dx}$$ （証明終）

面白いことに、dx、dy、du を数とみなせば、（4）の右辺から左辺は単に約分しているだけです。

$$\frac{dy}{\cancel{du}}\times\frac{\cancel{du}}{dx}=\frac{dy}{dx}$$

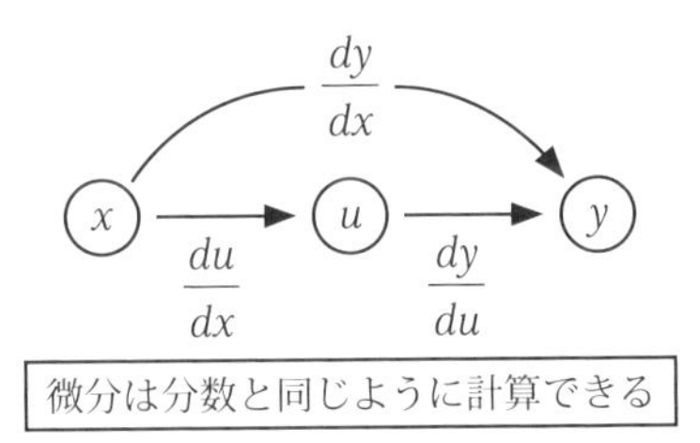

微分は分数と同じように計算できる

微分計算を dx や dy などで表記することで、「微分計算は分数と同じ約分が使える」と覚えられます。このように dx、dy、du などが分数と同じように計算できるのは、無限小の世界では曲線が直線とみなせることから生まれる性質です。

（例 4） 関数 $y = \sin(5x + 1)$ を微分しましょう。

まず $y = \sin u$、$u = 5x \mid 1$ と置き換え、

$$\frac{dy}{du} = \cos u、\frac{du}{dx} = 5$$

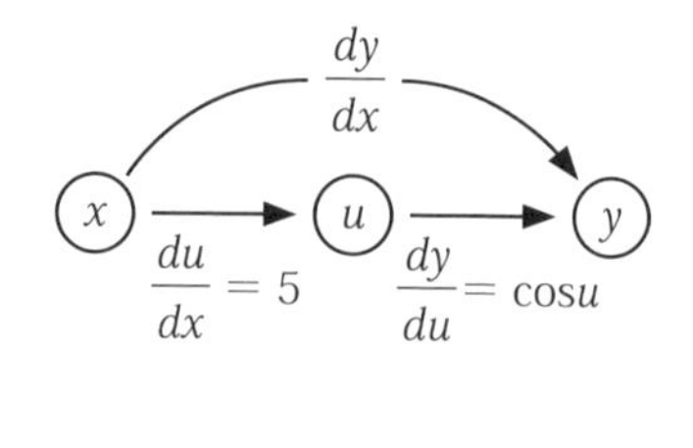

公式（4）から

$$\frac{dy}{dx} = \frac{dy}{du}\frac{du}{dx} = (\cos u) \cdot 5$$

$$= 5\cos(5x + 1)$$

積の関数の微分

2 つの微分可能な関数 $f(x)$、$g(x)$ の積の関数を微分するとき、次の積の微分公式が利用できます。

$$\{f(x)g(x)\}' = f'(x)g(x) + f(x)g'(x) \quad \cdots (5)$$

以下に証明を示しますが、複素数の関数でもそのまま通用する論理を利用していることに留意してください。

〔証明〕 導関数の定義（1）から、

$$\{f(x)g(x)\}' = \lim_{h \to 0} \frac{f(x+h)g(x+h) - f(x)g(x)}{h}$$

$$= \lim_{h \to 0} \frac{f(x+h)g(x+h) - f(x+h)g(x) + f(x+h)g(x) - f(x)g(x)}{h}$$

$$= \lim_{h \to 0} \left\{ f(x+h)\frac{g(x+h) - g(x)}{h} + \frac{f(x+h) - f(x)}{h} g(x) \right\}$$

$$= f(x)g'(x) + f'(x)g(x) = f'(x)g(x) + f(x)g'(x)$$ **（証明終）**

（例 5） $\{(2x + 1)(4x^2 - 2x + 1)\}'$

$$= (2x + 1)'(4x^2 - 2x + 1) + (2x + 1)(4x^2 - 2x + 1)'$$

$$= 2(4x^2 - 2x + 1) + (2x + 1)(8x - 2) = 24x^2$$

分数関数の微分

2つの微分可能な関数$f(x)$、$g(x)$の商の関数を微分するとき、次の分数関数の微分公式が利用できます。

$$\left\{\frac{f(x)}{g(x)}\right\}' = \frac{f'(x)g(x) - f(x)g'(x)}{\{g(x)\}^2}、特に \left\{\frac{1}{g(x)}\right\}' = -\frac{g'(x)}{\{g(x)\}^2} \quad \cdots (6)$$

証明は公式（5）と同様なので略しますが、複素数の関数でもそのまま通用する論理を利用します。

（例6） $\left(\dfrac{x}{x^2+1}\right)' = \dfrac{x'(x^2+1) - x(x^2+1)'}{(x^2+1)^2} = \dfrac{x^2+1-2x^2}{(x^2+1)^2}$

$= -\dfrac{x^2-1}{(x^2+1)^2}$

（例7） $\left(\dfrac{1}{2x+1}\right)' = -\dfrac{(2x+1)'}{(2x+1)^2} = -\dfrac{2}{(2x+1)^2}$

高階の導関数

十分滑らかな関数$f(x)$を考えるとき、2回続ける微分の操作が可能になります。そうして得られた関数を**2階の導関数**といい、$f''(x)$または$f^{(2)}(x)$と表します。

（例8） $f(x) = 3x^4 + 2x^2$のとき、

$f^{(2)}(x) = f''(x) = (12x^3 + 4x)' = 36x^2 + 4$

関数$f(x)$をn回続けて微分して得られた関数を**n階の導関数**といいます。記号で$f^{(n)}(x)$と表現します。このn階の導関数を表す記号として、次の微分記号も利用します：$\dfrac{d^ny}{dx^n}$、$\dfrac{d^n}{dx^n}f(x)$

（例9）（例8）の関数$f(x)$に対して、

$f^{(3)}(x) = \dfrac{d^3}{dx^3}f(x) = (36x^2 + 4)' = 72x$

確認の演習

〔問〕次の関数を微分しよう。

（ア）$(3x+1)(x^2-2)$　　（イ）$\dfrac{3x+2}{x^2-1}$

（ウ）$(4x^2-2x+1)^3$　　（エ）$\cos^2 x$

(解) 与式を y と置くと、公式（2）～（6）を利用して、

（ア）$y'=(3x+1)'(x^2-2)+(3x+1)(x^2-2)'=9x^2+2x-6$

（イ）$y'=\dfrac{(3x+2)'(x^2-1)-(3x+2)(x^2-1)'}{(x^2-1)^2}=-\dfrac{3x^2+4x+3}{(x^2-1)^2}$

（ウ）$u=4x^2-2x+1$ とすると、$y=u^3$ より、

$$y'=\frac{dy}{dx}=\frac{dy}{du}\frac{du}{dx}=3u^2\cdot(8x-2)=6(4x^2-2x+1)^2(4x-1)$$

（エ）$u=\cos x$ とすると、$y=u^2$ より、

$$y'=\frac{dy}{dx}=\frac{dy}{du}\frac{du}{dx}=2u\cdot(-\sin x)=-2\sin x\cos x\,(=-\sin 2x)$$ **(答)**

偏微分の意味

前節（§2）では独立変数の数が１つの関数を調べました。本節では２つの独立変数を持つ関数についての微分法を調べます。複素数の関数は２変数の関数とも考えられるので、この理解は必須になります。

多変数関数

前節（§2）の微分法の解説では、関数として独立変数が１つの場合を考えました。本節では、独立変数が２つの関数を考えます。このように独立変数が複数ある関数を**多変数関数**といいます。

（例 1） $z = x^2 + y^2$ は独立変数が x、y の多変数関数。

多変数関数を視覚化するのは困難です。例えば、この（例 1）のような単純な関数でも、そのグラフは下図のように大掛かりになります。

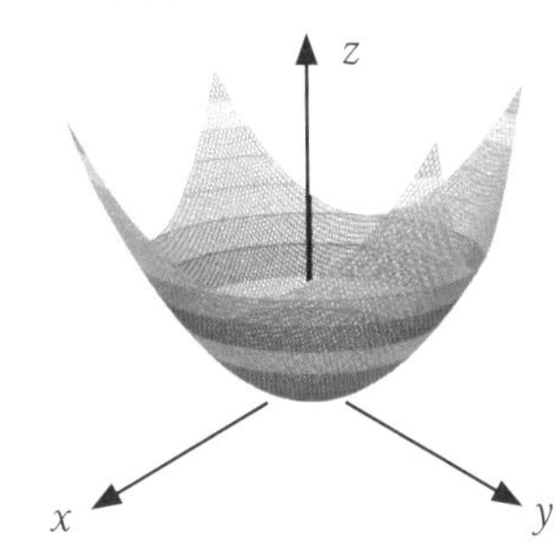

$z = x^2 + y^2$ のグラフ
２変数関数のグラフを描くのは容易ではありません。

ところで、１変数関数を表す記号として $f(x)$ などを利用しました。多変数の関数も、１変数の場合を真似て、次の例のように表現します。

（例 2） $f(x,\ y)$ …２変数 x、y を独立変数とする関数

偏微分

多変数関数の場合でも前節（§2）で調べた微分公式が適用できます。ただし、変数が複数あるので、どの変数について微分するかを明示しなけ

ればなりません。この意味で、ある特定の変数について微分することを**偏微分**（partial derivative）といいます。例えば、2変数x、yから成り立つ関数$f(x,\ y)$を調べてみましょう。

> 関数$f(x,\ y)$について、変数xだけに着目してyは定数と考える微分を「xについての偏微分」と呼び、次の記号で表す。
>
> $$\frac{\partial f}{\partial x}=\frac{\partial f(x,y)}{\partial x}=\lim_{h\to 0}\frac{f(x+h,y)-f(x,y)}{h}\quad\cdots(1)$$
>
> yについての偏微分も同様で、次の記号で表す。
>
> $$\frac{\partial f}{\partial y}=\frac{\partial f(x,y)}{\partial y}=\lim_{k\to 0}\frac{f(x,y+k)-f(x,y)}{k}\quad\cdots(2)$$

（注）∂は通常「デル」と読まれます（derivativeの略）。

（例3） $f(x,\ y)=3x^2-5xy+4y^2$のとき、

$$\frac{\partial f(x,y)}{\partial x}=6x-5y\text{、}\frac{\partial f(x,y)}{\partial y}=-5x+8y$$

2階の偏導関数

十分滑らかな関数$f(x,\ y)$を考えるとき、微分の操作が複数回可能になります。例えば、変数xで偏微分してから、もう1回変数xで偏微分することが考えられます。これを記号$\dfrac{\partial^2 f}{\partial x^2}$で表します。また、変数$x$で偏微分してから、次に変数$y$で偏微分することが考えられます。これを記号$\dfrac{\partial^2 f}{\partial y\partial x}$で表します。これらを**2階の偏導関数**といいます。

（例4） $f(x,y)=3x^2-5xy+4y^2$のとき、$\dfrac{\partial^2 f}{\partial x^2}$、$\dfrac{\partial^2 f}{\partial y\partial x}$、$\dfrac{\partial^2 f}{\partial y^2}$を求めましょう。（例3）から、

$$\frac{\partial^2 f}{\partial x^2}=\frac{\partial}{\partial x}\frac{\partial f}{\partial x}=\frac{\partial}{\partial x}(6x-5y)=6$$

$$\frac{\partial^2 f}{\partial y \partial x} = \frac{\partial}{\partial y}\frac{\partial f}{\partial x} = \frac{\partial}{\partial y}(6x - 5y) = -5$$

$$\frac{\partial^2 f}{\partial y^2} = \frac{\partial}{\partial y}\frac{\partial f}{\partial y} = \frac{\partial}{\partial y}(-5x + 8y) = 8$$

十分滑らかな関数fを考えるとき、2階の偏微分を計算する際、微分する変数の順序に結果は依存しません。例えば関数fがx、yの関数のとき、次の性質が成立します。

$$\frac{\partial}{\partial y}\frac{\partial f}{\partial x} = \frac{\partial}{\partial x}\frac{\partial f}{\partial y} \quad \cdots (3)$$

(例5) $f(x, y) = 3x^2 - 5xy + 4y^2$ のとき、$\frac{\partial}{\partial y}\frac{\partial f}{\partial x}$、$\frac{\partial}{\partial x}\frac{\partial f}{\partial y}$ を求めましょう。

(例3)(例4)から、次のように公式(3)が確かめられます。

$$\frac{\partial}{\partial y}\frac{\partial f}{\partial x} = \frac{\partial^2 f}{\partial y \partial x} = -5、\quad \frac{\partial}{\partial x}\frac{\partial f}{\partial y} = \frac{\partial^2 f}{\partial x \partial y} = \frac{\partial}{\partial x}(-5x + 8y) = -5$$

確認の演習

〔問1〕 $r = \sqrt{x^2 + y^2}$ のとき、$\frac{\partial r}{\partial x}$、$\frac{\partial r}{\partial y}$ を求めよう。

(解) $r = (x^2 + y^2)^{1/2}$ より、$\frac{\partial r}{\partial x} = \frac{1}{2}(x^2 + y^2)^{-1/2} \cdot 2x = \frac{x}{r}$

同様にして、$\frac{\partial r}{\partial y} = \frac{y}{r}$ **(答)**

〔問2〕 $f(x, y) = \ln r$ ($r = \sqrt{x^2 + y^2}$) のとき、$\frac{\partial^2 r}{\partial x^2} + \frac{\partial^2 r}{\partial y^2} = 0$ を示そう。

(解) 〔問1〕の結果を利用して、

$$\frac{\partial f}{\partial x} = \frac{1}{r}\frac{\partial r}{\partial x} = \frac{x}{r^2}、\quad \frac{\partial^2 r}{\partial x^2} = \frac{\partial}{\partial x}\left(\frac{x}{r^2}\right) = \frac{r^2 - 2x^2}{r^4}$$

同様に $\frac{\partial^2 r}{\partial y^2} = \frac{r^2 - 2y^2}{r^4}$ から、$\frac{\partial^2 r}{\partial x^2} + \frac{\partial^2 r}{\partial y^2} = \frac{2r^2 - 2(x^2 + y^2)}{r^4} = 0$ **(答)**

04 関数のテイラー展開

滑らかな関数は関数 x^n（n は正の整数）の級数で表せます。これをテイラー展開といいます。実関数を複素関数に拡張する際の重要な武器になります。

テイラー展開

関数 $f(x)$ の $x=a$ における微分係数は次のように表せます（→本章 §2）。

$$f'(a)=\lim_{h\to 0}\frac{f(a+h)-f(a)}{h}$$

$h=x-a$ と置き換えると次のように表現できます。

h

a　　$x=a+h$

$$f'(a)=\lim_{x\to a}\frac{f(x)-f(a)}{x-a}$$

x が a に十分近い値のとき、これから次の近似が成立します。

$$f'(a)\fallingdotseq\frac{f(x)-f(a)}{x-a}$$

分母を払い整理すると、次の**1次の近似式**が得られます。

$$f(x)\fallingdotseq f(a)+f'(a)(x-a)$$

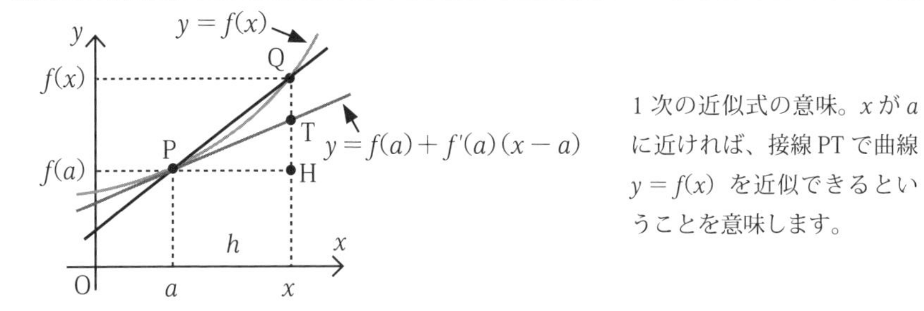

1次の近似式の意味。x が a に近ければ、接線 PT で曲線 $y=f(x)$ を近似できるということを意味します。

さて、この1次の近似式は、さらに次のように一般化されます。これを**テイラー展開**と呼びます。

十分滑らかな（すなわち何回でも微分できる）関数$f(x)$は次のように展開できる。

$$f(x)=f(a)+f'(a)(x-a)+\frac{1}{2!}f''(a)(x-a)^2++\frac{1}{3!}f^{(3)}(a)(x-a)^3$$
$$+\frac{1}{4!}f^{(4)}(a)(x-a)^4+\cdots+\frac{1}{n!}f^{(n)}(a)(x-a)^n+\cdots \quad \cdots(1)$$

ここで、$f''(x)$は関数$f(x)$を2回微分した関数を、$f^{(n)}(x)$は関数$f(x)$をn回微分した関数（***n*** **次導関数**といいます）を表します（→本章§2）。また、$n!$は自然数nの**階乗**といい、次のように定義されます。

$n!=1\cdot 2\cdot 3\cdot 4\cdots n=n(n-1)(n-2)\cdots 3\cdot 2\cdot 1$

いくつかの例を調べてみましょう。

$1!=1$、$2!=1\cdot 2=2$、$3!=1\cdot 2\cdot 3=6$、$4!=1\cdot 2\cdot 3\cdot 4=24$、
$5!=120$、$6!=720$、$7!=5040$、$8!=40320$、$9!=362880$、
$10!=3628800$

以上の例からわかるように、$n!$はnが大きくなると急速に大きくなります。この性質から、通常の範囲で普通の関数を扱う限り、テイラー展開は十分速く収束することがわかります。すなわち、テイラー展開は関数の値を求めるためのよい近似式を与えるのです。

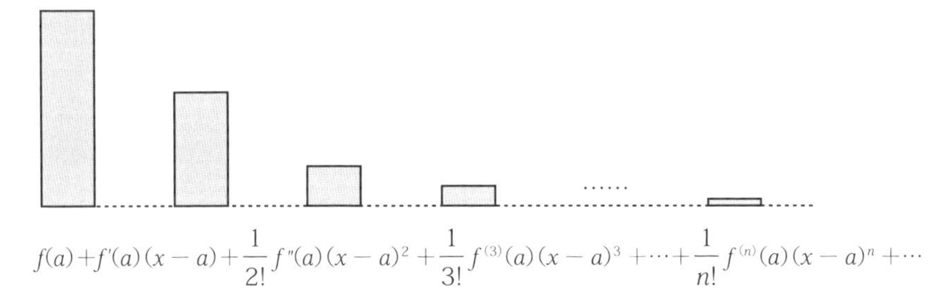

nが少し大きくなるだけで$n!$は莫大な数になります。そこで、級数（1）は関数の近似式としても役立ちます。

特に公式（1）で $a=0$ とした場合、式は簡単になります。

$$f(x)=f(0)+f'(0)x+\frac{1}{2!}f''(0)\ x^2+\frac{1}{3!}f^{(3)}\ (0)x^3$$
$$+\cdots+\frac{1}{n!}f^{(n)}\ (0)\ x^n+\cdots\quad\cdots(2)$$

（注）この展開式を**マクローリン展開**と呼ぶ場合があります。テイラーもマクローリンも人の名前です。

指数関数と三角関数のテイラー展開

指数関数 e^x、三角関数 $\sin x$、$\cos x$ に展開式（2）を適用してみましょう。得られる公式は、後にオイラーの公式を求めるのに利用されます(→5章)。

$$e^x=1+x+\frac{1}{2!}x^2+\frac{1}{3!}x^3+\frac{1}{4!}x^4+\frac{1}{5!}x^5+\cdots\quad\cdots(3)$$

$$\sin x=x-\frac{1}{3!}x^3+\frac{1}{5!}x^5-\frac{1}{7!}x^7+\frac{1}{9!}x^9-\cdots\quad\cdots(4)$$

$$\cos x=1-\frac{1}{2!}x^2+\frac{1}{4!}x^4-\frac{1}{6!}x^6+\frac{1}{8!}x^8-\cdots\quad\cdots(5)$$

〔証明〕 次の微分公式（→本章 §2）を利用します。

$(e^x)'=e^x$、$(\sin x)'=\cos x$、$(\cos x)'=-\sin x$

これらを公式（2）に代入し、$e^0=1$、$\sin 0=0$、$\cos 0=1$ を適用して、実際に計算すれば簡単に上記公式が得られます **（証明終）**

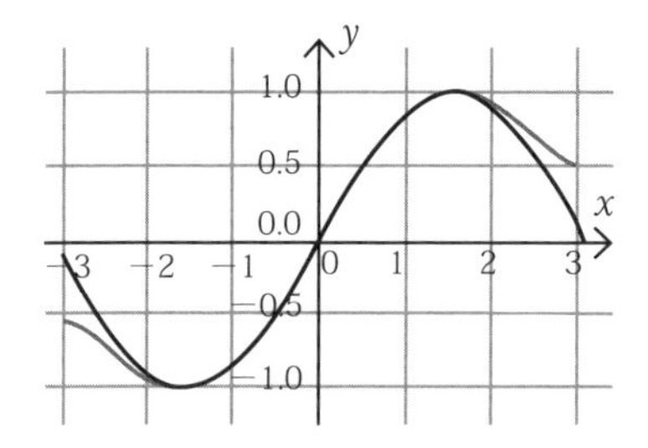

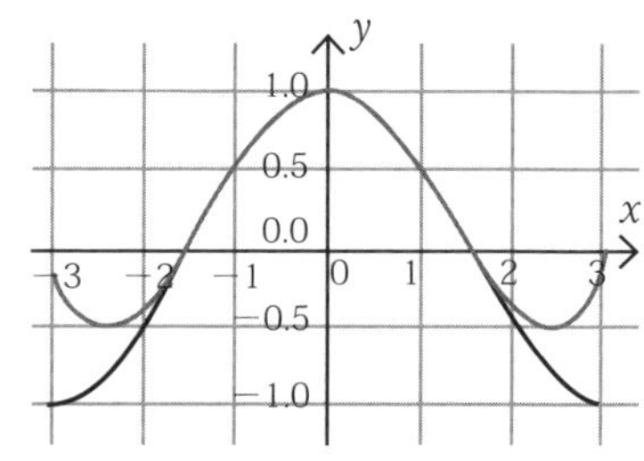

公式（4）（5）をグラフで確認。式（4）（5）の最初の3項の和の関数のグラフに $\sin x$（左）、$\cos x$（右）のグラフを重ねて描いています。たかだか3項の和でも、$x=0$ の近くではよい近似が得られています。

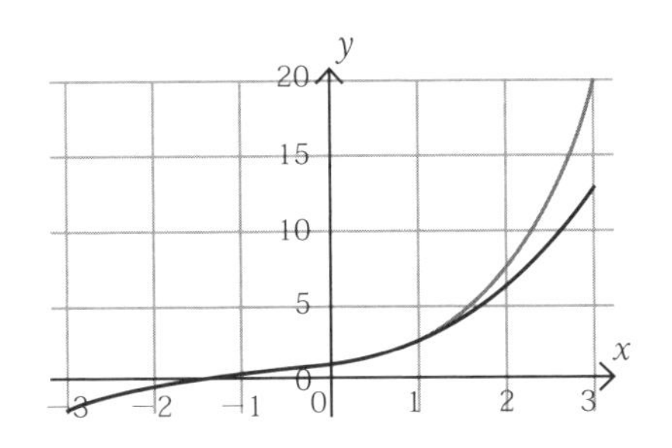

公式（3）をグラフで確認。式（3）の最初の4項の和の関数のグラフに e^x のグラフを重ねて描いています。たかだか4項の和でも、$x=0$ の近くではよい近似が得られています。

有名な不等式

指数関数のテイラー展開（3）から次の不等式が得られます。

$x>0$ のとき、$0<\dfrac{x^{n+1}}{(n+1)!}<e^x$ （n は正の整数） …(6)

この不等式から、後の積分計算で大切になる次の公式が得られます。

$\lim_{x\to\infty} e^{-x}x^n = 0$ （n は正の整数） …(7)

〔**証明**〕式（6）の両辺に $\dfrac{(n+1)!e^{-x}}{x}$ （>0）を掛けて、

$$0<e^{-x}x^n<\frac{(n+1)!}{x}$$

$x\to\infty$ のとき、この不等式の右辺は0に限りなく近づくので、（7）が示されます。（**証明終**）

公式(7)は「$x\to\infty$ のとき、x のべき乗 x^n が∞になるのを抑える勢いで、指数関数 e^{-x} は急速に0に近づく」ことを意味します。この指数関数の0への収束の速さは、しばしば**指数関数的に減少**すると表現されます。

ちなみに、式（7）を次のように分数で表現してみましょう。

$$\lim_{x\to0}\frac{x^n}{e^x}=0$$

e は2.718で近似されますが、$x\to\infty$ のとき、分母に置かれた e^x はネズミ算的に大きく膨らみ分子の x^n を圧倒するので、分数の極限は0になるとも考えられます。

〔例 1〕 $\lim_{x\to 0} e^{-x}x^2 = 0 \quad \cdots (8)$

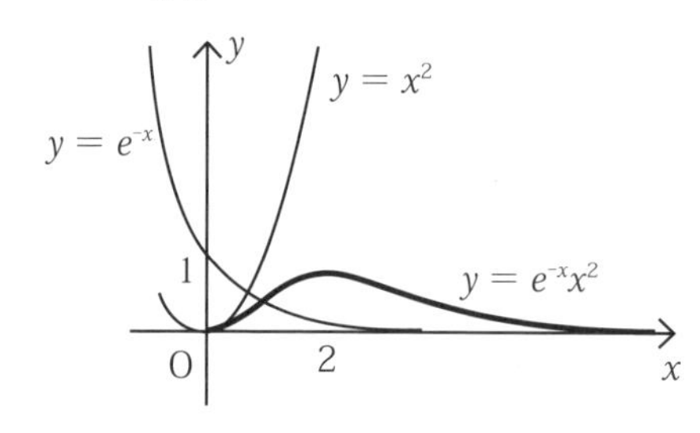

式（8）のグラフ的な意味。$x\to\infty$のとき、指数関数e^{-x}は急速に0に近づき、べき関数x^2が∞になるのを抑えて、積の極限値を0にします。

確認の演習

〔問 1〕$f(x) = \ln(1+x)$ について、$x=0$ においてテイラー展開してみよう。

（解）$f'(x) = \dfrac{1}{1+x}$、$f''(x) = \dfrac{-1}{(1+x)^2}$、$f^{(3)}(x) = \dfrac{(-1)(-2)}{(1+x)^3}$、

$f^{(4)}(x) = \dfrac{(-1)(-2)(-3)}{(1+x)^4}$、… などから、

$f(0) = 0$、$f'(0) = 1$、$f''(0) = -1$、$f^{(3)}(0) = (-1)(-2)$、

$f^4(0) = (-1)(-2)(-3)$、…

公式（2）に代入して、

$$\ln(1+x) = 0 + 1\cdot x + \frac{1}{2!}(-1)x^2 + \frac{1}{3!}(-1)(-2)x^3$$

$$+ \frac{1}{4!}(-1)(-2)(-3)x^4 + \cdots = x - \frac{1}{2}x^2 + \frac{1}{3}x^3 - \frac{1}{4}x^4 + \cdots \quad \text{（答）}$$

（別解）無限等比級数の公式 $\dfrac{1}{1+t} = 1 - t + t^2 - t^3 + \cdots$（→本章 §1）から、

$$\int_0^x \frac{dt}{1+t} = [t]_0^x - \left[\frac{t^2}{2}\right]_0^x + \left[\frac{t^3}{3}\right]_0^x - \left[\frac{t^4}{4}\right]_0^x + \cdots$$

計算して、$\ln(1+x) = x - \dfrac{1}{2}x^2 + \dfrac{1}{3}x^3 - \dfrac{1}{4}x^4 \cdots$ （答）

定積分の定義とリーマン和

本節では、高校数学の積分論と大学の積分論とのギャップを埋めるために、積分のオーソドックスな概説をします。

高校教科書に掲載されている定積分の定義

高校の教科書に掲載されている定積分の定義は次のように要約されます。

> $F'(x)=f(x)$ とするとき、2つの実数 a、b に対して、「a から b までの $f(x)$ の**定積分**」は $F(b)-F(a)$ であり、記号で $\int_a^b f(x)dx$ と表す。

この $F(x)$ を関数 $f(x)$ の不定積分と呼びます。高校ではこのように**定積分は不定積分の差**と定義されているのです。ところで、「積分」という言葉は「部**分**を**積**む」という意味です。上記の定義はこの言葉のイメージに合いません。これは困ったことです。というのも、複素関数論では経路積分というアイデアが用いられますが、これは上記の高等学校の定義では理解できないのです。読んで字のごとくの「『部分を積む』のが積分」と理解しておかなければ、式の意味がわからないのです。

積分の基本は短冊の面積の和

連続な関数 $f(x)$ に対して歴史的に正統な定積分の定義を示しましょう。

> 区間 $a \leqq x \leqq b$ を次のように n 個の細区間に分割する（a、b は定数）。
> $a=x_0<x_1<x_2<\cdots<x_i<\cdots<x_{n-1}<x_n=b$
> 連続な関数 $f(x)$ に対して、次の和を考える。
> $S_n=f(\xi_1)\Delta x_1+f(\xi_2)\Delta x_2+\cdots+f(\xi_i)\Delta x_i+\cdots+f(\xi_n)\Delta x_n \cdots (1)$

ここで、

$x_{i-1} \leqq \xi_i \leqq x_i$、$\Delta x_i = x_i - x_{i-1}$　$(i = 1, 2, \cdots, n)$　… (2)

n を限りなく大きくし、Δx_i を限りなく小さくするとき、和 S_n の極限値を、区間 $a \leqq x \leqq b$ における関数の**定積分**といい、次の記号で表す。

$$\int_a^b f(x)dx \quad \cdots (3)$$

積分される関数 $f(x)$ を**被積分関数**といいます。

上記のように積分を文章で定義すると長くなります。しかし、その中身は至って簡単です。$f(x) \geqq 0$ と仮定して次の図を見てみましょう。

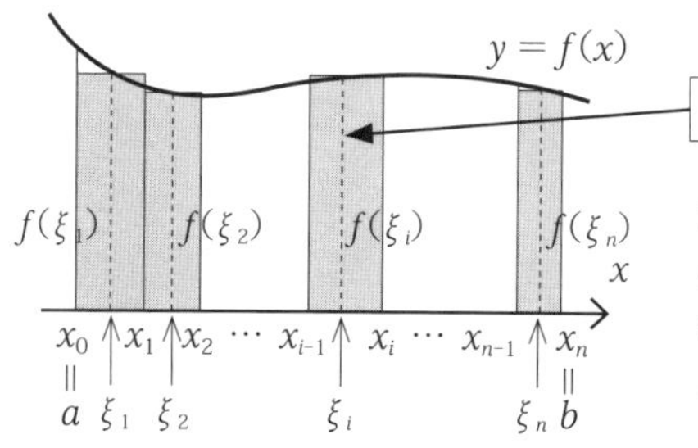

式（1）の意味。図の各短冊の面積は式（2）の底辺 Δx_i に高さ $f(\xi_i)$ を掛けた $f(\xi_i)\Delta x_i$ になりますが、それらの和が式（1）なのです。このイメージが応用上大切。

式（1）の右辺を構成する各項はこの図の一つ一つの「短冊」の面積を表しています。つまり、式（1）が表す和 S_n は、関数 $f(x)$ のグラフをこれら短冊で埋め尽くしたとき、短冊の面積の総和なのです。積分が「積分」と命名された理由はここにあります。「積分」は読んで字のごとく「部分を積み重ねる」と理解できるのです。

式（1）の S_n には**リーマン和**という名称が付けられています。今後の解説でしばしば登場する言葉です。

定積分の定義式のいろいろ

連続な関数に対して、ξ_i を式（2）の区間のどこにとっても、リーマン和（1）の極限値、すなわち定積分（3）の値は同じになります。そこで、次の式のように、ξ_i を端点 x_{i-1} または x_i に置き換えた式でリーマン和（1）を定義している文献も多数あります。

$$S_n = f(x_0)(x_1 - x_0) + f(x_1)(x_2 - x_1) + \cdots + f(x_{i-1})(x_i - x_{i-1})$$
$$+ \cdots + f(x_{n-1})(x_n - x_{n-1}) \quad \cdots (4)$$
$$S_n = f(x_1)(x_1 - x_0) + f(x_2)(x_2 - x_1) + \cdots + f(x_i)(x_i - x_{i-1})$$
$$+ \cdots + f(x_n)(x_n - x_{n-1}) \quad \cdots (5)$$

これらは適宜使い分けるとよいでしょう。下図は式（5）でリーマン和を定義したときのイメージ図です。

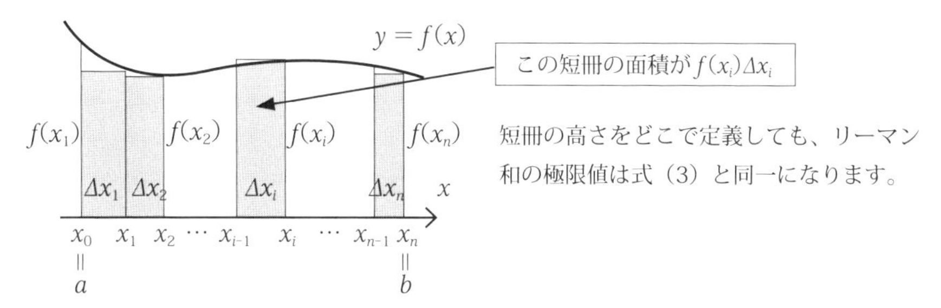

定積分は面積を表す

式（1）の意味がわかったところで、定積分の式（3）の意味を調べてみましょう。リーマン和（1）において分割数nを大きくし、すべての短冊の幅（2）を小さくしてみましょう。短冊の面積の総和S_nは、区間$a \leqq x \leqq b$でグラフとx軸とに挟まれた部分の面積に限りなく近づきます。

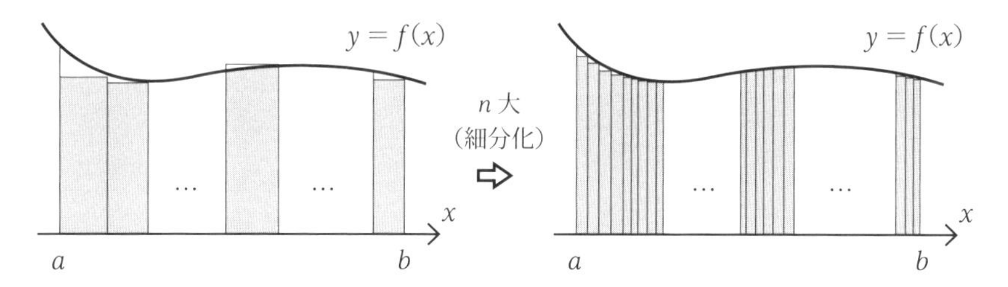

こうして、定積分（3）の意味がわかりました。x軸とグラフで挟まれた部分の面積を表すのです。

> $f(x) \geqq 0$のとき、定積分$\int_a^b f(x)dx$は区間$a \leqq x \leqq b$でこの関数のグラフとx軸とに挟まれた部分の面積を表す。

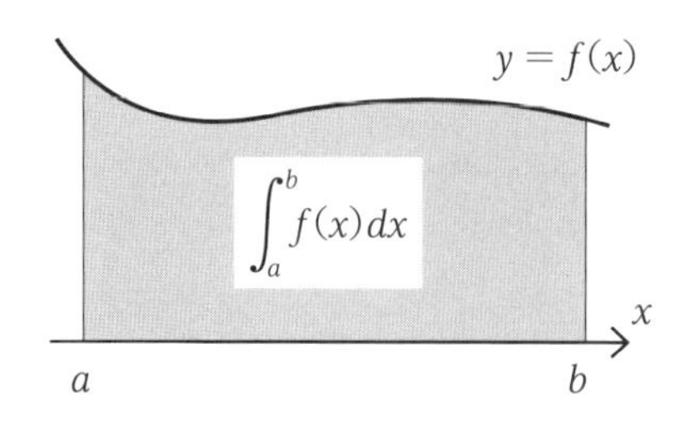

定積分$\int_a^b f(x)dx$は、グラフとx軸とで挟まれた部分の面積を表す（ただし、$f(x) \geqq 0$）。

（注）関数が負の値をとる場合には、この面積の解釈に準じて理解します。

（例 1） $\int_1^2 x^2dx$のイメージを調べましょう。まず下記の左の図にある短冊1枚を思い描きます。次に、この短冊で積分区間$1 \leqq x \leqq 2$全体を埋め尽くした図を想像すればよいでしょう（下記右の図）。

これらの短冊を限りなく細くしたとき、その面積の総和が定積分になるのです。すなわち、$\int_1^2 x^2dx$は区間$1 \leqq x \leqq 2$においてグラフとx軸とで挟まれた部分の面積を表すのです。

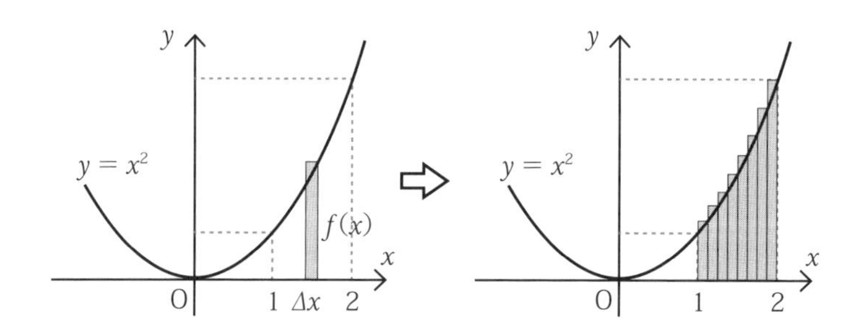

定積分の公式

定積分を見積もるのにしばしば利用されるのが次の不等式です。証明からわかるように、この定理はそのまま複素数でも成立します。

$a \leqq b$のとき、$\left| \int_a^b f(x)dx \right| \leqq \int_a^b |f(x)| dx$　…（6）

〔**証明**〕リーマン和(1)に三角不等式 $|p+q| \leqq |p|+|q|$ を適用して、

$$
\begin{aligned}
|S_n| &= |f(\xi_1)\Delta x_1 + f(\xi_2)\Delta x_2 + \cdots + f(\xi_n)\Delta x_n| \\
&\leqq |f(\xi_1)|\Delta x_1 + |f(\xi_2)|\Delta x_2 + \cdots + |f(\xi_n)|\Delta x_n
\end{aligned}
$$

この不等式の極限をとるとき、$|S_n|$ の極限値が $\left|\int_a^b f(x)dx\right|$ となり、右辺の不等式の極限値が $\int_a^b |f(x)|dx$ となります。こうして、題意の不等式が示されます。(**証明終**)

確認の演習

〔**問**〕次の和 S を求めよう。

$$S = \lim_{n\to\infty}\left(\frac{1}{n+1} + \frac{1}{n+2} + \frac{1}{n+3} + \cdots + \frac{1}{2n}\right)$$

(**解**)次のように変形します。

$$S = \lim_{n\to\infty}\left(\frac{1}{1+\frac{1}{n}}\cdot\frac{1}{n} + \frac{1}{1+\frac{2}{n}}\cdot\frac{1}{n} + \frac{1}{1+\frac{3}{n}}\cdot\frac{1}{n} + \cdots + \frac{1}{1+\frac{n}{n}}\cdot\frac{1}{n}\right)$$

k 番目(k は1から n までの整数)の項

$$\frac{1}{1+k/n}\cdot\frac{1}{n}$$

は底辺 $\frac{1}{n}$、高さ $\frac{1}{1+k/n}$ の短冊の面積です。これを右の図に示すと、グレーの短冊の面積が該当します。

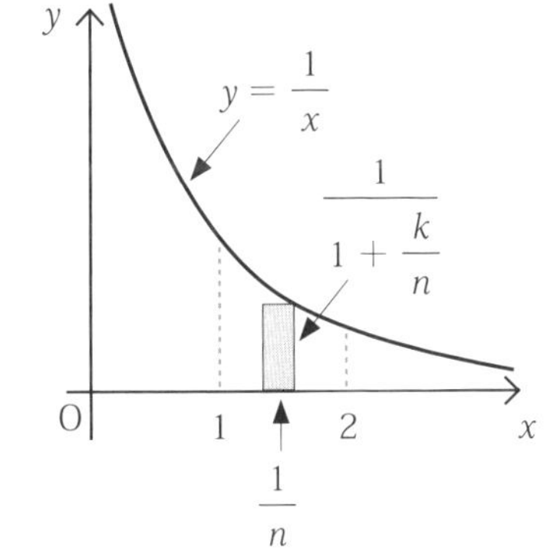

和 S はこれらを区間

$1 \leqq x \leqq 2$

で隙間なく加え合わせたものです。よって、n を限りなく大きくすれば、積分の意味から、極限値 S は次のように求められます(計算法は次節参照)。

$$S = \int_1^2 \frac{1}{x}dx = [\ln x]_1^2 = \ln 2 \quad \text{(答)}$$

06 定積分の計算法

前節（§5）では定積分の定義を確認しました。しかし、実際に計算する際には、定義を用いて計算するのは賢明ではありません。高校時代から学習してきた「不定積分の差」として計算するのが便利です。

不定積分

前節で言及したように、関数 $f(x)$ の**不定積分**とは微分して $f(x)$ となる関数 $F(x)$ をいいます。記号で $\int f(x)dx$ と表されます。

（例 1） $f(x) = x^3$ の不定積分 $F(x)$ は、$F(x) = \frac{1}{4}x^4 + C$ （C は定数）

（例 2） $f(x) = \sin x$ の不定積分 $F(x)$ は、$F(x) = -\cos x + C$ （C は定数）

この例からわかるように、不定積分は定数 C の不定性があります。この C を**積分定数**といいます。微分方程式を解く際には、初期条件を取り込むための大切な数となります。

微分積分学の基本定理

歴史的には微分と積分は異なる時期に発案されました。そして、イギリス人のニュートンやフランス人のライプニッツは、これら二つが逆計算であることに気づくのです。17 世紀のことです。それが**微分積分学の基本定理**です。この定理は、次のようにまとめられます。

$F'(x) = f(x)$ のとき、$\int_a^b f(x)dx = F(b) - F(a)$ …（1）

つまり、「不定積分 $F(x)$ を探し、その差を計算すればよい」ことを意味しています。簡単にいえば、「積分は微分の逆の計算をすればよい」ことを意味しているわけです。これが高等学校で教えられる定積分の定義なのです。次の例のように、**実際の計算ではこの定理が利用される**のが普通です。

(例3)（例1）から、$\int_1^2 x^3dx = \left[\frac{1}{4}x^4\right]_1^2 = \frac{1}{4}(2^4 - 1^4) = \frac{15}{4}$

(例4)（例2）から、$\int_0^{\frac{\pi}{2}} \sin x dx = \left[-\cos x\right]_0^{\frac{\pi}{2}} = -(\cos\frac{\pi}{2} - \cos 0) = 1$

（注）$\left[\frac{1}{4}x^4\right]_1^2$、$\left[-\cos x\right]_0^{\frac{\pi}{2}}$ は不定積分の関数を書き留めておくための記号です。なお、差をとるので、定積分を計算するときには不定積分に付く積分定数 C は省略するのが普通です。

確認の演習

〔問1〕次の関数の不定積分を求めよう。

（ア）$4x^3 - 2x + 3$　　（イ）$2\sin x + \cos x$

(解) §2で調べた微分公式を逆に用いることで解が得られます。

（ア）$\int(4x^3 - 2x + 3)dx = x^4 - x^2 + 3x + C$

（イ）$\int(2\sin x + \cos x)dx = -2\cos x + \sin x + C$　（Cは定数）**(答)**

〔問2〕次の定積分を計算しよう。

（ア）$\int_0^3(3x^2 - 4x + 2)dx$　（イ）$\int_{-1}^2(t^2 - 3t)dt$　（ウ）$\int_0^1 e^x dx$

(解) 公式（1）を用います。

（ア）$\int_0^3(3x^2 - 4x + 2)dx = \left[x^3 - 2x^2 + 2x\right]_0^3 = 15$

（イ）$\int_{-1}^2(t^2 - t - 2)dt = \left[\frac{1}{3}t^3 - \frac{1}{2}t^2 - 2t\right]_{-1}^2 = -\frac{9}{2}$

（ウ）$\int_0^1 e^x dx = \left[e^x\right]_0^1 = e - 1$　**(答)**

置換積分の公式

微分のときと同様、積分の中の dx、dy という記号は分数と同じように式変形できます。これに慣れ親しむことは、後に調べる線積分や複素関数の積分の計算に大切なことです。

不定積分の置換積分の公式

不定積分の置換積分の公式は「合成関数の微分」（→本章 §2）の公式を利用して次のように表されます。

> x を t の関数と考えるとき、$\int f(x)dx = \int f(x)\frac{dx}{dt}dt$ …(1)

（注）「dx、dt などは分数のように変形可」と覚えればよいでしょう。

〔例題 1〕 不定積分 $\int (2x+1)^3 dx$ を計算しよう。

（解） $t = 2x + 1$ と置くと、$\frac{dx}{dt} = \frac{1}{2}$ より、C を定数として、

$$与式 = \int t^3 \frac{dx}{dt}dt = \int t^3 \cdot \frac{1}{2}dt = \frac{1}{8}t^4 + C = \frac{1}{8}(2x+1)^4 + C$$ **（答）**

定積分の置換積分の公式

定積分の置換積分の公式は、上記の「不定積分の置換積分の公式」(1) と同様、次のように表されます。

> x を t の関数と考えるとき、$\int_a^b f(x)dx = \int_\alpha^\beta f(x)\frac{dx}{dt}dt$ …(2)
>
> ここで、x が a、b のときに対応する t の値が α、β。

（注）不定積分と同様、「dx、dt などは分数のように変形可」と覚えればよいでしょう。

〔例題 2〕定積分 $I=\int_{-1}^{1}(2x+1)^3dx$ を計算しよう。

（解）$t=2x+1$ と置くと、$\frac{dx}{dt}=\frac{1}{2}$ となり、x と t の対応は右の表のようになるので、

x	$-1 \to 1$
t	$-1 \to 3$

$$I=\int_{-1}^{3}t^3\frac{dx}{dt}dt=\int_{-1}^{3}t^3\frac{1}{2}dt=\left[\frac{1}{8}t^4\right]_{-1}^{3}=10 \quad \text{（答）}$$

（注）積分される関数は〔例題 1〕と同じなので、その結果を用いて、次のようにも計算できます。

$$\int_{-1}^{1}(2x+1)^3dx=\left[\frac{1}{8}(2x+1)^4\right]_{-1}^{1}=\frac{1}{8}\{3^4-(-1)^4\}=10$$

〔例題 3〕定積分 $I=\int_{0}^{3}\frac{x}{\sqrt{4-x}}dx$ を計算しよう。

（解）$t=\sqrt{4-x}$ と置くと、x と t の対応は右の表のようになります。また、$x=4-t^2$ となり、両辺を t で微分すると、$\frac{dx}{dt}=-2t$ より

x	$0 \to 3$
t	$2 \to 1$

$$I=\int_{2}^{1}\frac{4-t^2}{t}\frac{dx}{dt}dt=\int_{2}^{1}\frac{4-t^2}{t}(-2t)dt$$

$$=-2\int_{2}^{1}(4-t^2)dt=-2\left[4t-\frac{1}{3}t^3\right]_{2}^{1}=\frac{10}{3} \quad \text{（答）}$$

（注）$t=4-x$ と置換しても積分ができます。

〔例題 4〕定積分 $I=\int_{0}^{1}\frac{1}{1+x^2}dx$ を計算しよう。

（解）$x=\tan\theta$ と置くと、x と θ の対応は右の表のようになります。また、この両辺を θ で微分し、

x	$0 \to 1$
θ	$0 \to \frac{\pi}{4}$

$$\frac{dx}{d\theta}=\frac{1}{\cos^2\theta}d\theta$$

これを置換積分の公式に代入します。

$$I=\int_0^{\frac{\pi}{4}}\frac{1}{1+\tan^2\theta}\frac{dx}{d\theta}d\theta=\int_0^{\frac{\pi}{4}}\cos^2\theta\cdot\frac{1}{\cos^2\theta}d\theta=\int_0^{\frac{\pi}{4}}d\theta=\frac{\pi}{4}$$ （答）

確認の演習

〔問 1〕不定積分 $\int 3x^2(x^3+2)^3dx$ を計算しよう。

（解）$t=x^3+2$ と置いてみましょう。この両辺を t で微分すると、

左辺＝1、右辺＝ $\frac{d(x^3+2)}{dt}=\frac{d(x^3+2)}{dx}\frac{dx}{dt}=3x^2\frac{dx}{dt}$

よって、$3x^2\frac{dx}{dt}=1$ より、これを題意の不定積分の式に代入して、

$$\int 3x^2(x^3+2)^3dx=\int(x^3+2)^3\,3x^2\frac{dx}{dt}dt=\int t^3\cdot 1dt=\frac{1}{4}t^4+C$$

$$=\frac{1}{4}(x^3+2)^4+C$$ （答）

〔問 2〕定積分 $\int_0^4 x\sqrt{4-x}\,dx$ を計算しよう。

（解）$t=4-x$ と置くと、$x=4-t$ となり、両辺を t で微分すると、

$$\frac{dx}{dt}=-1$$

x と t の対応は右の表のようになるので、

x	$0\to4$
t	$4\to0$

$$与式=\int_4^0(4-t)\sqrt{t}\frac{dx}{dt}dt$$

$$=\int_4^0(4t^{\frac{1}{2}}-t^{\frac{3}{2}})(-1)dt$$

$$=-\left[\frac{8}{3}t^{\frac{3}{2}}-\frac{2}{5}t^{\frac{5}{2}}\right]_4^0=\frac{128}{15}$$ （答）

（注）〔例題 3〕のように $t=\sqrt{4-x}$ と置換しても積分ができます。

08 広義積分の意味

前節（§7）では積分区間は有限でした。応用数学では、積分区間の間隔を無限にとることがあります。そのときの計算法を調べましょう。

広義積分

関数$f(x)$が$a \leqq x$で定義され連続とします。次の極限値が存在するとき、その極限値をこの区間の**広義積分**といい、記号で$\displaystyle\int_a^{\infty} f(x)dx$と表します。

$$\int_a^{\infty} f(x)dx = \lim_{R \to \infty} \int_a^R f(x)dx \quad \cdots (1)$$

$\displaystyle\int_{-\infty}^{a} f(x)dx$、$\displaystyle\int_{-\infty}^{\infty} f(x)dx$も同様に定義されます。

（例 1） $\displaystyle\int_1^{\infty} \frac{1}{x^2}dx$を求めてみましょう。

Rを正の定数とするとき、

$\displaystyle\int_1^R \frac{1}{x^2}dx = \left[-\frac{1}{x}\right]_1^R = -\frac{1}{R} + 1$より、$\displaystyle\int_1^{\infty} \frac{1}{x^2}dx = \lim_{R \to \infty} \int_1^R \frac{1}{x^2}dx = 1$

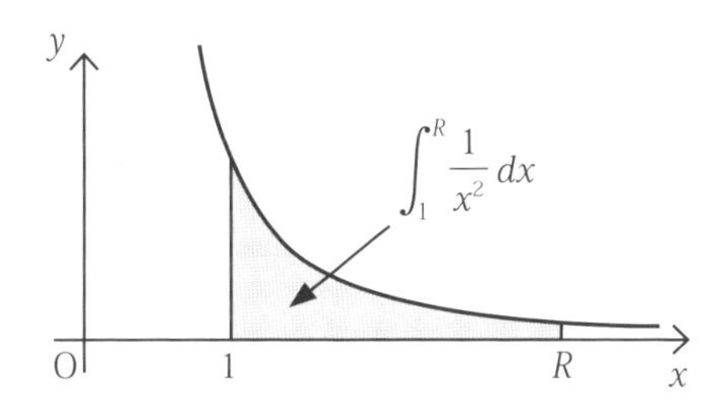

$R \to \infty$とすると、左図の網を掛けた部分の面積は限りなく1に近づきます。

〔例題〕 $\displaystyle\int_{-\infty}^{\infty} \frac{1}{1+x^2}dx$を求めてみましょう。

(解) R、R'を正の定数とするとき、$x = \tan\theta$と置換し、

$$\int_0^R \frac{1}{1+x^2}dx = \int_0^{\mathrm{Arctan}R} d\theta = \mathrm{Arctan}\ R$$

$$\int_{-R'}^0 \frac{1}{1+x^2}dx = \int_{-\mathrm{Arctan}R'}^0 d\theta = \mathrm{Arctan}\ R'$$

ここで、Arctan x とは $\tan\theta = x$ $\left(-\frac{\pi}{2} < \theta < \frac{\pi}{2}\right)$ となるθを意味します。このR、R'を正の無限大に近づけるとき、Arctan R、Arctan R'は共に $\frac{\pi}{2}$ に近づくので、

$$\int_{-\infty}^{\infty} \frac{1}{1+x^2}dx = \lim_{R\to\infty, R'\to\infty}\left(\int_0^R f(x)dx + \int_{-R'}^0 f(x)dx\right) = \frac{\pi}{2} + \frac{\pi}{2} = \pi \quad \textbf{(答)}$$

（注）6章 §2の〔例題1〕で複素積分を利用した別解を紹介します。

確認の演習

〔問〕 $\int_0^\infty e^{-x}dx$ を計算しよう。

(解) 広義積分の定義式（1）を利用します。

$$\int_0^R e^{-x}dx = \left[-e^{-x}\right]_0^R = 1 - e^{-R} \text{ より、} \int_0^\infty e^{-x}dx = \lim_{R\to\infty}\int_0^R e^{-x}dx = 1 \quad \textbf{(答)}$$

《メモ》収束しない場合の極限計算には要注意

本書では極限を考える際、関数や数列は収束すると仮定しています。そうすることで、説明が簡略化できるからです。しかし、この仮定を無視すると、とんでもないことが起こります。次の誤り例を見てください。

（誤）$\int_{-\infty}^\infty xdx = \lim_{R\to\infty}\int_{-R}^R xdx = \lim_{R\to\infty}\left[\frac{1}{2}x^2\right]_{-R}^R = \lim_{R\to\infty}\left\{\frac{1}{2}R^2 - \frac{1}{2}(-R)^2\right\} = 0$

これは、収束しない極限 $\lim_{R\to\infty}\int_0^R xdx$、$\lim_{R\to\infty}\int_{-R}^0 xdx$ を無批判に加え合わせたことから来る誤りです。

09 線積分

複素関数の積分は曲線上の関数値の積分になります。これは線積分（または経路積分）といって、ベクトル解析の分野ではよく利用される積分の一種です。

線積分

本章§5では通常の積分を調べました。x軸上にある積分範囲を区切り、関数値の和（リーマン和）を求め、その極限値を定積分と定義したのです。このアイデアを「曲線に沿った積分」に拡張したものを**線積分**といいます。**経路積分**とも呼ばれます。

よく利用される平面上の線積分には、次の３種があります。

（ア）実関数$\phi(x,\ y)$についての線積分

（イ）ベクトル$\boldsymbol{A} =(A_x(x,\ y),\ A_y(x,\ y))$についての線積分

（ウ）複素関数$f(z)$についての複素積分

（注）応用数学の世界では、（ア）のϕは**スカラー場**、（イ）の$\boldsymbol{A}$は**ベクトル場**と呼ばれます。

本書のテーマになるのが最後の（ウ）の積分です。予習を兼ねて、（ア）の「関数$\phi(x,\ y)$についての線積分」について、簡単に調べることにします。この積分は、後に「コーシーの積分定理」の証明に利用されます。

媒介変数（パラメータ）

線積分の世界では、曲線が主役の一人になります。その曲線を数学的に表現する方法はいろいろですが、最もよく利用される表現法の一つが媒介変数を用いる方法です。

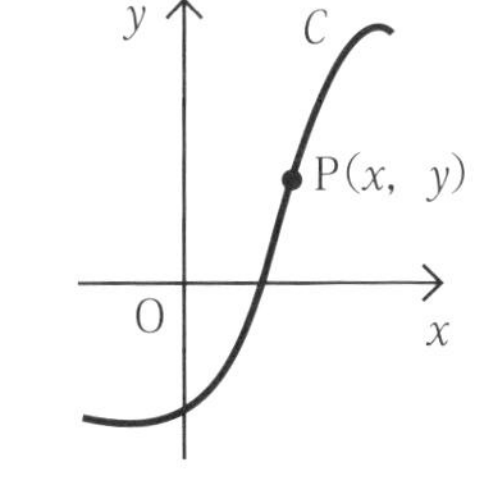

すなわち、曲線上の点P(x, y)を次のように表現します。

$x=f(t)$、$y=g(t)$

この t を**媒介変数**（または**パラメータ**）といいます。

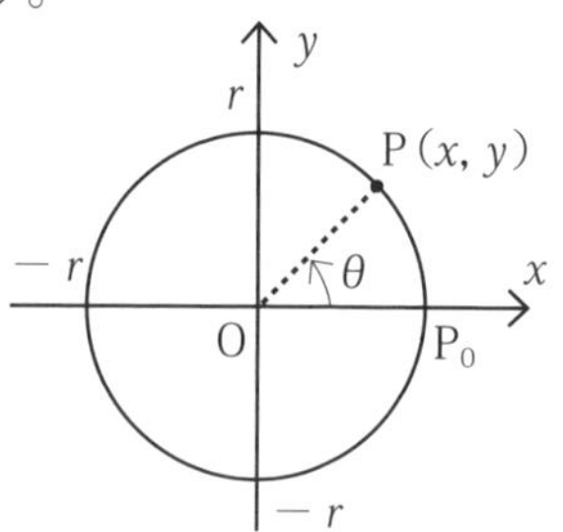

（例 1） 原点Oを中心にした半径 r の円周上の点 $P(x, y)$ は、OPと x 軸とのなす角 θ を用いて次のように表現されます。

$x = r\cos\theta$、$y = r\sin\theta$　（$0 \leqq \theta < 2\pi$）　…(1)

この θ が媒介変数です。

弧長

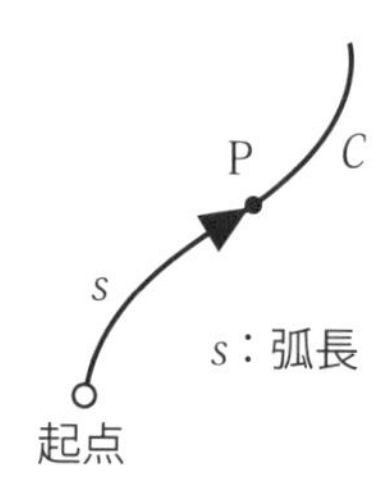

1つの曲線を表現する媒介変数はいろいろですが、理論的解説でよく用いられるのが「弧長」です。弧長を利用すると理論が簡潔になるからです。

弧長とは曲線上のある起点から点Pまでの曲線の長さをいいます。変数名として s を用いるのが普通です。曲線上の任意の点Pはこの s で表現されます。このとき、その曲線の表示を**弧長表示**といいます。

（例 2） 原点を中心にした半径 r の円周の点 $P(x, y)$ を弧長 s で表現しましょう。ただし、弧長の起点は x 軸の正の部分と円との交点 P_0 とします。

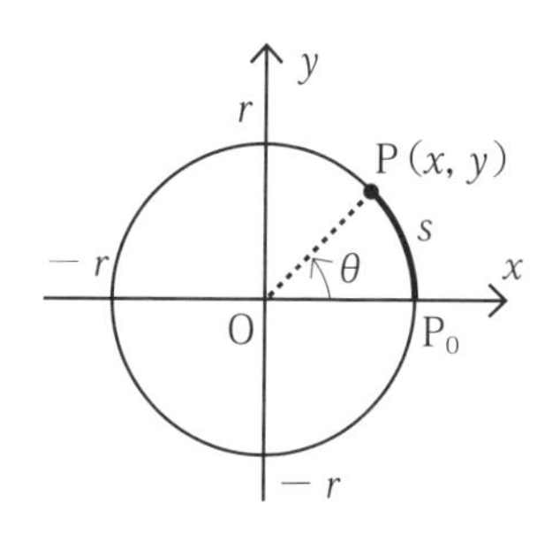

（例 1）から、この円は式（1）で表現されます。ところで、点 P_0 から点Pまでの弧長は、

P_0P の間の曲線の長さ $s = r\theta$　…（2）

(2）の関係を（1）に代入して、円の弧長表示が次のように得られます。

$$x = r\cos\frac{s}{r}、y = r\sin\frac{s}{r}\quad (0 \leqq s < 2\pi r)$$

線積分は定積分を一般化したもの

定積分 $\int_a^b f(x)dx$ では、x 軸上の区間 $a \leqq x \leqq b$ を細分割し、各部分で関数値と分割幅の積を算出し、その総和（リーマン和 S_n）を考えました。

$$S_n = f(x_1)\Delta x_1 + f(x_2)\Delta x_2 + \cdots + f(x_i)\Delta x_i + \cdots + f(x_n)\Delta x_n \quad \cdots (3)$$

このリーマン和の極限値が関数$f(x)$の定積分です（→本章§5）。

この考え方を2変数の関数$\phi(x, y)$に拡張したのが（2変数の）**線積分**です。積分の定義区間をx軸からxy平面上の曲線Cに一般化するのです。

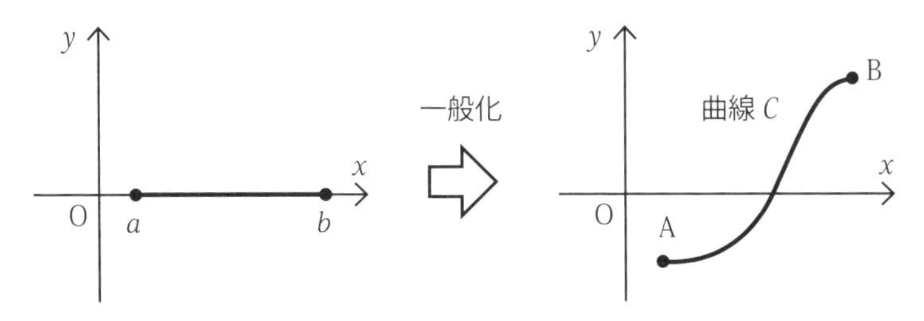

線積分は通常の積分を曲線上に一般化したアイデア。

2変数関数$\phi(x, y)$の線積分においては、リーマン和(3)の変数差Δx_iを、弧長表示された曲線Cの弧長差Δs_iに置き換えます。すると、関数$\phi(x, y)$の曲線Cに沿う線積分が次のように定義されます。

xy平面において、点Aから点Bに向かう曲線Cを次のように微小区間に分割する。

$A = P_0, P_1, P_2, \cdots, P_i, \cdots, P_{n-1}, P_n = B$

各点$P_i(x_i, y_i)$は弧長s_iによって表示されているとし、その点P_iにおける関数$\phi(x, y)$の値を$\phi(s_i)$とする。このとき次の和を考える。

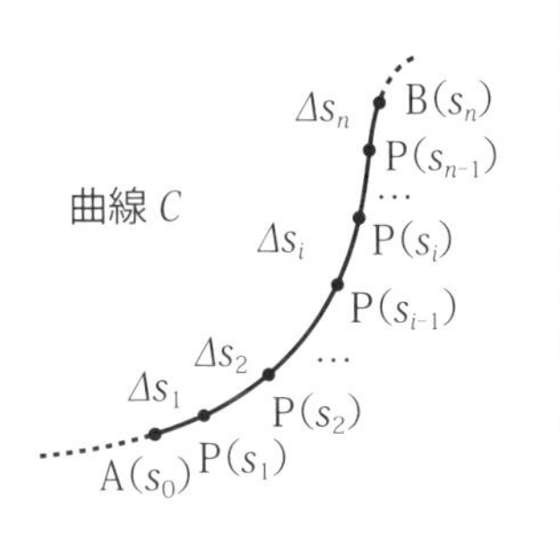

$$S_n = \phi(s_1)\Delta s_1 + \phi(s_2)\Delta s_2 + \cdots + \phi(s_i)\Delta s_i + \cdots + \phi(s_n)\Delta s_n \quad \cdots (4)$$

ここで、Δs_iは次の式で与えられる。

$$\Delta s_i = s_i - s_{i-1} \quad \cdots (5)$$

nを限りなく大きくし分割幅Δs_iを限りなく小さくするとき、和S_nの極限値を曲線Cに沿う関数$\phi(x, y)$の**線積分**といい、$\int_C \phi\, ds$と表す。

（注）両端の点A、Bは弧長でs_0、s_nと示されるとします。

〔**例題**〕線分 $y = x$（$0 \leqq x \leqq 1$）を C とする。

関数 $\phi(x, y) = 2 - x - y$ に対して、この C に沿う線積分 $\int_C \phi\, ds$ を計算しなさい。ただし、C の向きは原点から遠ざかる向きを正とする。

（**解**）線分 C 上にある点 P(x, y) は弧長を用いて、次のように表現できます（右図）。

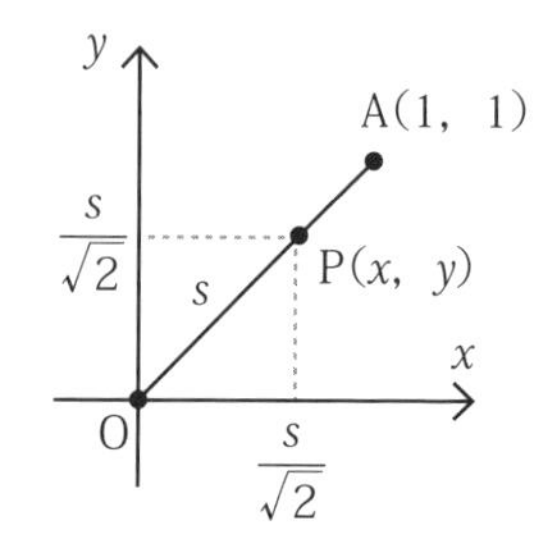

$$x = \frac{s}{\sqrt{2}}、y = \frac{s}{\sqrt{2}} \quad (0 \leqq s \leqq \sqrt{2})$$

ただし、弧長の起点は原点 O とします。

このとき、

$$\phi(x, y) = 2 - \frac{s}{\sqrt{2}} - \frac{s}{\sqrt{2}} = 2 - \sqrt{2}\, s$$

線積分の定義式（4）から、

$$\int_C \phi\, ds = \int_0^{\sqrt{2}} (2 - \sqrt{2}s)\, ds = \left[\ 2s - \frac{1}{2}\sqrt{2}s^2\ \right]_0^{\sqrt{2}} = \sqrt{2} \quad \textbf{（答）}$$

（注）下図のような三角錐を真二つに切ったとき、その断面積がこの解になります。関数の線積分は、曲線 C に沿う関数のグラフと xy 平面とが作り出す切り口の面積になるのです。

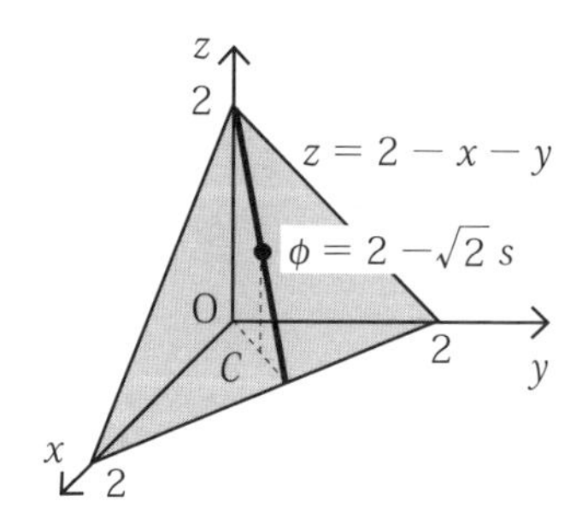

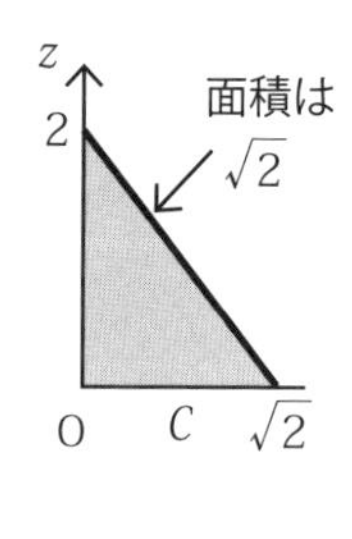

線積分の向き

定義式（4）からわかるように、線積分では曲線の方向を指定する必要があります。それがなければ差(5)の引き算の順序が定まらないからです。実際、上の〔例題〕では、s の向きを指定しないと、積分の上端と下端の位置が定まりません。

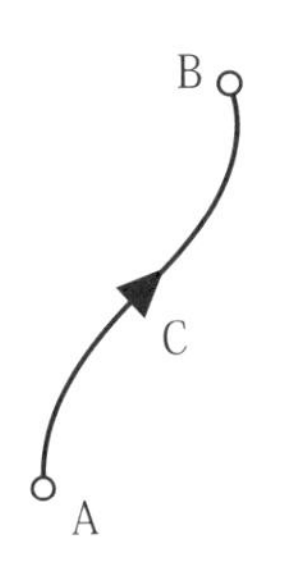

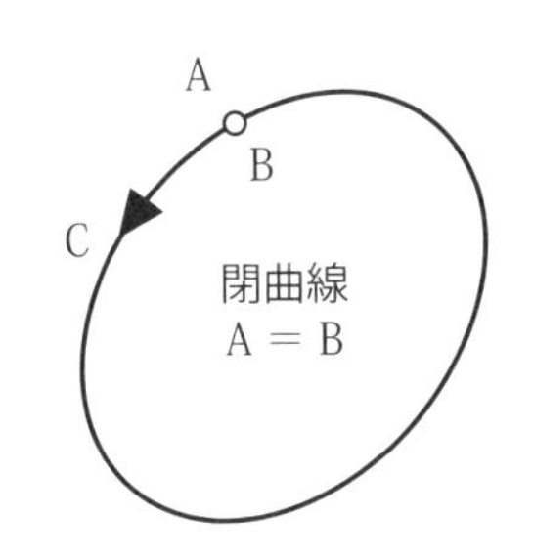

積分するためには、曲線に向きを付けることが必要。

閉曲線の線積分を考える際、何も注記がないときには、通常反時計回りを正にします。この暗黙裡の約束は、複素関数の積分を考えるときにも大切です。

ちなみに、本書では交差する曲線は考えません。交差している場合には、その交差点で差（5）の定義ができないからです。特に、閉曲線について、交差のない曲線を**単純閉曲線**と呼びます。また、**ジョルダン曲線**ともいわれます。

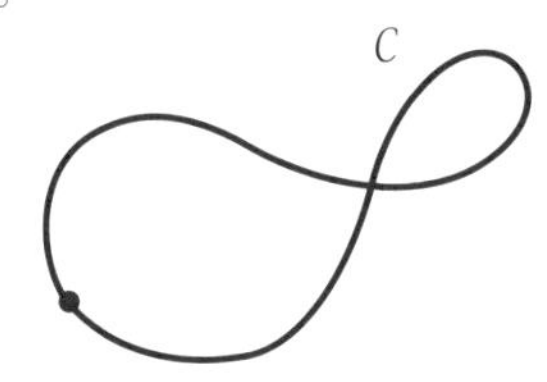

左図のように交差している曲線を本書では考えません。
なお、詳細を3章§4で調べます。

確認の演習

〔問〕 原点を中心にした半径1の円周を C とする。この C に沿った関数 $\phi(x,\ y) = 2 - x - y$ の線積分 $\int_C \phi\, ds$ を求めよう。

（解）（例2）から、C の上の点 $\mathrm{P}(x、y)$ は
$x = \cos s$、$y = \sin s$　$(0 \leqq s \leqq 2\pi)$
と表せます。よって、

$$\int_C \phi\, ds = \int_0^{2\pi} (2 - x - y)ds$$

$$= \int_0^{2\pi} (2 - \cos s - \sin s)ds = 4\pi \quad \text{（答）}$$

（注）$\sin x$、$\cos x$ の1周期（2π）分の積分は0になります。

3 章

複素関数の微分と積分の基本

本章では複素関数論の基本を調べます。実関数の延長的な話なので、高校数学になじんでいる読者は親しみやすい内容でしょうが、複素関数の出発点となる大切な内容です。

01 複素関数を見てみよう

複素関数論が難しいといわれる理由の一つに、そのイメージがつかみにくいことが挙げられます。少しでも複素関数に親しめるよう、その困難なイメージ作成に挑戦してみましょう。

複素関数のグラフは4次元の世界

複素関数は定義域も値域も共に複素数で考える関数です。定義域も値域も実数で考える**実関数**と区別されます。

いま、複素関数 $w=f(z)$ について、独立変数 z と従属変数 w を、各々実部と虚部に分けて考えてみましょう。

$z=x+yi$ （x、y は実数） …（1）

$w=u+vi$ （u、v は実関数） …（2）

これからわかるように、複素関数 $w=f(z)$ は、見かけは2変数 z、w ですが、内実は4変数 x、y、u、v（x、y、u、v は実数）なのです。そのイメージを描くには4次元世界を思い浮かべる必要があり、至難です。いわんや、平面（すなわち2次元）の紙面に描くことは絶望的です。そこで、そのイメージを多少とも表現できる方法として、迂回策ではありますが、次の二つの方法がよく利用されます。

（ア）式（2）にある実関数 u、v を分離して紙面に描く。

（イ）式（1）の z が単純な図形（直線や円）の上を動くとき、式（2）の実関数 u、v がどのような軌跡を描くかを調べる。

方法（ア）を用いて複素関数を見てみよう

上記（ア）に示した方法で、複素関数 $w=f(z)$ のイメージを作成してみましょう。3つの簡単な関数を例として取り上げますが、このような簡単な例ですら、複素関数の奇怪な姿の片鱗がうかがえます。

（例 1） 関数 $w = z^2$ のグラフを、実部と虚部に分けて描いてみましょう。

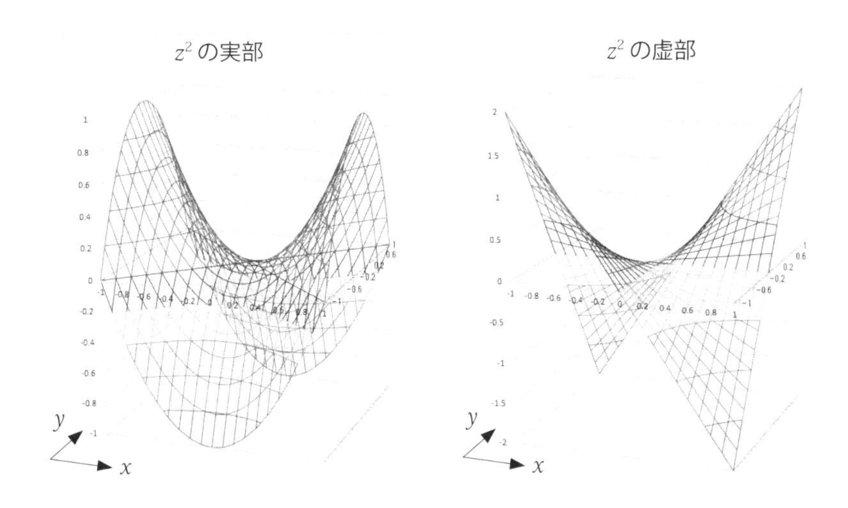

（例 2） 関数 $w = \dfrac{1}{z}$ のグラフを、実部と虚部に分けて描いてみましょう。

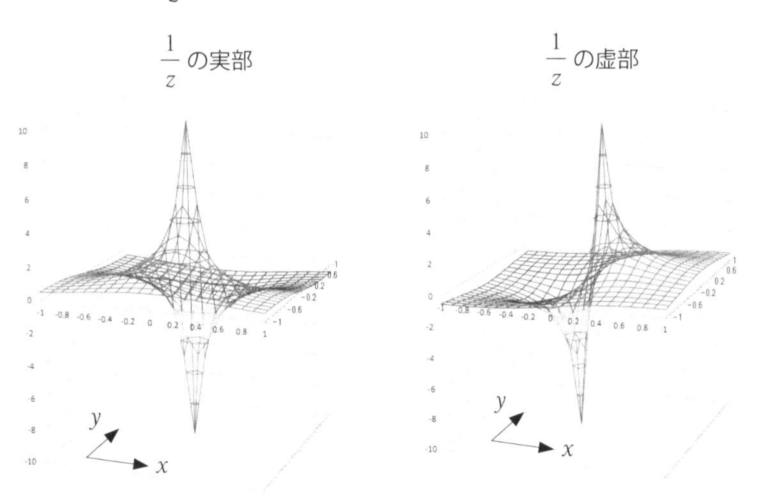

（例 3） 関数 $w = \dfrac{1}{z^2 + i}$ のグラフを、実部と虚部に分けて描いてみましょう。$z^2 = -i$ となる点が特異な点になることを確かめてください。

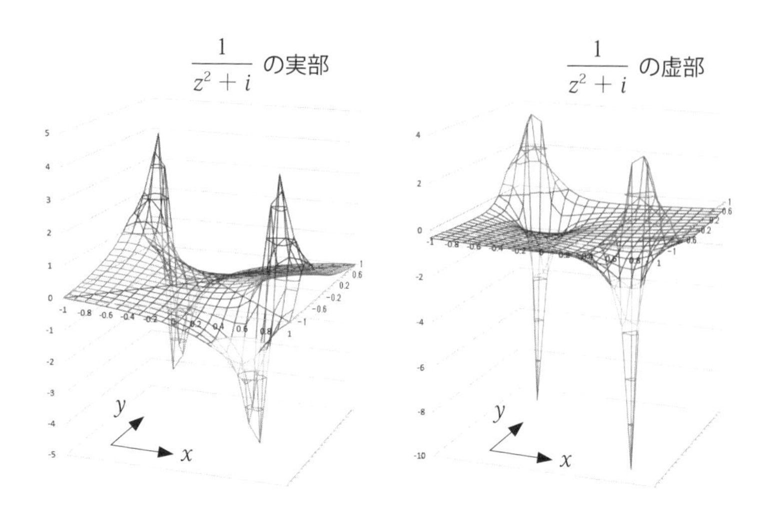

方法（イ）を用いて複素関数を見てみよう

先に示した方法（イ）で、複素関数 $w=f(z)$ のイメージを作成してみましょう。話をコンパクトにするために、独立変数 z の複素数平面を **z 平面**と呼び、従属変数 w の複素数平面を **w 平面**と呼ぶことにします。

複素関数 $w=f(z)$ は z 平面から、w 平面への写像（mapping）です。そこで、z 平面での典型的な図形が w 平面にどのように写像されるかを例を用いて調べてみます。

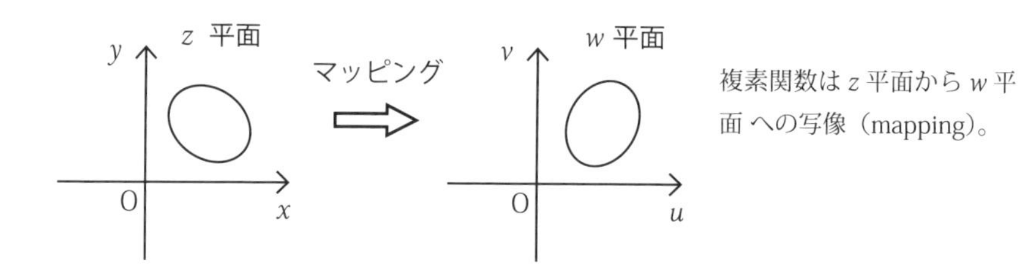

複素関数は z 平面から w 平面への写像（mapping）。

（注）本書では、z 平面の座標軸に x、y のラベルを、w 平面の座標軸に u、v のラベルを付けています。$z=x+yi$、$w=u+vi$ と置いているからです。

（例 4） 関数 $w=z^2$ について、z 平面の実軸に垂直な直線 $z=1+ti$（t は実数）が w 平面にどのように写されるかを調べましょう。

$z = 1 + ti$（t は実数）より、$w = z^2 = (1 + ti)^2 = (1 - t^2) + 2ti$
$w = u + vi$ とし、実部と虚部を見比べて、

$u = 1 - t^2$、$v = 2t$、すなわち $u = 1 - \frac{1}{4}v^2 \quad \cdots (3)$

これから、w 平面上の点 $P(u, v)$ は下図右のような放物線を表します。z 平面で実軸に垂直な直線 $z = 1 + ti$ は、放物線にマッピングされることがわかります。また、z が上に進む（t が増加する）と、式（3）から v は上方向に進む（v も増加する）ことがわかります。

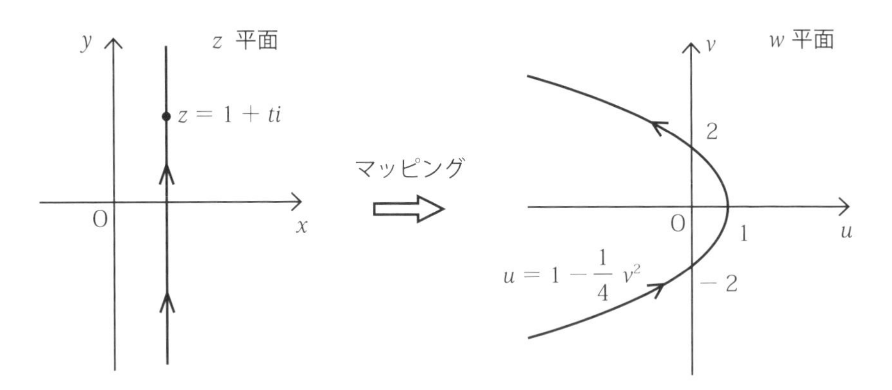

（例 5） 関数 $w = \frac{1}{z}$ について、z 平面の単位円 $|z| = 1$ が w 平面にどのように写されるかを調べてみましょう。
単位円上の点 z は次のように置けます。
$z = \cos\theta + i\sin\theta$
ド・モアブルの定理（→ 1 章 §5）から、

$\frac{1}{z} = z^{-1} = \cos(-\theta) + i\sin(-\theta)$

式（2）のように $w = u + vi$ とし、実部と虚部を見比べて、
$u = \cos(-\theta)$、$v = \sin(-\theta)$

これから、w 平面上の点 $P(u, v)$ は原点を中心にした半径 1 の円上にあることを示しています。また、θ が増加すると、時計回りに点 P が動くこともわかります。

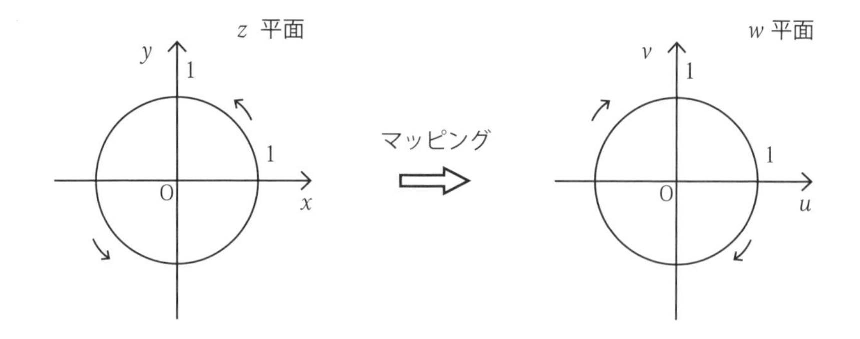

演習

〔問 1〕 関数 $w=z^2$ について、z 平面の実軸に平行な直線 $z=t+i$（t は実数）が w 平面にどのように写されるかを調べよう。

（解）（例 4）と同様にして、

$$z^2=(t+i)^2=(t^2-1)+2ti$$

式（2）のように $w=u+vi$ とし、実部と虚部を見比べて、

$$u=t^2-1\text{、}v=2t\text{、すなわち }u=\frac{1}{4}v^2-1 \quad \cdots (4)$$

これから、z 平面で実軸に平行な直線 $z=t+i$ は、下図右の放物線にマッピングされることがわかります。また、z が右に進む（t が増加する）と、式（4）から v は上方向に進む（v も増加する）ことがわかります。

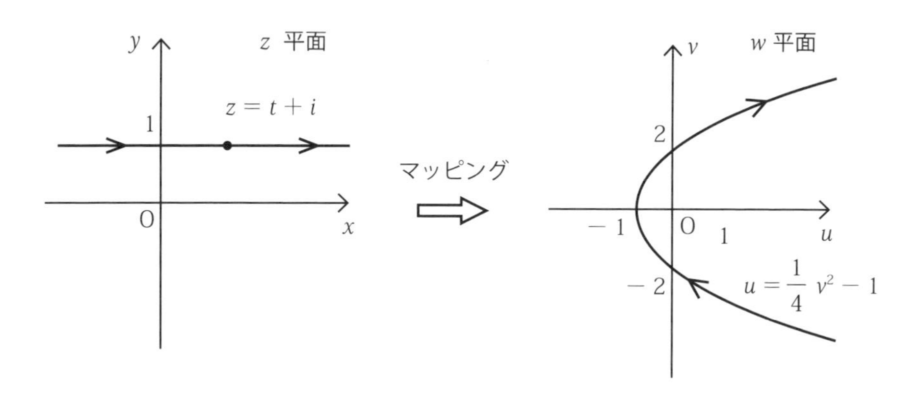

複素関数の微分と正則関数

先の２章では実関数の微分法・積分法について復習しました。本節では本書の主役の複素関数の微分法について調べます。

複素関数の微分

実関数の場合、関数$f(x)$ がxにおいて「連続」とは次のように定義されました（→２章 §2）。

$$\lim_{h\to 0} f(x+h) = f(x) \quad \cdots (1)$$

また、実関数の場合、関数$f(x)$ がxにおいて「微分可能」とは次の極限値が存在することをいいました（→２章 §2）。

$$\lim_{h\to 0} \frac{f(x+h)-f(x)}{h} \quad \cdots (2)$$

複素関数の場合の定義も、実数の場合と形式上全く同じです。複素関数$w=f(z)$ が「z において**連続**」とは次の関係が成立することです。hを複素数として、

$$\lim_{h\to 0} f(z+h) = f(z) \quad \cdots (3)$$

また、複素関数$w=f(z)$ が「zにおいて**微分可能**」とは、次の極限値が存在することをいいます。

$$\lim_{h\to 0} \frac{f(z+h)-f(z)}{h} \quad \cdots (4)$$

このとき、実関数のときと同様、この定義式（4）の極限値を$f'(z)$、w'などと表記します。そして、zを変数と考えるとき、$f'(z)(=w')$ を**導関数**と呼び、それを求めることを**微分する**といいます。また、dz、dw の記号に関しても実関数と同様で、次のように利用します。

$$f'(z) = \frac{df(z)}{dz} = \frac{dw}{dz}$$

実関数のときと同じく、z で微分可能な複素関数は、その z において連続です。

（例 1） 関数 $f(z) = z^2$ は複素数平面上の各点で微分可能です。実際、

$$f'(z) = \lim_{h \to 0} \frac{f(z+h) - f(z)}{h} = \lim_{h \to 0} \frac{(z+h)^2 - z^2}{h}$$

$$= \lim_{h \to 0} \frac{2zh + h^2}{h} = \lim_{h \to 0} (2z + h) = 2z$$

すべての z 対して導関数 $f'(z) = 2z$ が存在することがわかります。

（例 2） 関数 $f(z) = \frac{1}{z}$ は定義されている複素数平面上のすべての点で微分可能です。実際、

$$f'(z) = \lim_{h \to 0} \frac{f(z+h) - f(z)}{h} = \lim_{h \to 0} \frac{\frac{1}{z+h} - \frac{1}{z}}{h} = \lim_{h \to 0} \frac{-h}{hz(z+h)}$$

$$= \lim_{h \to 0} \frac{-1}{z(z+h)} = -\frac{1}{z^2}$$

（注）この（例 2）で、$z = 0$ では関数 $f(z)$ は定義されていません。

以上の（例 1）（例 2）からわかるように、次の公式が成立します。これは実関数 $y = x^n$ のときと形式的に同じです。

$(z^n)' = (n-1)z^{n-1}$（n は整数）　…（5）

複素関数と実関数の微分可能の違い

形式的には実関数と複素関数の連続や微分可能の定義式は全く同じです。しかし、内容において、大きな違いがあります。それは極限記号 $h \to 0$ の意味です。

実数の場合の $h \to 0$ では、実数 h は正負の 2 方向からしか 0 に近づく

ことはできません。それに対して複素数の場合、$h \to 0$ の複素数 h は複素数平面上で2次元的に0に近づけるのです。

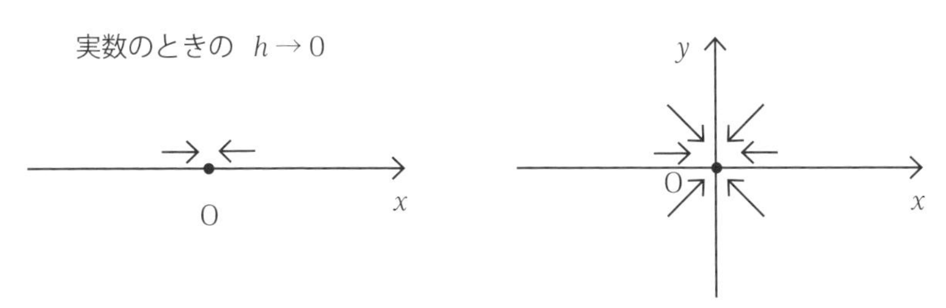

2次元的にあらゆる方向から近づいても極限値（4）が存在することは、大変きつい条件となります。複素関数が微分可能であるということは、実関数の世界に比べて、大きな制限が課せられることになるのです。

正則

実関数では使われない複素関数の用語として「正則」があります。

関数 $f(z)$ が複素数平面のある領域の各点で微分可能なとき、その関数 $f(z)$ はその領域で**正則**（英語で regular）といいます。

（例3） 関数 $f(z) = z^2$ は複素数平面全体で正則です。

関数 $f(z)$ がある点 z_0 だけでなく、z_0 の近傍において微分可能であるとき、関数 $f(z)$ はその点において**正則**であるといいます。

z_0 の近傍のイメージ

（注）ある点の**近傍**とは読んで字のごとく「近くの傍ら」です。その点を含み、その点が境界にはない領域をいいます。

（例4） 関数 $f(z) = \dfrac{1}{z}$ は点 $z = 1 + i$ において正則です。

（例5） 関数 $f(z) = \dfrac{1}{z}$ は点 $z = 0$ で定義されておらず、その点において正則ではありません。それ以外の点では正則です。

複素関数の微分公式

2つの実関数の積の微分や商の微分、合成関数の微分は定義（2）のみを利用して導出されました。そこで、それに共通する定義式（4）から、複素関数についての微分公式も実関数と同様に得られます。まとめてみましょう。

> 複素関数 $f(z)$、$g(z)$ が z で正則のとき、
>
> $\{f(z)+g(z)\}'=f'(z)+g'(z)$　　（微分の線形性）
>
> $\{cf(z)\}'=cf'(z)$（c は複素定数）　　（微分の線形性）
>
> $\{f(z)g(z)\}'=f'(z)\,g(z)+f(z)g'(z)$　　（積の微分公式）
>
> $\left\{\dfrac{f(z)}{g(z)}\right\}'=\dfrac{f'(z)g(z)-f(z)g'(z)}{\{g(z)\}^2}$　　（商の微分公式）
>
> $\{f(g(z))\}'=f'(g(z))g'(z)$　　（合成関数の微分公式）

ちなみに、合成関数の微分公式の覚え方も実関数のときと同様です。上の公式で、$w=f(u)$、$u=g(z)$ として、次のように表記すると分数と同様になり、覚えやすいでしょう。

$$\frac{dw}{dz}=\frac{dw}{du}\frac{du}{dz}$$

（例 6） 関数 $f(z)=\dfrac{2z-1}{z^2+i}$ を微分しましょう。

上記の「商の微分公式」を利用して、次のように求められます。

$$f'(z)=\frac{(2z-1)'(z^2+i)-(2z-1)(z^2+i)'}{(z^2+i)^2}=\frac{2(z^2+i)-(2z-1)2z}{(z^2+i)^2}$$

$$=\frac{2z^2+2i-4z^2+2z}{(z^2+i)^2}=-\frac{2(z^2-z-i)}{(z^2+i)^2}$$

（例 7） 関数 $f(z)=(z-i)(z^2+iz-1)$ を微分しましょう。

上記の「積の微分公式」を利用して、次のように求められます。

$$f'(z)=(z-i)'(z^2+iz-1)+(z-i)(z^2+iz-1)'$$

$$=(z^2+iz-1)+(z-i)(2z+i)=3z^2$$

(例 8) 関数$f(z) = (3z+2i)^5$を微分しましょう。
上記の「合成関数の微分公式」を利用して、次のように求められます。
まず、
$w = u^5$、$u = 3z + 2i$
と置きます。すると、

$$f'(z) = \frac{dw}{dz} = \frac{dw}{du}\frac{du}{dz} = 5u^4 \cdot 3 = 15(3z+2i)^4$$

高階の導関数

実関数のときと同様に（→2章§2）、複素関数$w = f(z)$を2回続けて微分する操作が可能です。そうして得られた関数を**2階の導関数**といい、$f''(z)$または$f^{(2)}(z)$と表します。
(例 9) $f(z) = 3z^4 + 2z^2$のとき、$f^{(2)}(z) = f''(z) = (12z^3+4z)' = 36z^2 + 4$
一般的に、関数$f(z)$をn回続けて微分して得られた関数を***n*** **階の導関数**といい、記号で$f^{(n)}(z)$と表現します。n階の導関数を求める記号として、次の微分記号を利用することも実関数と同じです：$\dfrac{d^n w}{dz^n}$、$\dfrac{d^n}{dz^n}f(z)$

4章で調べるように、正則関数は何回でも微分可能になります。実関数に比べて、複素関数は扱いやすい性質があるのです。

演習

〔問〕 次の関数を微分しよう。

(ア) $w = (z^2+i)^3$　(イ) $w = (2z+i)(4z^2-2iz-1)$　(ウ) $w = \dfrac{1}{z+i}$

(解) (ア) $w = u^3$、$u = z^2 + i$として、

$$\frac{dw}{dz} = \frac{dw}{du}\frac{du}{dz} = 3u^2 \cdot 2z = 6z(z^2+i)^2 \quad \text{(答)}$$

(イ) $w' = (2z+i)'(4z^2-2iz-1) + (2z+i)(4z^2-2iz-1)'$
$= 2(4z^2-2iz-1) + (2z+i)(8z-2i) = 24z^2$　**(答)**

(ウ) $w' = -\dfrac{1}{(z+i)^2}$　**(答)**

03 コーシー・リーマンの関係式

先の §2 に示したように、複素関数が微分可能であるという条件は実数よりも厳しい条件です。この厳しい条件を式で示すのが「コーシー・リーマンの関係式」です。

コーシー・リーマンの関係式

複素数平面上のある領域で正則な関数$f(z)$を、実部と虚部に分けて次のように表記してみます。

$z = x + yi$（x、yは実数）、$f(z) = u + vi$（u、vは実関数）　… (1)

このとき、関数u、vには次の関係が成立します。これを**コーシー・リーマンの関係式**といいます。**コーシー・リーマンの微分方程式**とも呼ばれます。

$$\frac{\partial u}{\partial x} = \frac{\partial v}{\partial y}、\frac{\partial u}{\partial y} = -\frac{\partial v}{\partial x} \quad \cdots (2)$$

〔**証明**〕$f(z)$が微分可能なので、$f'(z) = p + qi$と置くと、

$$f'(z) = \lim_{h \to 0} \frac{f(z+h) - f(z)}{h} = p + qi$$

$h = \Delta x + i\Delta y$とし、$f(z+h) - f(z) = \Delta u + i\Delta v$とすると（$\Delta x$、$\Delta y$、$\Delta u$、$\Delta v$は実数）、$\Delta x$、$\Delta y$が微小なとき、

$$\Delta u + i\Delta v \fallingdotseq (p + qi)(\Delta x + i\Delta y) = (p\Delta x - q\Delta y) + i(q\Delta x + p\Delta y)$$

実部と虚部を見比べて、$\Delta u \fallingdotseq p\Delta x - q\Delta y$、$\Delta v \fallingdotseq q\Delta x + p\Delta y$

Δx、Δyを限りなく小さくするとき、近似式は等式に収束しますが、それに偏微分の定義を適用すれば、次の式が得られます。

$$\frac{\partial u}{\partial x} = p、\frac{\partial u}{\partial y} = -q、\frac{\partial v}{\partial x} = q、\frac{\partial v}{\partial y} = p$$

以上から、p、qを消去すると、式(2)が得られます。　**(証明終)**

（注）この証明からわかるように、式（2）は正則関数のための必要十分条件です。

（例 1） 関数 $f(z)=z^2$ は前節（§2）の（例 1）で調べたように複素数平面上で正則関数です。$z=x+yi$（x、y は実数）とすると、

$$f(z)=z^2=(x+yi)^2=(x^2-y^2)+2xyi$$

よって、$f(z)=u+vi$（u、v は実数）の u、v には次の関数が入ります。

$$u=x^2-y^2、v=2xy$$

これから上記のコーシー・リーマンの関係式（2）が確かめられます。

$$\frac{\partial u}{\partial x}=\frac{\partial v}{\partial y}=2x、\frac{\partial u}{\partial y}=-\frac{\partial v}{\partial x}=-2y$$

調和関数

式（2）から次の微分方程式が導出されます。

$$\frac{\partial^2 u}{\partial x^2}+\frac{\partial^2 u}{\partial y^2}=0、\frac{\partial^2 v}{\partial x^2}+\frac{\partial^2 v}{\partial y^2}=0 \quad \cdots (3)$$

この式（3）の形の微分方程式を**ラプラスの微分方程式**といい、それを満たす関数を**調和関数**といいます。複素関数の実部 u と虚部 v は調和関数になるのです。

（注）後述するように（→ 4 章）、正則関数は何回でも微分可能であり、2 階微分も可能であることが示されます。

〔証明〕 コーシー・リーマンの関係式から、

$$\frac{\partial^2 u}{\partial x^2}+\frac{\partial^2 u}{\partial y^2}=\frac{\partial}{\partial x}\frac{\partial u}{\partial x}+\frac{\partial}{\partial y}\frac{\partial u}{\partial y}=\frac{\partial}{\partial x}\frac{\partial v}{\partial y}+\frac{\partial}{\partial y}\left(-\frac{\partial v}{\partial x}\right)$$

2 章 §3 から $\frac{\partial}{\partial x}\frac{\partial v}{\partial y}=\frac{\partial}{\partial y}\frac{\partial v}{\partial x}$ より、$\frac{\partial^2 u}{\partial x^2}+\frac{\partial^2 u}{\partial y^2}=0$ が示されます。

公式（3）の第 2 式も同様です。 **（証明終）**

（例 2） 関数 $f(z)=z^2$ は（例 1）で調べたように

$$\frac{\partial u}{\partial x}=2x、\frac{\partial u}{\partial y}=-2y、\frac{\partial v}{\partial x}=2y、\frac{\partial v}{\partial y}=2x$$

これから先の式（3）が次のように確かめられます。

$$\frac{\partial^2 u}{\partial x^2}+\frac{\partial^2 u}{\partial y^2}=\frac{\partial}{\partial x}2x+\frac{\partial}{\partial y}(-2y)=0、$$

$$\frac{\partial^2 v}{\partial x^2}+\frac{\partial^2 v}{\partial y^2}=\frac{\partial}{\partial x}2y+\frac{\partial}{\partial y}(2x)=0$$

確認の演習

〔問〕 $z=x+yi$ に対して共役な複素数 $z=x-yi$ を与える関数 $f(z)$ は正則な関数ではないことを示しなさい。

（解） 式（1）において、$u=x$、$v=-y$ なので、

$$\frac{\partial u}{\partial x}=1、\frac{\partial u}{\partial y}=0、\frac{\partial v}{\partial x}=0、\frac{\partial v}{\partial y}=-1$$

これはコーシー・リーマンの関係式（2）を満たしていません。よって、関数 $f(z)$ は正則な関数ではありません。　**（答）**

《メモ》u 及び v が一定となる曲線の性質

式（1）の関数 $u(x, y)$ 及び $v(x, y)$ が一定となる点は曲線を描きます。その曲線上の各点で次のベクトルは各々の曲線に垂直になります。

$$\left(\frac{\partial u}{\partial x}, \frac{\partial u}{\partial y}\right)、\left(\frac{\partial v}{\partial x}, \frac{\partial v}{\partial y}\right)$$

ところで、コーシー・リーマンの関係式から、これら2つのベクトルの内積は0となり、直交します。

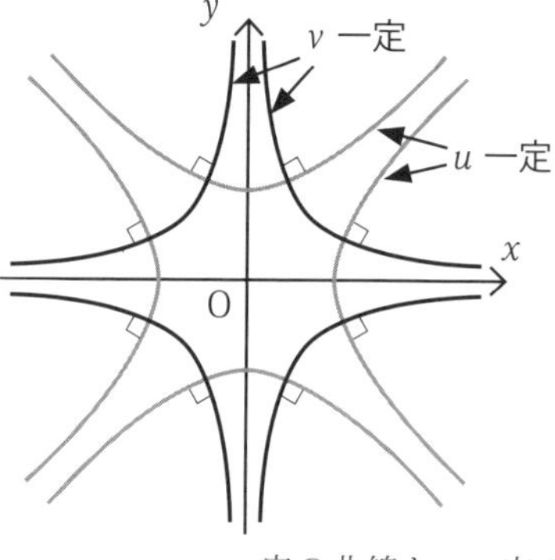

u 一定の曲線と v 一定の曲線は直交。
（$f(z)=z^2$ の例）

$$\frac{\partial u}{\partial x}\frac{\partial v}{\partial x}+\frac{\partial u}{\partial y}\frac{\partial v}{\partial y}=\frac{\partial u}{\partial x}\left(-\frac{\partial u}{\partial y}\right)+\frac{\partial u}{\partial y}\frac{\partial u}{\partial x}=0$$

ということは、$u(x, y)$ が一定となる曲線と $v(x, y)$ が一定となる曲線は直交することになります。電磁気学等でも利用される有名な性質です。

04 複素関数の積分の基本知識

複素関数の積分を議論するときに必要となる言葉の意味について確認します。数学的には面倒な話に発展しますが、本書の目的とする「道具として」使える複素関数論では、イメージ的な理解だけで十分です。

有向曲線

次節で調べるように、複素積分は複素数平面上の曲線に関する積分になります。その際に、曲線の向きを確認しなければなりません。このように、向きを考慮した曲線を**有向曲線**といいます。

有向曲線 C に対して、反対の向きの曲線を $-C$ で表現します。例えば下図の曲線ABに関して、AからBに向かう曲線を C とするとき、反対のBからAに向かう曲線を $-C$ で表します。

（注）本書では有向曲線だけを扱うので、「有向」は省略します。

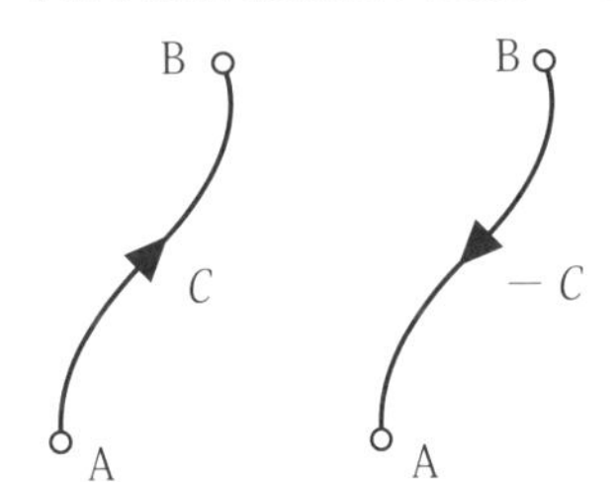

有向曲線
AからBに向かう曲線を C とすると、BからAに向かう曲線は $-C$ と表現する。

単純閉曲線

複素積分で特に大切な曲線となるのが、複素数平面上で閉じている曲線、すなわち**閉曲線**です。ところで、閉曲線といってもいろいろな曲線が考えられます。2章 §9の線積分でも確認しましたが、本書で対象にするのは**単純閉曲線**と呼ばれる曲線です。これは**ジョルダン曲線**ともいわれますが、単純閉曲線はその「単純」の名のごとくシンプルで、自分自身とは交わらない閉曲線のことをいいます。

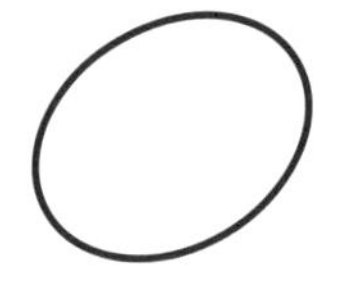

単純閉曲線とは自分自身とは交わらない閉じた曲線のこと。

次節で調べるように、閉曲線に関する複素積分は右回りか左回りかによって積分の符号が変化します。線積分のときと同様（→２章 §9)、何も注釈がなければ、数学は左回りを標準とします。本書も、断らない限り、この慣習に従います。

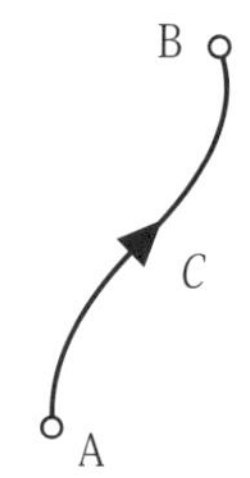

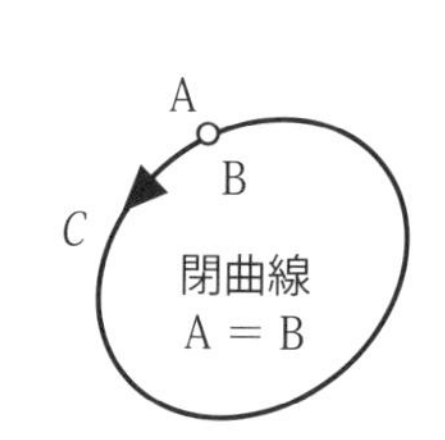

閉曲線は曲線 AB の A と B が一致した曲線。そこで方向には右回りと左回りが考えられる。数学では左回りを標準にする。

単連結な領域

考える領域 K が**単連結**であるとは、簡単にいえば、その領域の中に穴がないことをいいます。多少厳密にいうと、領域 K の内部にある任意の閉曲線 C が、この K 内で１点に連続的に変形できることをいいます。

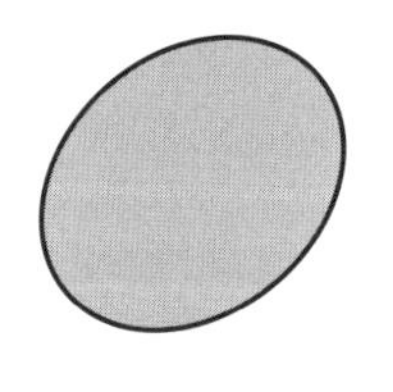

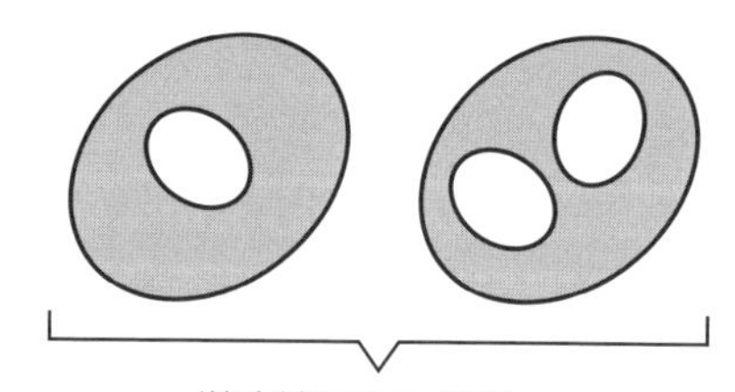

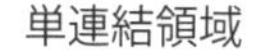

単連結でない領域

複素積分を考えるとき、調べている領域が単連結かどうかの区別は大切です。例えば、領域内で正則でない点があるとき、それを除外しますが、このとき領域は単連結でなくなります。今後よく利用する言葉なので、「単連結」という言葉を上の図のイメージに重ねて頭に入れておいてください。

05 複素関数の積分とは

複素関数のメインテーマとなる関数の積分、すなわち複素積分について調べます。ここでは、その積分が実関数の線積分（→２章 §9）と同様であることを確かめます。

複素関数の積分の定義

関数$f(z)$は複素数平面上の領域で連続とします。このとき、この領域内の点αから点βに至る連続した曲線Cを考えます。そして、この曲線Cを右の図のようにn個の区間に細かく区切り、その区切り点を端点α（$=z_0$）から順にz_1、z_2、…、z_i、…、z_{n-1}、β（$=z_n$）と名付けることにします（iはn以下の自然数）。

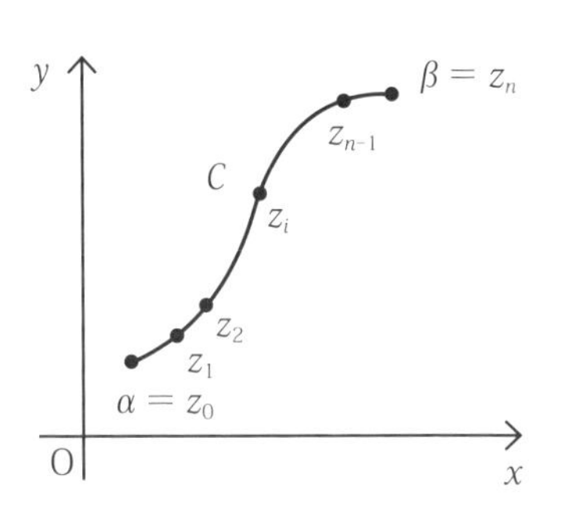

このとき、曲線Cに関する$f(z)$の積分は次のように定義されます。

> 連続な複素関数$f(z)$に対して、次の和S_nを考える。
>
> $$S_n=f(\zeta_1)(z_1-z_0)+f(\zeta_2)(z_2-z_1)+\cdots+f(\zeta_i)(z_i-z_{i-1})+\cdots+f(\zeta_n)(z_n-z_{n-1})$$
>
> （ζ_iはz_{i-1}とz_iを結ぶ曲線C上の任意の点） …（1）
>
> nを限りなく大きくし区切りの幅を限りなく小さくするとき、和S_nの極限値を曲線Cに関する複素関数$f(z)$の**積分**といい、次のように表す：$\int_C f(z)dz$ …（2）

（注）この積分は複素関数の積分であることを強調して**複素積分**とも呼ばれます。

式（1）の和S_nは、実関数の定積分のリーマン和に相当します（→２章§5）。また、曲線に関する積分というアイデアは線積分と同一です。

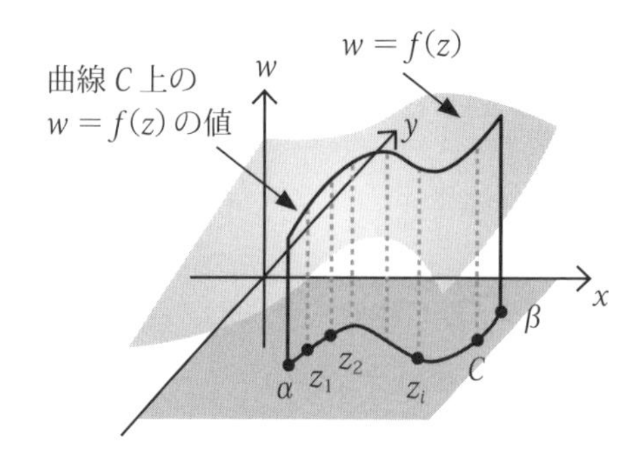

式（1）のイメージ。関数値 w は2次元なので、あくまでイメージですが、式の意味が見えるでしょう。

連続な複素関数 $f(z)$ に関して、z_i は区切りの端点 z_{i-1} と z_i の間のどこにとっても、和 S_n の極限値は不変です。そこで、z_i をこれら両端に置いた式で和（1）を定義しても、和 S_n の極限値は式（1）の場合と同じになります。そこで、次の式（3）または（4）を式（1）に代替している文献もあります。

$$S_n = f(z_0)(z_1 - z_0) + f(z_1)(z_2 - z_1) + \cdots + f(z_{i-1})(z_i - z_{i-1}) + \cdots + f(z_{n-1})(z_n - z_{n-1}) \quad \cdots (3)$$

$$S_n = f(z_1)(z_1 - z_0) + f(z_2)(z_2 - z_1) + \cdots + f(z_i)(z_i - z_{i-1}) + \cdots + f(z_n)(z_n - z_{n-1}) \quad \cdots (4)$$

本書は適宜これらを使い分けていきます。この辺のことは実関数の積分の場合と同じです（→2章§5）。

複素積分は実関数の積分の単純な拡張

複素積分と実関数の積分の違いを見比べてみましょう。それには、積分の積分領域を見てみるとよいでしょう。

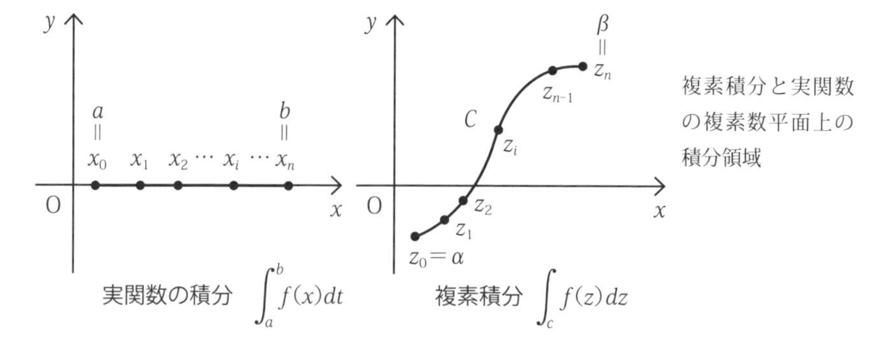

複素積分と実関数の複素数平面上の積分領域

実関数$f(x)$の積分の場合、積分経路は複素数平面の実軸上の線分でした。それに対して複素積分はもっと自由で、複素数平面上の領域の任意の2点を結ぶ曲線に関して定義されるのです。

例で確かめよう

(例) 複素数平面上の点αからβに至る曲線Cを考えます。このCに関して、定数関数$f(z)=a$（aは複素定数）についての積分$\int_C f(z)dz$を求めましょう。

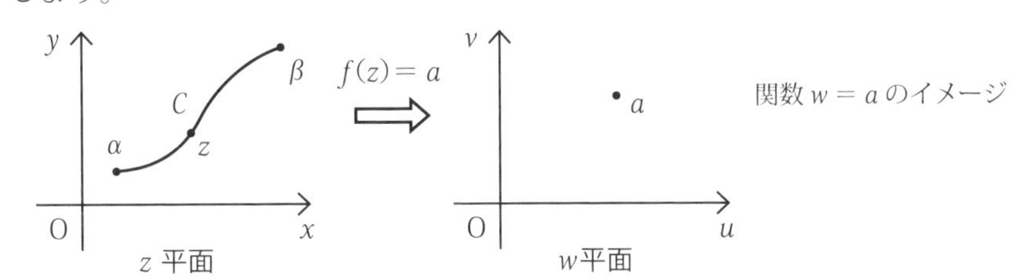

それには、式（1）で$f(z)=a$を代入します。$z_0=\alpha$、$z_n=\beta$に留意して、

$$S_n = a(z_1 - z_0) + a(z_2 - z_1) + \cdots + a(z_i - z_{i-1}) + \cdots + a(z_n - z_{n-1})$$
$$= a(z_n - z_0) = a(\beta - \alpha)$$

よって、区切りを限りなく細かくしても右辺の値は不変なので、

$$\int_C f(z)dz = a(\beta - \alpha)$$

〔例題〕 複素数平面上の点αからβに至る曲線Cを考える。
関数$f(z)=z$について、Cに関する積分$\int_C f(z)dz$を求めよう。

(解) 題意のCを図に示すと次のようになります。

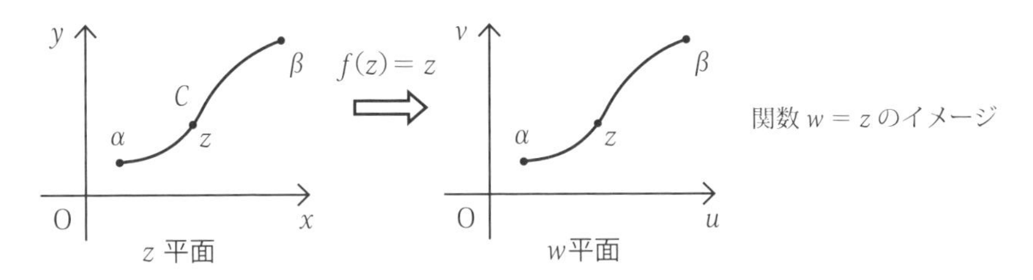

まず、式（3）と（4）に題意の$f(z) = z$を当てはめます。

$$S_n = z_0(z_1 - z_0) + z_1(z_2 - z_1) + \cdots + z_{n-1}(z_n - z_{n-1})$$

$$S_n = z_1(z_1 - z_0) + z_2(z_2 - z_1) + \cdots + z_n(z_n - z_{n-1})$$

両辺加え合わせてみましょう。$z_0 = \alpha$、$z_n = \beta$に留意して、

$$\begin{aligned} 2S_n &= (z_0 + z_1)(z_1 - z_0) + (z_1 + z_2)(z_2 - z_1) + \cdots + (z_{n-1} + z_n)(z_n - z_{n-1}) \\ &= (z_1{}^2 - z_0{}^2) + (z_2{}^2 - z_1{}^2) + \cdots + (z_n{}^2 - z_{n-1}{}^2) = z_n{}^2 - z_0{}^2 = \beta^2 - \alpha^2 \end{aligned}$$

（注）上の 2 つのS_nが等しいのは、$n \to \infty$とした極限を想定しているからです。

よって、$S_n = \dfrac{1}{2}(\beta^2 - \alpha^2)$

区切りを限りなく細かくしても右辺の値は不変なので、

$$\int_C f(z)dz = \frac{1}{2}(\beta^2 - \alpha^2) \quad \textbf{（答）}$$

以上の（例）、〔例題〕から、定数関数$f(z) = a$と 1 次関数$f(z) = z$の積分は、α、βを結ぶ曲線Cの経路によらないことがわかります。

（注 1）後述しますが、単連結な領域全体で正則な関数の積分は、その領域内の曲線Cの経路によりません（→ 4 章 §3）。

（注 2）（例）〔例題〕の解答は複素積分の定義を用いたもので、面倒です。本章 §7 では、もっと一般的で簡単な方法を調べます。

演習

〔問〕 複素数平面において、右の図のように 1 頂点を原点 O に置く 1 辺の長さ 1 の正方形 OAPB がある。折れ線 OAP をCとするとき、このCに関する関数$f(z) = z^2$の積分$\int_C f(z)dz$を計算しよう。

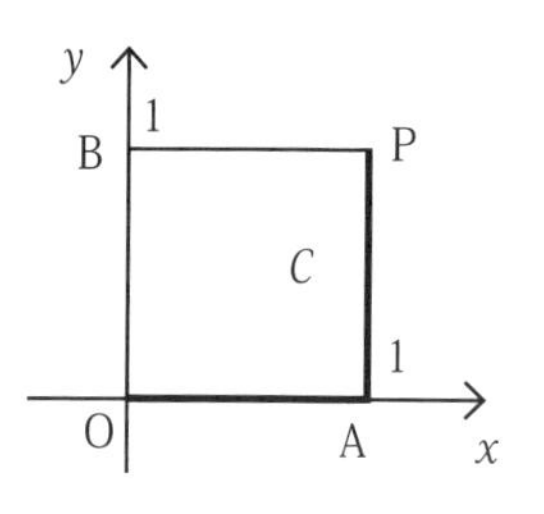

（解） 定義式（1）から、積分は複数の経路に分割できます。そこで、経路Cを OA と AP に分けて考えましょう。

（ア）<u>OA に関する積分</u>

OA は実軸なので、この経路に関する積分は次のようになります。

$$\int_{OA} f(z)dz = \int_0^1 f(x)dx = \int_0^1 x^2 dx = \left[\frac{1}{3}x^3\right]_0^1 = \frac{1}{3}$$

（イ）APに関する積分

AP上の複素数 z は次のように表せます。

$z = 1 + yi \quad (0 \leqq y \leqq 1)$

よって、複素積分の定義から、この経路に関する積分は次のようになります。

$$\int_{AP} f(z)dz = \int_0^1 f(1 + yi)^2(idy) = i\int_0^1 (1 + yi)^2 dy$$

$$= i\int_0^1 \{(1 - y^2) + 2yi\}dy = i\left[\left(y - \frac{1}{3}y^3\right) + iy^2\right]_0^1$$

$$= -1 + \frac{2}{3}i$$

以上の（ア）（イ）の結果をまとめて、

$$\int_C f(z)dz = \int_{OA} f(z)dz + \int_{AP} f(z)dz = \frac{1}{3} - 1 + \frac{2}{3}i = -\frac{2}{3} + \frac{2}{3}i \quad \text{（答）}$$

（注）4章§4では、さらに簡単な計算方法を紹介します。

―《メモ》近傍

複素関数を議論する際に、**近傍**という言葉がよく利用されます。本章§2の本文では注釈として「読んで字のごとく」と解説しました。複素関数論を道具として利用するのならば、この表現で十分でしょう。しかし、ここではもう少し厳密に表現してみます。

文献によって表現が大きく異なりますが、わかりやすいものとしては、次のようなものがあります。

複素数平面上の点 z_0 を中心として、ある半径 ε（$\varepsilon > 0$）の円の内部の領域（すなわち、$|z - z_0| < \varepsilon$）を z_0 の近傍という。

なお、この定義で、等号を含まないことに注意しましょう。

複素関数の積分の基本的性質

複素関数の積分の基本的な公式について調べましょう。結論からいうと、実関数についての積分の公式の多くがそのまま複素関数にも成立します。

積分の線形性

複素積分の定義（→前節 §5）からわかるように、複素関数の積分には線形性と呼ばれる次の性質があります。この性質のおかげで、積分できる関数は飛躍的に多くなります。これは実関数の積分と同様です。

> 関数$f(z)$、$g(z)$が連続のとき、曲線Cに関する関数$f(z)$、$g(z)$の積分について、
>
> $$\int_C \{f(z)+g(z)\}\,dz = \int_C f(z)dz + \int_C g(z)dz \quad \cdots (1)$$
>
> $$\int_C kf(z)dz = k\int_C f(z)dz \quad (k\text{は複素定数}) \quad \cdots (2)$$

（注）複素数の定数を**複素定数**といい、実数の定数を**実定数**といいます。

（例 1） 関数$f(z) = a + bz$（a、bは複素定数）について、複素数平面上の点z_0からzに至る曲線Cに関する積分を求めましょう。

前節（§5）の（例）、〔例題〕から、

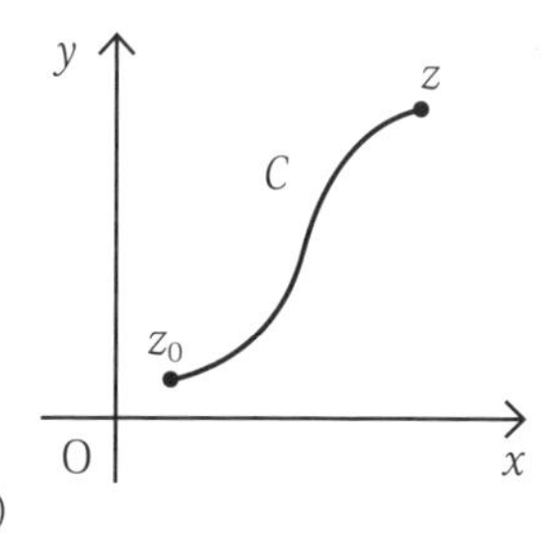

$$\int_C adz = a(z-z_0)、\int_C zdz = z^2 - z_0{}^2$$

したがって、線形性（1）、（2）から、

$$\int_C (a+bz)\,dz = a(z-z_0) + b(z^2 - z_0{}^2) \quad \cdots (3)$$

積分の加法性と相反性の公式

複素積分の定義（→前節 §5）からわかるように、実関数の定積分と同様、複素関数の積分には**相反性**と**加法性**が成立します。

複素数平面において、点αからβに至る曲線をCとします。また、曲線上の新たな点をγとし、点αからγに至る曲線部分をC_1、点γからβに至る曲線部分をC_2とするとき、次の公式が成立します。

（積分の相反性）$\displaystyle\int_{-C} f(z)dz = -\int_C f(z)dz$ …（4）

（積分の加法性）$\displaystyle\int_C f(z)dz = \int_{C_1} f(z)dz + \int_{C_2} f(z)dz$ …（5）

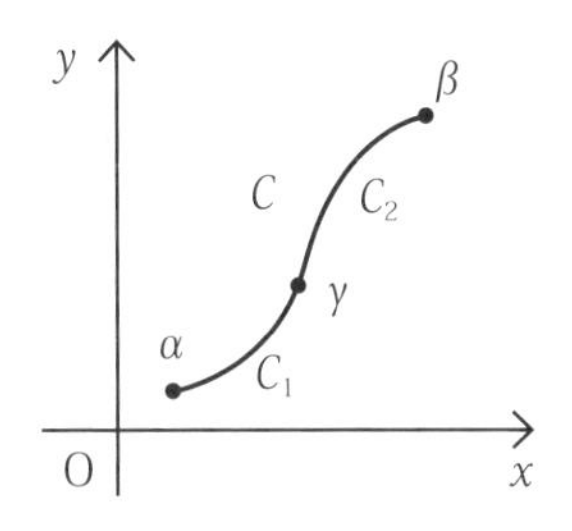

$\alpha \to \beta$の積分と$\beta \to \alpha$の積分とでは符号が逆転するというのが、公式（4）。$\alpha \to \beta$の積分は$\alpha \to \gamma$と$\gamma \to \beta$の積分の和というのが、公式（5）。

公式（4）から次の式が簡単に得られます。

$$\int_C f(z)dz + \int_{-C} f(z)dz = 0 \quad \cdots (6)$$

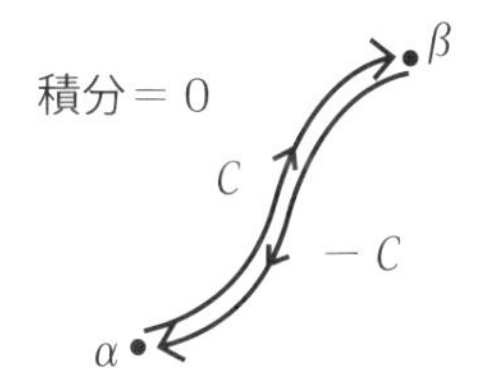

同じ経路を往復すると、積分は0になるのです。
この性質は今後よく利用されます。

複素関数の積分の不等式

様々な公式の証明に利用されるのが、次の不等式です。

関数$f(z)$が連続のとき、曲線Cに関する関数$f(z)$の積分について、

$$\left| \int_C f(z)dz \right| \leqq \int_C |f(z)| ds \quad \cdots (7)$$

（注）この公式（7）は実関数の定積分で有名な次の公式（→2章 §5）に対応します。

$$\left| \int_a^b f(x)dx \right| \leqq \int_a^b |f(x)|\, dx \quad (\text{ただし、} a \leqq b)$$

公式（7）で注意すべきことは、右辺が実関数の**線積分**になっていることです（→2章 §9）。その積分変数 s は曲線 C の弧長を表しています。

〔証明〕 三角不等式（→1章 §4）を利用します。

$$|\alpha + \beta| \leqq |\alpha| + |\beta|$$

これを前節（§5）の和（4）に適用して、

$$|S_n| = |f(z_1)(z_1 - z_0) + f(z_2)(z_2 - z_1) + \cdots + f(z_n)(z_n - z_{n-1})|$$
$$\leqq |f(z_1)||(z_1 - z_0)| + |f(z_2)||(z_2 - z_1)| + \cdots + |f(z_n)||(z_n - z_{n-1})|$$

ここで、複素数 z_i、z_{i-1} を結ぶ曲線 C の弧長を Δs_i（i は n 以下の自然数）とすると、直線の距離 $|z_i - z_{i-1}|$ は対応する弧長 Δs_i より短いので（右図）、

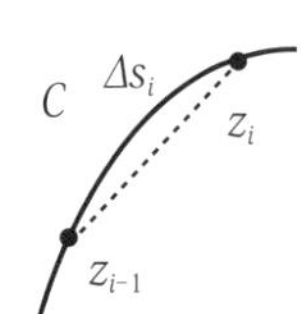

$$|z_i - z_{i-1}| \leqq \Delta s_i$$

これを上の式に代入して、

$$|S_n| \leqq |f(z_1)|\Delta s_1 \; |f(z_2) + |\Delta s_2 + \cdots + |f(z_n)|\Delta s_n$$

n を限りなく大きくし、区間を限りなく小さくしたときの極限を考えて、

$$\left| \int_C f(z)dz \right| \leqq \int_C |f(z)|\, ds \quad \textbf{(証明終)}$$

（例2） 関数 $f(z) = z$ について、右の弧 C：$|z| = 1$（z の実部も虚部も 0 以上の部分）に関する複素積分を考え、公式 (7) が成立することを確かめましょう。

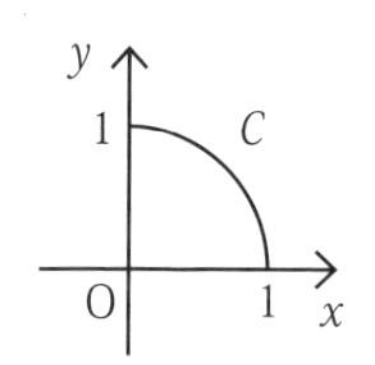

前節 §5 の〔例題〕から、

$$\int_C f(z)dz = \frac{1}{2} \cdot i^2 - \frac{1}{2} \cdot 0^2 = -\frac{1}{2} \text{より、} \left| \int_C f(z)dz \right| = \frac{1}{2}$$

また、C 上で $|f(z)| = |z| = 1$ から、$\int_C |f(z)|\, ds = \int_C ds = \frac{\pi}{2}$

以上から、$\left| \int_C f(z)dz \right| \leqq \int_C |f(z)|\, ds$ が確かめられました。

演習

〔問 1〕点 α から β に至る曲線を C とします。この C に関して、$f(z)=z$ のときに公式（4）（次に再掲）が成立することを確かめましょう。

（積分の相反性）$\displaystyle\int_{-C} f(z)dz = -\int_C f(z)dz$ …（4）（再掲）

（解） 前節 §5 の〔例題〕で、複素数 α から β に至る曲線 C に関して、$f(z)=z$ の積分が次の式で与えられることを調べました。

$$\int_C zdz = \frac{1}{2}(\beta^2-\alpha^2)$$

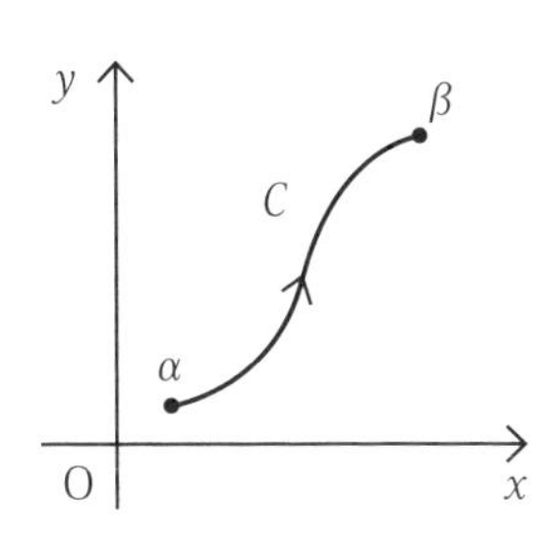

β から α の経路では、$\displaystyle\int_{-C} zdz = \frac{1}{2}(\alpha^2-\beta^2)$

以上から、公式（4）で $f(z)=z$ とした次の式が確かめられます。

$$\int_{-C} zdz = -\int_C zdz \quad \text{（答）}$$

〔問 2〕関数 $f(z)=a+bz$（a、b は複素数の定数）について、複素数平面上の任意の閉曲線 C に関する積分を求めよう。

（解）（例 1）から、点 α から β に至る任意の曲線 C_1 に関する $f(z)$ の積分は次のように求められます。

$$\int_{C_1} f(z)dz = \int_{C_1}(a+bz)dz = a(\beta-\alpha)+b(\beta^2-\alpha^2)$$

題意の C は閉曲線なので、この C と一致するように $\alpha=\beta$ となる曲線 C_1 を考え、

$$\int_C (a+bz)dz = 0 \quad \text{（答）}$$

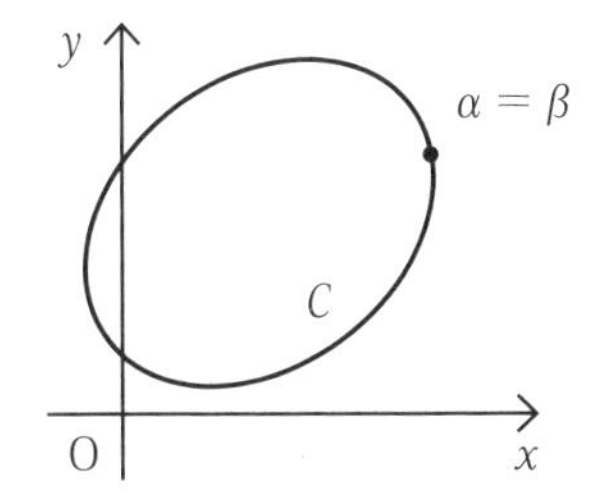

閉曲線に関する $f(z)=a+bz$ の積分は 0 になります。単連結な領域で正則な関数について、この性質は常に成立します（→ 4 章 §1 のコーシーの積分定理）。

複素関数の積分の計算公式

これまでは複素関数の積分の定義だけを利用して、複素積分を計算してきました。本節では、与えられた曲線が媒介変数表示されている場合の計算公式を調べます。実際の積分計算に便利な実用的な公式です。

複素関数の積分の計算

実際の計算に、複素積分の定義そのものは向いていません。実際、本章§5の（例）、〔例題〕の計算は実用的なものではありませんでした。そこで、実用的な計算公式を調べてみましょう。

> 複素数平面上の点αから点βに至る曲線C上の点が微分可能な関数$g(t)$（tは実数）を用いて次のように表されるとする。
>
> $z = g(t)$（tは実数で、$\alpha = g(a)$、$\beta = g(b)$、$a \leqq t \leqq b$）
>
> このとき、曲線Cに関する連続関数$f(z)$の積分は次のように求められる。
>
> $$\int_C f(z)dz = \int_a^b f(z)\frac{dz}{dt}dt \quad \cdots \ (1)$$

これは、実関数の置換積分の公式をそのまま応用したものです。

（注）公式（1）右辺は実数tに関する普通の積分計算です。

〔証明〕点z_iに対応する実数tの値をt_iと記し、$z_i - z_{i-1} = \Delta z_i$と置くと、

$\Delta z_i = g(t_i) - g(t_{i-1}) \fallingdotseq g'(t_i)\ \Delta t_i$（$i$は自然数（$\leqq n$）、$\Delta t_i = t_i - t_{i-1}$）

これを積分の定義（→§5式（1））の和S_nに代入して、

$S_n = f(z_1)\Delta z_1 + f(z_2)\Delta z_2 + \cdots + f(z_n)\Delta z_n$

$\fallingdotseq f(z_1)g'(t_1)\Delta t_1 + f(z_2)\ g'(t_2)\Delta t_2 + \cdots + f(z_n)g'(t_n)\Delta t_n$

nを限りなく大きくし区間幅を限りなく小さくするとき、

$$S_n \to \int_C f(z)dz、右辺 \to \int_a^b f(z)g'(t)dt$$

よって、$\int_C f(z)dz = \int_a^b f(z)g'(t)dt = \int_a^b f(z)\dfrac{dz}{dt}dt$　**(証明終)**

(例 1) 関数 $f(z) = z^2$ について、原点 O と点 A$(1+i)$を結ぶ線分 OA を左記の曲線 C とするとき、$\int_C f(z)dz$ を計算してみます。

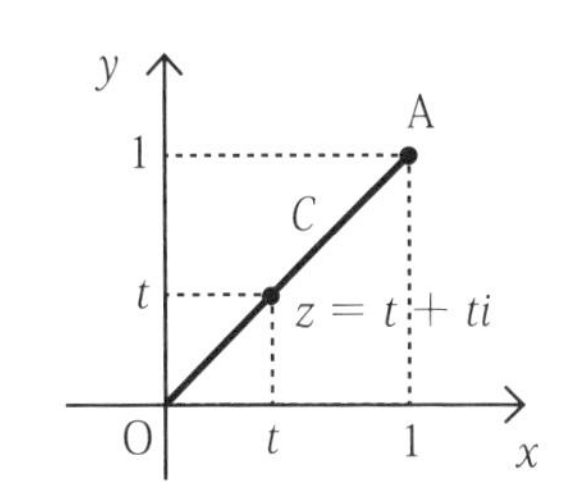

この曲線 C 上の点 z に対して、

$z = t + ti = (1+i)t$　$(0 \leqq t \leqq 1)$

$f(z) = z^2 = (1+i)^2 t^2 = 2t^2 i$

と表せます。よって、公式（1）から、

$$\int_C f(z)dz = \int_0^1 f(z)\frac{dz}{dt}dt = \int_0^1 2t^2 i(1+i)dt = 2(-1+i)\int_0^1 t^2 dt$$

$$= 2(-1+i)\left[\frac{1}{3}t^3\right]_0^1 = -\frac{2}{3} + \frac{2}{3}i$$

（注）後の 4 章 §4 の公式を利用すると、次のように簡単に得られます。

$$\int_C f(z)dz = \int_0^{1+i} z^2 dz = \left[\frac{1}{3}z^3\right]_0^{1+i} = \frac{1}{3}(1+i)^3 - \frac{1}{3}\cdot 0 = -\frac{2}{3} + \frac{2}{3}i$$

(例 2) $f(z) = z^3$ について、原点を中心にして半径 2 の円 C に関する積分 $\int_C f(z)dz$ を計算してみましょう。

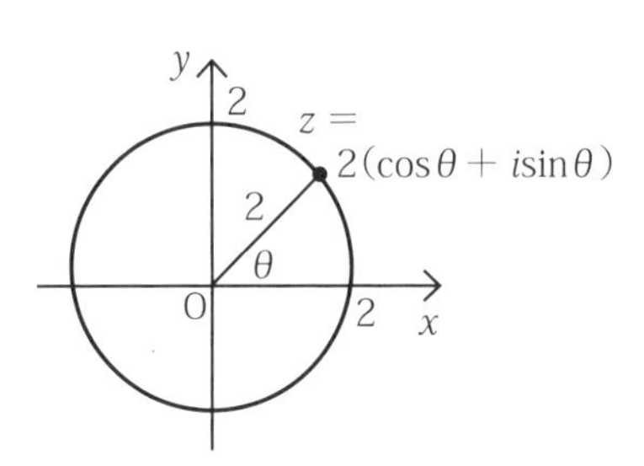

この曲線 C 上の点 z は

$z = 2(\cos\theta + i\sin\theta)$　$(0 \leqq \theta \leqq 2\pi)$

と置けます。このとき、

$f(z) = 2^3(\cos\theta + i\sin\theta)^3$

$\quad = 8(\cos 3\theta + i\sin 3\theta)$

と表せます。よって、公式（1）から、

$$\int_C f(z)dz = \int_0^{2\pi} f(z)\frac{dz}{d\theta}d\theta$$

3章 複素関数の微分と積分の基本

$$=\int_0^{2\pi} 8(\cos 3\theta + i\sin 3\theta)2(-\sin\theta + i\cos\theta)d\theta$$

ここで、$-\sin\theta + i\cos\theta = i(\cos\theta + i\sin\theta)$ なので、

$$\int_C f(z)dz = 16i\int_0^{2\pi}(\cos 3\theta + i\sin 3\theta)(\cos\theta + i\sin\theta)d\theta$$

$$= 16i\int_0^{2\pi}(\cos 4\theta + i\sin 4\theta)d\theta = 0$$

（注）4章で「正則な領域での閉曲線の積分は0」というコーシーの積分定理を調べます。この定理を用いれば、この結果は自明です。

演習

〔問〕$f(z) = z^2$ について、複素数平面上の右の正三角形（1辺の長さ2）の周 C に関する積分を計算しよう。

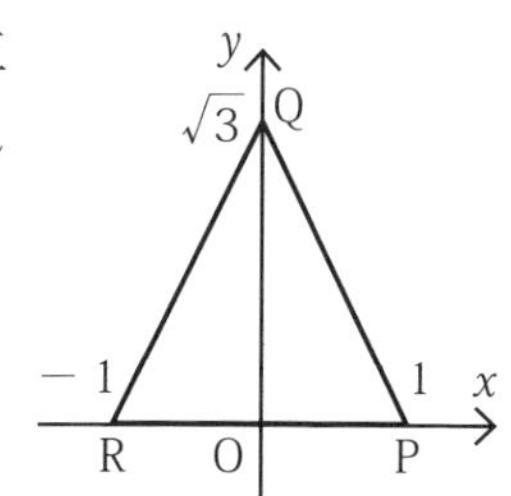

（解）RP、PQ、QR に分けて考えます。

（ア）経路 RP について

RP は実軸なので、実関数の積分として、

$$\int_{RP} z^2dz = \int_{-1}^{1} x^2dx = 2\left[\frac{1}{3}x^3\right]_0^1 = \frac{2}{3}$$

（イ）経路 PQ について

経路 PQ 上の点 z は次のように表せます。

$$z = (1-t) + \sqrt{3}ti = 1 + (\sqrt{3}i - 1)t \quad (0 \leqq t \leqq 1)$$

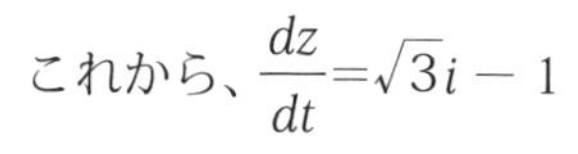

これから、$\dfrac{dz}{dt} = \sqrt{3}i - 1$

置換積分の公式（1）を用いて、

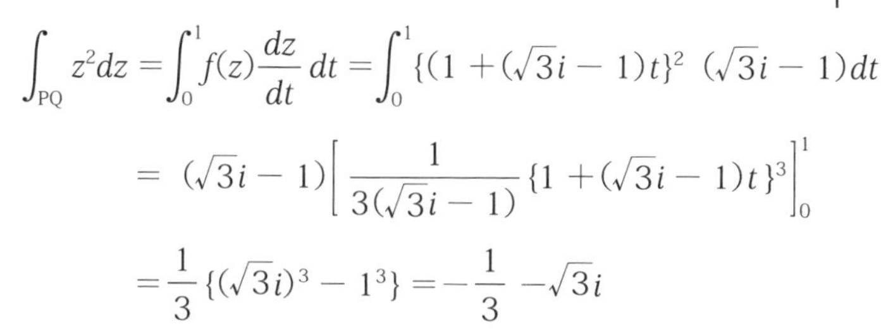

$$\int_{PQ} z^2dz = \int_0^1 f(z)\frac{dz}{dt}dt = \int_0^1 \{(1 + (\sqrt{3}i - 1)t\}^2 (\sqrt{3}i - 1)dt$$

$$= (\sqrt{3}i - 1)\left[\frac{1}{3(\sqrt{3}i - 1)}\{1 + (\sqrt{3}i - 1)t\}^3\right]_0^1$$

$$= \frac{1}{3}\{(\sqrt{3}i)^3 - 1^3\} = -\frac{1}{3} - \sqrt{3}i$$

(ウ) 経路 QR について

経路 QR 上の点 z は次のように表せます。

$$z = -t + \sqrt{3}(1-t)i = \sqrt{3}i - (\sqrt{3}i + 1)t \quad (0 \leqq t \leqq 1)$$

これから、$\dfrac{dz}{dt} = -(\sqrt{3}i + 1)$

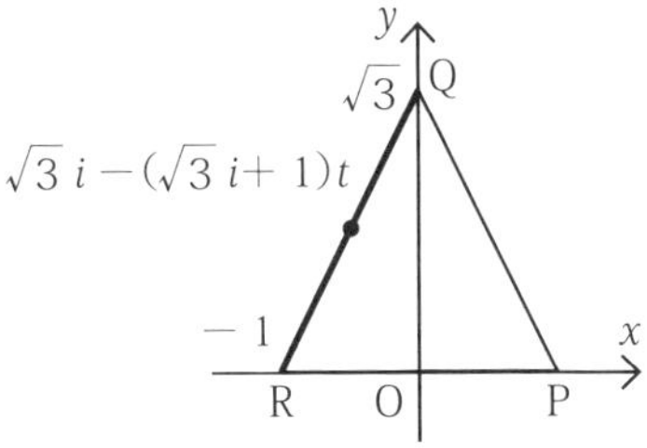

置換積分の公式 (1) も用いて、

$$\int_{QR} z^2 dz = \int_0^1 z^2 \frac{dz}{dt} dt$$

$$= \int_0^1 \{\sqrt{3}i - (\sqrt{3}i + 1)t\}^2 \{-(\sqrt{3}i + 1)\} dt$$

$$= -(\sqrt{3}i + 1)\left[-\frac{1}{3(\sqrt{3}i + 1)}\{\sqrt{3}i - (\sqrt{3}i + 1)t\}^3\right]_0^1$$

$$= \frac{1}{3}\{(-1)^3 - (\sqrt{3}i)^3\} = -\frac{1}{3} + \sqrt{3}i$$

以上の (ア) ～ (ウ) より、

$$\int_C f(z)dz = \int_{RP} z^2 dz + \int_{PQ} z^2 dz + \int_{QR} z^2 dz$$

$$= \frac{2}{3} + \left(-\frac{1}{3} - \sqrt{3}i\right) + \left(-\frac{1}{3} + \sqrt{3}i\right) = 0 \quad \text{（答）}$$

(注) 4 章で調べるコーシーの積分定理を用いれば、この結果は自明です。

08 関数$(z-a)^n$の積分公式

複素関数の実際の積分では、閉曲線に関する関数$(z-a)^n$の積分が頻出します。閉曲線の基本は円ですが、ここでその円に関する積分を公式化しておきましょう。

関数$(z-a)^n$の積分公式

前節（例2）では、$f(z)=z^3$について、原点を中心にして半径2の円Cに関する積分を計算し、その値が0になることを調べました。それと同じように計算すると、次の公式が証明できます。

複素定数aを中心にした半径rの円Cに関して、

$$\int_C (x-a)^n dz = \begin{cases} 0 & (n \neq -1) \\ 2\pi i & (n = -1) \end{cases} \quad (n\text{は整数}) \quad \cdots (1)$$

$$\int_C (x-a)^n dz = 0 \quad (n \neq -1) \qquad \int_C \frac{1}{x-a} dz = 2\pi i$$

〔**証明**〕この曲線C上の点zは次のように表せます。

$$z = a + r(\cos\theta + i\sin\theta)\ (0 \leqq \theta \leqq 2\pi)$$

このとき、ド・モアブルの定理（1章§5）から

$$f(z) = (z-a)^n = r^n(\cos n\theta + i\sin n\theta)$$

よって、前節§7の置換積分の公式（1）を用いて、

$$\int_C f(z)dz = \int_0^{2\pi} f(z)\frac{dz}{d\theta}d\theta$$

$$= \int_0^{2\pi} r^n(\cos n\theta + i\sin n\theta)r(-\sin\theta + i\cos\theta)d\theta$$

ここで、三角関数の加法定理から、

$(\cos n\theta + i\sin n\theta)(-\sin\theta + i\cos\theta) = -\sin(n+1)\theta + i\cos(n+1)\theta$

よって、

$$\int_C f(z)dz = r^{n+1}\int_0^{2\pi}\{-\sin(n+1)\theta + i\cos(n+1)\theta)d\theta$$

$n \neq -1$ のとき、周期区間の三角関数の積分は0になるので、

$$\int_C f(z)dz = 0$$

$n = -1$ のとき、$\int_C f(z)dz = \int_0^{2\pi} i d\theta = 2\pi i$

こうして公式（1）が証明されました。　**（証明終）**

$\frac{1}{z-a}$ の形以外の $(z-a)^n$ の関数は、定数関数を含めて、円をめぐる積分値が0になるという、不可思議な公式が証明されたのです。この公式(1)が、後にコーシーの積分定理やローラン展開と組み合わされて、複素関数論の多くの実用的な公式を生み出すことになります。

（例 1） $f(z) = z^3$ とするとき、中心が原点で半径が1の円 C に関するこの関数の積分は、公式（1）から次の値になります。

$$\int_C z^3 dz = 0$$

（例 2） $f(z) = \frac{3}{z-2i}$ とするとき、中心が $2i$ で半径が2の円 C に関するこの関数の積分は、公式（1）から次の値になります。

$$\int_C f(z)dz = 3\int_C \frac{1}{z-2i}dz = 3 \times 2\pi i = 6\pi i$$

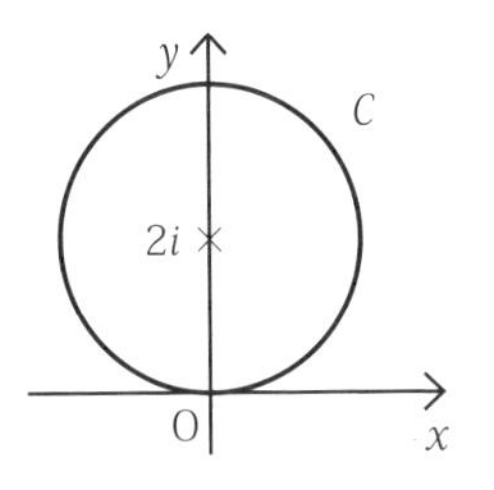

演習

〔問 1〕 $f(z) = \frac{2}{(z+1)^2}$ とするとき、中心が -1 で半径が3の円 C に関する積分 $\int_C f(z)dz$ を求めよう。

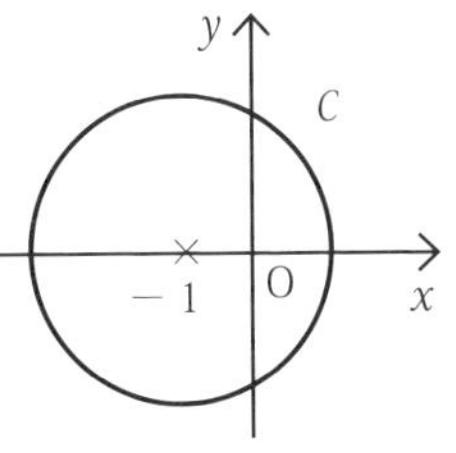

（解）公式（1）の n が－2に相当するので、

$$\int_C f(z)dz = 0$$ （答）

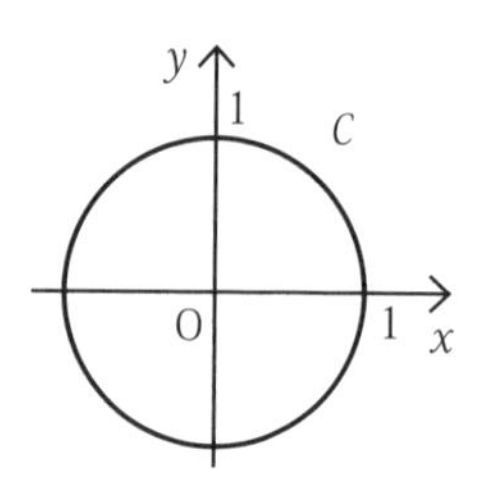

〔問2〕$f(z) = \dfrac{3}{z^3} + \dfrac{1}{z^2} + \dfrac{4}{z} + 1 + 5z + 9z^2 + 3z^3$ について、中心が原点Oで半径が1の円 C に関する積分 $\int_C f(z)dz$ を求めよう。

（解）
$$\int_C f(z)dz = \int_C \left(\frac{3}{z^3} + \frac{1}{z^2} + \frac{4}{z} + 1 + 5z + 9z^2 + 3z^3 \right) dz$$
$$= 3\int_C \frac{1}{z^3} dz + \int_C \frac{1}{z^2} dz + 4\int_C \frac{1}{z} dz$$
$$+ \int_C 1dz + 5\int_C zdz + 9\int_C z^2 dz + 3\int_C z^3 dz$$

公式（1）から、$\dfrac{1}{z}$ の積分項以外は0になり、$\dfrac{1}{z}$ の積分は $2\pi i$ となるので、

$$\int_C f(z)dz = 4\int_C \frac{1}{z} dz = 4 \cdot 2\pi i = 8\pi i$$ （答）

4章

コーシーの積分定理とその応用

本章は複素関数論で最も重要な定理となる「コーシーの積分定理」を紹介します。この公式から、複素関数論の様々な大切な公式が得られます。なお本書では、注記しない限り、扱う閉曲線は単純閉曲線であり、考える領域は単連結であることを仮定しています。また、閉曲線の積分方向は反時計回りを正とします。

コーシーの積分定理

コーシーの積分定理は本書の基本になる定理です。大切な定理の多くはこの定理から生まれます。本節では、その概要を紹介します。

コーシーの積分定理

ある領域のすべての点で微分可能（すなわち正則）な関数について、その領域内の任意の閉曲線に関する複素積分は0になります。これを**コーシーの積分定理**といいます。定理としてまとめると次のようになります。

> 複素数平面上の単連結の領域Kにおいて関数$f(z)$は正則とする。
> 単純閉曲線CがそのKに含まれるとき、
> $$\int_C f(z)dz = 0 \quad \cdots (1)$$

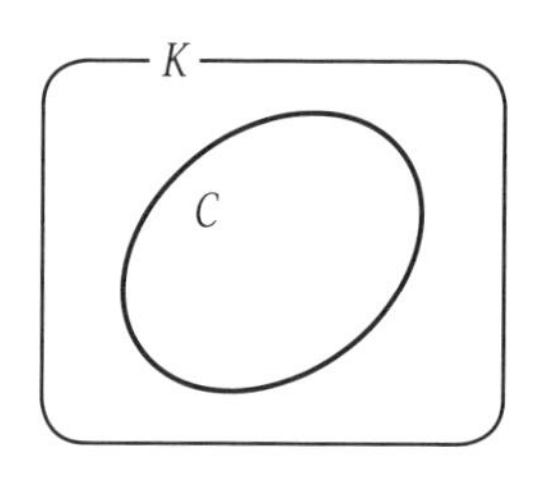

関数$f(z)$が領域K内で正則（すなわち、すべての点で微分可能）のとき、コーシーの積分定理が成立します。すなわち、

$$\int_C f(z)dz = 0$$

注意しなければならないことは、領域Kの中に一点でも微分可能でない点（**特異点**）が存在すると、この定理は成立しない場合があることです。

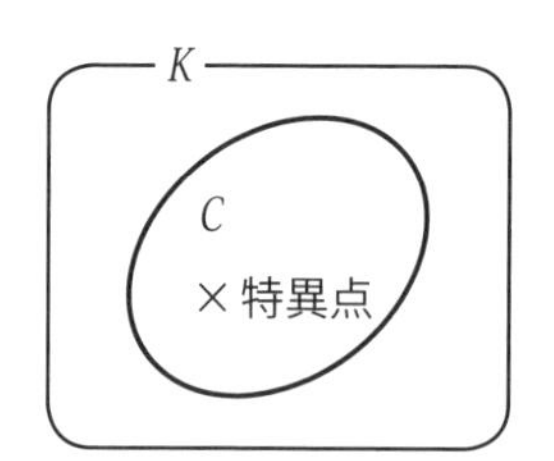

関数$f(z)$が領域Kの中のどこかで微分可能でない点があるとき、

$$\int_C f(z)dz \neq 0$$

となることがあります。

このコーシーの積分定理の証明は長いので、次節に回すことにし、以下ではその成立を確かめましょう。

コーシーの積分定理を例で確認

コーシーの積分定理が成立することを、例で確かめてみましょう。

(例 1) 3章 §6の〔問 2〕では、複素数平面上の任意の閉曲線Cに関して、次の式が成立することを計算で確かめました。

$$\int_C (a + bz)dz = 0 \quad (a、b\text{は複素定数})$$

コーシーの積分定理を利用すれば、「関数$f(z) = a + bz$は複素数平面で正則である」ことだけ確認すれば、この結果がすぐに得られます。

(例 2) 3章 §8の（例 2）では、点$2i$を中心にして半径2の円Cに関する$f(z) = \dfrac{3}{z - 2i}$の積分について、次の値を得ました。

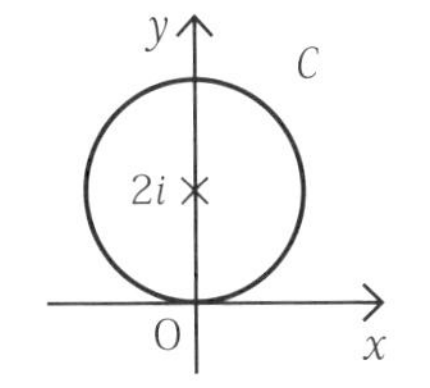

$$\int_C \frac{3}{z - 2i}dz = 6\pi i$$

これはコーシーの積分定理に反しているように見えますが、理由は明白です。関数$f(z)$は円Cの内側の点$2i$で微分可能にならないからです。

演習

〔問〕 上記（例 2）の関数$f(z) = \dfrac{3}{z - 2i}$について、点2を中心にした半径2の円C'に関する積分$\displaystyle\int_{C'} \frac{3}{z - 2i}dz$を求めよう。

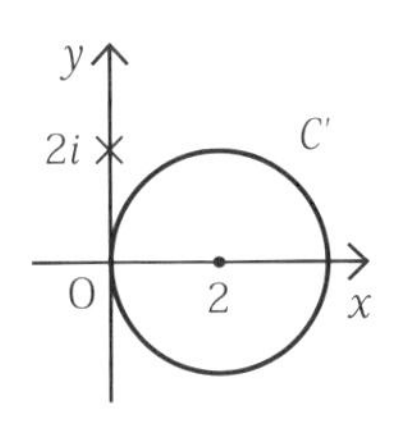

(解) C'上とその内部で$f(z)$は正則なので、コーシーの積分定理から、

$$\int_{C'} \frac{3}{z - 2i}dz = 0 \quad \textbf{(答)}$$

(注) 上記（例 2）との違いに注意しましょう。

4章 コーシーの積分定理とその応用

02 コーシーの積分定理の証明

複素関数論にとって大切なコーシーの定理について、その証明の概略を調べましょう。先を急ぐ読者は、この定理の結論だけを受け止め、本節の証明を読み飛ばしても問題はありません。

（注）様々な証明法がありますが、これまでの議論の総復習になる方法を採用します。この証明法は『解析概論』（高木貞治著）に詳細が掲載されています。この『解析概論』は古典的名著であり、一見の価値があります。なお、グリーンの定理（平面のストークスの定理）を用いた証明も有名なので、それを巻末の付録Aに示しました。ただし、重積分など新たな知識が必要になります。

三角形で証明すればOK

前節（§1）で紹介した**コーシーの積分定理**とは次の定理です。

> 複素数平面上の単連結の領域Kにおいて関数$f(z)$は正則とする。単純閉曲線CがそのKに含まれるとき、
>
> $$\int_C f(z)dz = 0 \quad \cdots (1)$$

最初に、閉曲線Cについて考えてみましょう。

一般的に、閉曲線は閉じた折れ線Dで限りなく近似できます。そして、その折れ線Dは三角形の領域に分割できます。下図は閉曲線Cを10辺からなる閉じた折れ線で近似し、三角形の領域に分割した場合を例示しています。

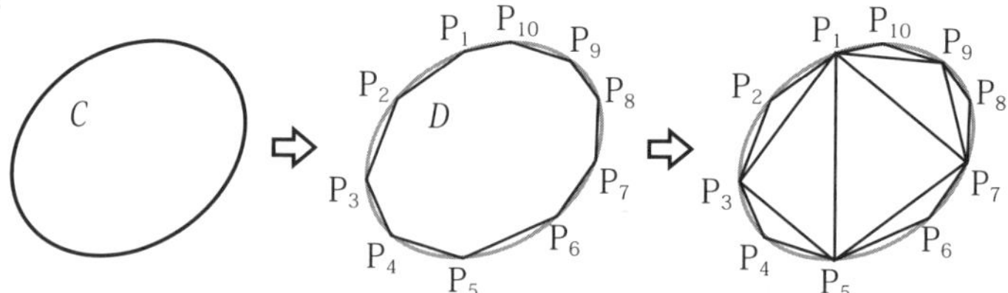

この折れ線Dに関する積分（1）は図の右に示した8個の三角形$\Delta P_1P_2P_3$、$\Delta P_1P_3P_5$、…、$\Delta P_9P_{10}P_1$の周に関する積分の和になります。

$$\int_D f(z)dz = \int_{P_1P_2P_3} f(z)dz + \int_{P_1P_3P_5} f(z)dz + \cdots + \int_{P_9P_{10}P_1} f(z)dz \quad \cdots (2)$$

三角形に区切るために描いた多角形の対角線は、隣同士の三角形と積分路が重なりますが、それに関する積分は「積分の相反性」（→3章§6）から相殺されるからです。例えば$\Delta P_1P_2P_3$と$\Delta P_1P_3P_5$が共有する対角線P_1P_3について、次の関係が成立します。

$$\int_{P_1P_3} f(z)dz = -\int_{P_3P_1} f(z)dz \quad \cdots (3)$$

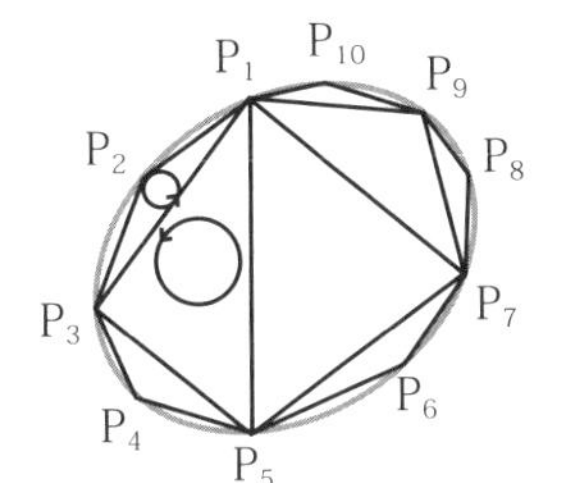

$\Delta P_1P_2P_3$と$\Delta P_1P_3P_5$の積分で、対角線P_1P_3は逆方向に積分され、(2) の右辺の和をとるときに相殺されてしまう。

そこで、式（2）を構成する各三角形について、定理（1）が成立することを示せばよいことになります。すなわち、多角形を構成する三角形の一つをΔとすると、次の式を証明すればよいことになります。

$$\int_\Delta f(z)dz = 0 \quad \cdots (4)$$

以上のことは、先に例示した10辺の折れ線Dから得た結論ですが、一般的に成立することは明らかでしょう。

三角形を小さくすると1点z_0に収束

目標（4）が定まりました。これからはこの式（4）の証明に向かって話を進めます。

まず、三角形Δに対して、実数Mを次のように定義しましょう。

（注）以下では、三角形Δに関する積分とはその三角形の周に関する積分を意味します。

$$M = \left| \int_{\Delta} f(z)dz \right| \quad \cdots \ (5)$$

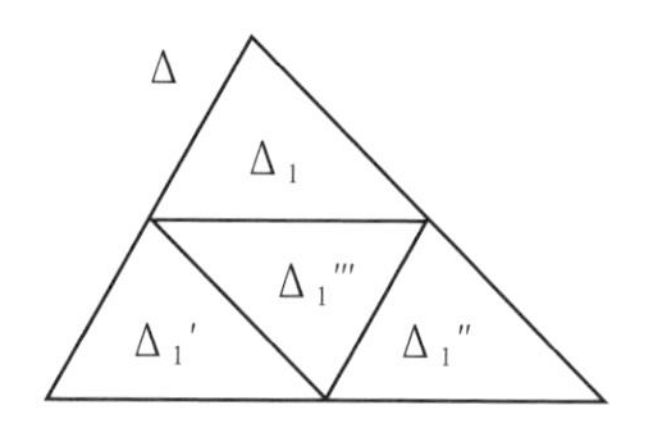

この三角形Δについて、各辺の中点を結び、合同な三角形Δ_1、Δ_1'、Δ_1''、Δ_1'''を考えます。

先の式（2)、(3）と同じ論理から、積分（4）は次のような和に表せます。

$$\int_{\Delta} f(z)dz = \int_{\Delta_1} f(z)dz + \int_{\Delta_1'} f(z)dz + \int_{\Delta_1''} f(z)dz + \int_{\Delta_1'''} f(z)dz$$

三角形Δの内側の経路同士の積分が相殺しあうからです。

さて、この右辺の積分のうち、絶対値の最大のものをΔ_1としましょう。すると、

$$M = \left| \int_{\Delta} f(z)dz \right| \leqq 4 \left| \int_{\Delta_1} f(z)dz \right|$$

すなわち、

$$\frac{M}{4} \leqq \left| \int_{\Delta_1} f(z)dz \right| \quad \cdots \ (6)$$

同じようにΔ_1を4等分してみましょう。

$$\int_{\Delta_1} f(z)dz = \int_{\Delta_2} f(z)dz + \int_{\Delta_2'} f(z)dz + \int_{\Delta_2''} f(z)dz + \int_{\Delta_2'''} f(z)dz$$

この右辺の積分の絶対値の最大のものをΔ_2としましょう。すると、

$$\left| \int_{\Delta_1} f(z)dz \right| \leqq 4 \left| \int_{\Delta_2} f(z)dz \right|$$

(6）と合わせて、$\dfrac{M}{4^2} \leqq \left| \int_{\Delta_2} f(z)dz \right|$

同様な操作をn回繰り返すと、三角形Δ_nに関して次の関係が得られます。

$$\frac{M}{4^n} \leqq \left| \int_{\Delta_n} f(z)dz \right| \quad \cdots \ (7)$$

ところで、この操作を限りなく繰り返せば、三角形Δ_nは1点z_0に収束していきます。

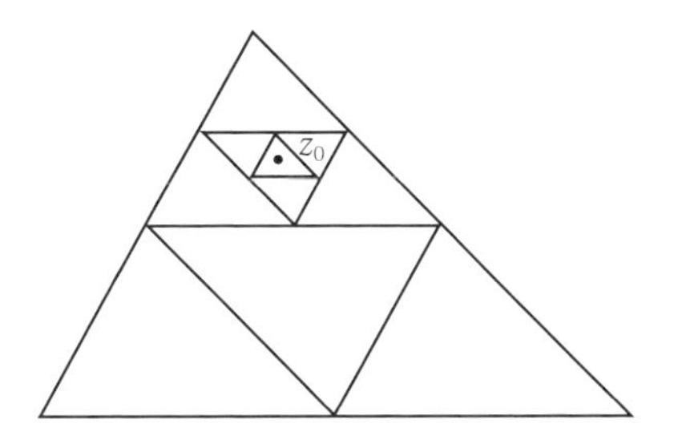

収束する１点について関数を１次近似

考えている領域で $f(z)$ は正則なので、h を0に（すなわち、z を z_0 に）近づければ、次の値は導関数の値 $f'(z_0)$ に限りなく近づきます。

$$\frac{f(z_0+h)-f(z_0)}{h} \quad \text{すなわち} \quad \frac{f(z)-f(z_0)}{z-z_0} \quad (z=z_0+h)$$

換言すれば、z を z_0 に近づければ、任意の ε（>0）に対して次の不等式を満たせます。

$$|f(z)-\{f(z_0)+f'(z_0)(z-z_0)\}| < \varepsilon |z-z_0| \quad \cdots (8)$$

（注）正則なので、z_0 の近傍で関数 $f(z)$ が１次近似できることを表しています。

積分を評価

（7）で調べた三角形 Δ_n 上の点 z は、n を十分大きくとると z_0 に近づくので、この式（8）を満たせることになります。

ここで、式（8）の両辺は実数なので、複素数平面を実数の座標平面と見立て、両辺を三角形 Δ_n に沿って線積分してみましょう。

$$\int_{\Delta_n} |f(z)-\{f(z_0)+f'(z_0)(z-z_0)\}|\, ds < \varepsilon \int_{\Delta_n} |z-z_0|\, ds \quad \cdots (9)$$

（注）線積分については２章 §9 を参照しましょう。積分変数 s は弧長です。

また、３章 §6 の公式（7）から、

$$\left| \int_{\Delta_n} [f(z)-\{f(z_0)+f'(z_0)(z-z_0)\}]dz \right| <$$

$$\int_{\Delta_n} \left| f(z)-\{f(z_0)+f'(z_0)(z-z_0)\} \right| ds$$

これを（9）と組み合わせて

$$\left|\int_{\Delta_n}[f(z)-\{f(z_0)+f'(z_0)(z-z_0)\}]\ dz\right|<\varepsilon\int_{\Delta_n}\left|z-z_0\right|ds$$

閉曲線に関して 1 次式の積分は 0 になるので（→本章 §1（例 1））、

$$\left|\int_{\Delta_n}f(z)dz\right|<\varepsilon\int_{\Delta_n}\left|z-z_0\right|ds \quad \cdots (10)$$

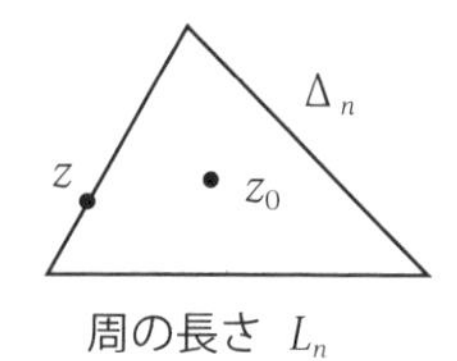

Δ_n の周の長さを L_n とすると、当然

$$|z-z_0|<L_n$$

すると、

$$\int_{\Delta_n}\left|z-z_0\right|ds<L_n\int_{\Delta_n}ds=L_n{}^2 \quad \cdots (11)$$

元の三角形 Δ の周の長さを L とすると、Δ_n の作り方から

$$L_n=\frac{L}{2^n} \quad \cdots (12)$$

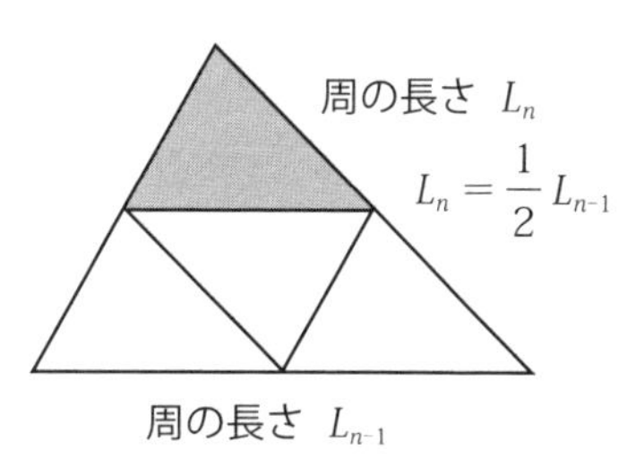

式（10）に式（11）（12）を代入して、

$$\left|\int_{\Delta_n}f(z)dz\right|<\varepsilon L_n{}^2=\varepsilon\frac{L^2}{4^n}$$

これを（7）と組み合わせて、

$$\frac{M}{4^n}<\varepsilon\frac{L^2}{4^n} \quad より、M<\varepsilon L^2 \quad \cdots (13)$$

最後は背理法

定義式（5）から $M \geqq 0$ ですが、$M>0$ としてみましょう。ε の条件は「任意の正数」ということだけなので、この式（13）を満たさない十分小さな ε を設定することが可能です。すると当然、その ε で式（13）は成立しません。これは明らかに矛盾です。そこで、$M=0$ でなくてはならないのです。

ところで、（5）から $M=\left|\int_{\Delta}f(z)dz\right|$ と定義されているので、目的の（4）が示されました。**（証明終）**

03 コーシーの積分定理の大切な応用

コーシーの積分定理から得られる応用上大切な公式を調べます。今後の理論の発展には不可欠となる公式です。

関数の積分は経路によらない

複素数平面上の単連結な領域Kにおいて関数$f(z)$は正則とします。このとき、点z_0から点zに向かう（交わらない）K内の任意の2曲線C_1、C_2について次の定理が成立します。

$$\int_{C_1} f(z)dz = \int_{C_2} f(z)dz \quad \cdots (1)$$

この定理は言葉で次のように表現されます。

「2点を結ぶ曲線に関する積分は、その曲線の経路によらない。」

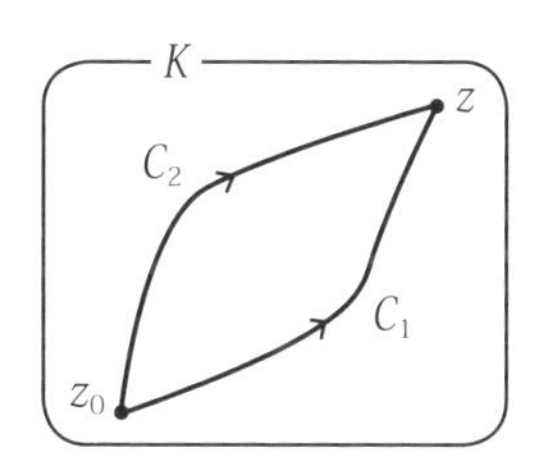

〔証明〕 zからC_2を通ってz_0に向かう経路を$-C_2$と表記しましょう(→3章§4)。すると、z_0からC_1を通りzに着き、次に$-C_2$を通ってz_0に戻る閉曲線に関して、コーシーの積分定理から、

$$\int_{C_1} f(z)dz + \int_{-C_2} f(z)dz = 0 \quad \cdots (2)$$

ところで、3章§6で調べた「積分の相反性」の公式から、

$$\int_{-C_2} f(z)dz = -\int_{C_2} f(z)dz \quad \cdots (3)$$

以上の式（2）（3）から、$\int_{C_1} f(z)dz = \int_{C_2} f(z)dz$ **（証明終）**

閉曲線の中に除外する領域が1つあるとき

コーシーの積分定理は単連結な（すなわち穴のない）正則の領域についてのみ成立するのですが、その領域に「穴がある」場合にも対応できます。それが次の定理です。

閉曲線 C の内部に単純閉曲線 C' があって、C と C' の間に挟まれた領域（C、C' も含める）において $f(z)$ は正則とする。このとき、

$$\int_C f(z)dz = \int_{C'} f(z)dz \quad \cdots (4)$$

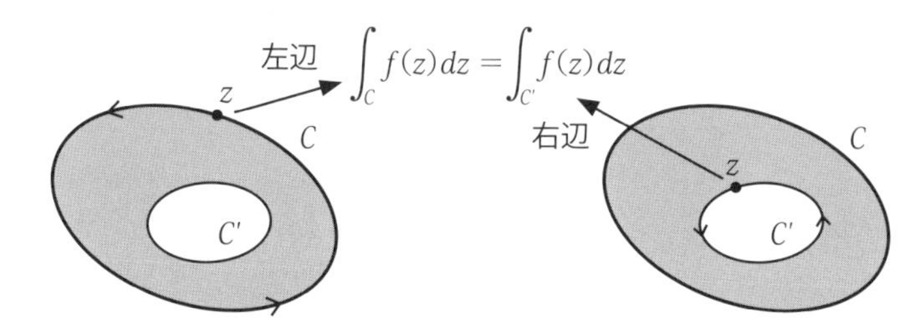

内周りの積分と外周りの積分は等しいことを意味します。

〔**証明**〕右の図のように、C と C' を結ぶ経路PV、RTを作り、2曲線 C、C' を結んでみましょう。すると、2つに区切られた領域 K_1、K_2 においてコーシーの積分定理が成立します。すなわち、右の図において、

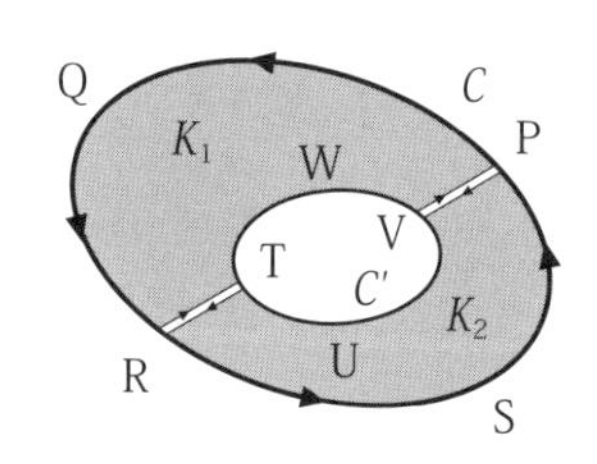

$$\int_{\mathrm{PQR}} f(z)dz + \int_{\mathrm{RT}} f(z)dz + \int_{\mathrm{TWV}} f(z)dz + \int_{\mathrm{VP}} f(z)dz = 0 \quad \cdots (5)$$

$$\int_{\mathrm{PV}} f(z)dz + \int_{\mathrm{VUT}} f(z)dz + \int_{\mathrm{TR}} f(z)dz + \int_{\mathrm{RSP}} f(z)dz = 0 \quad \cdots (6)$$

ここで、積分の相反性（→3章§6）から、

$$\int_{\mathrm{RT}} f(z)dz = -\int_{\mathrm{TR}} f(z)dz \text{、} \int_{\mathrm{VP}} f(z)dz = -\int_{\mathrm{PV}} f(z)dz$$

これらを加味して、式（5）、（6）を辺々加え、

$$\int_{\mathrm{PQR}} f(z)dz+\int_{\mathrm{RSP}} f(z)dz+\int_{\mathrm{TWV}} f(z)dz+\int_{\mathrm{VUT}} f(z)dz=0$$

したがって、$\displaystyle\int_{\mathrm{PQR}} f(z)dz+\int_{\mathrm{RSP}} f(z)dz=-\int_{\mathrm{TWV}} f(z)dz-\int_{\mathrm{VUT}} f(z)dz$

再び積分の相反性（→３章 §6）から、

$$\int_{\mathrm{PQR}} f(z)dz+\int_{\mathrm{RSP}} f(z)dz=\int_{\mathrm{VWT}} f(z)dz+\int_{\mathrm{TUV}} f(z)dz$$

PQR と RSP の経路は曲線 C を、VWT と TUV の経路は曲線 C' を表すので、

$\displaystyle\int_{C} f(z)dz=\int_{C'} f(z)dz$　**（証明終）**

（例 1） 原点を内部に含む任意の閉曲線 C に関して次の式が成立します。

$$\int_C \frac{1}{z}\,dz=2\pi i$$

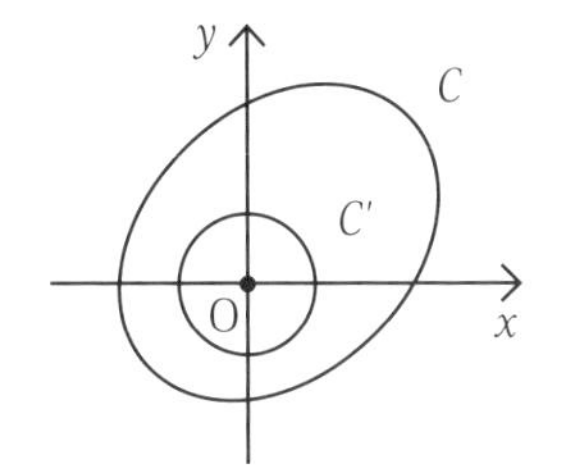

実際、C の内部に含む（原点を中心にした）円 C' について、３章 §8 の公式から、

$$\int_{C'} \frac{1}{z}\,dz=2\pi i$$

左ページ公式（4）を利用して、$\displaystyle\int_C \frac{1}{z}\,dz=\int_{C'} \frac{1}{z}\,dz=2\pi i$ となります。

閉曲線の中に除外する領域が複数あるとき

左ページ公式（4）を拡張すれば、次の公式も簡単に得られます。

閉曲線 C の内部に交わることのない単純閉曲線 C_1、C_2、…、C_n があって、C とそれらの間に挟まれた領域（各曲線も含める）で $f(z)$ は正則とする。このとき、

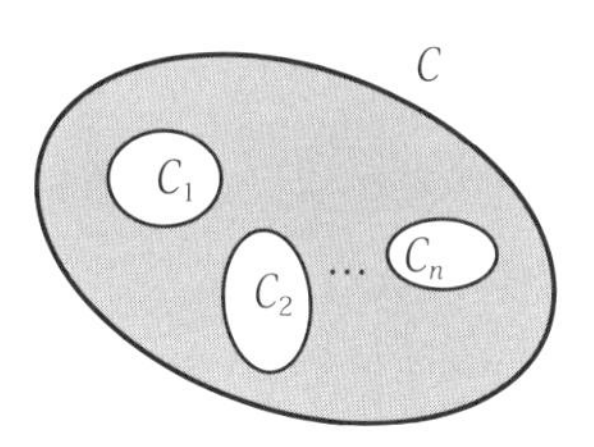

$$\int_C f(z)dz$$

$$=\int_{C_1} f(z)dz+\int_{C_2} f(z)dz+\cdots+\int_{C_n} f(z)dz \quad \cdots (7)$$

4章 コーシーの積分定理とその応用

（例 2） 原点を中心にした半径 2 の円 C に関して、$\int_C \frac{1}{z^2+1}dz$ を求めてみましょう。

まず、下図に示すような新たな小円 C_1、C_2 を考えます。公式（7）から

$$\int_C \frac{1}{z^2+1}dz = \int_{C_1} \frac{1}{z^2+1}dz + \int_{C_2} \frac{1}{z^2+1}dz \quad \cdots (8)$$

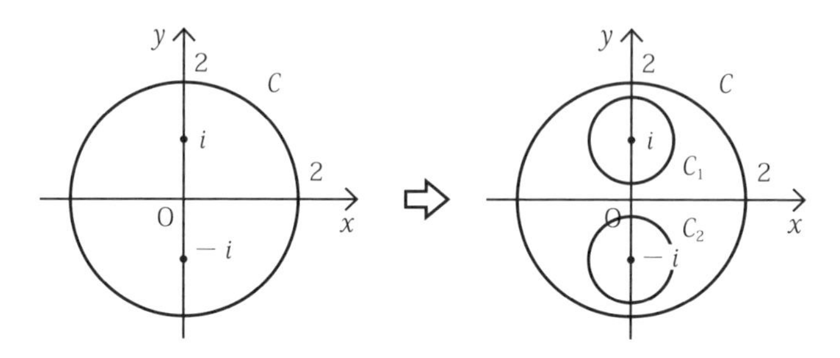

ところで、被積分関数は次のように分解できます。

$$\frac{1}{z^2+1} = \frac{1}{2i}\left(\frac{1}{z-i} - \frac{1}{z+i}\right)$$

（8）に代入して、

$$\int_C \frac{1}{z^2+1}dz = \frac{1}{2i}\int_{C_1}\left(\frac{1}{z-i} - \frac{1}{z+i}\right)dz + \frac{1}{2i}\int_{C_2}\left(\frac{1}{z-i} - \frac{1}{z+i}\right)dz \quad \cdots (9)$$

円 C_1 について、$\frac{1}{z-i}$ の積分は 3 章 §8 の公式（1）から、

$$\int_{C_1} \frac{1}{z-i}dz = 2\pi i$$

また、円 C_1 の周と内部について $\frac{1}{z+i}$ は正則なので、コーシーの積分定理から、$\int_{C_1} \frac{1}{z+i}dz = 0$

よって、$\frac{1}{2i}\int_{C_1}\left(\frac{1}{z-i} - \frac{1}{z+i}\right)dz = \pi \quad \cdots (10)$

同様にして、

$$\int_{C_2}\frac{1}{z^2+1}dz=\frac{1}{2i}\int_{C_2}\left(\frac{1}{z-i}-\frac{1}{z+i}\right)dz=-\pi \quad \cdots (11)$$

式（10)、(11）を式（9）に代入して $\displaystyle\int_C\frac{1}{z^2+1}dz=\pi-\pi=0$

（注）後に紹介するコーシーの積分公式を利用すると、もっと簡単に解が得られます。

複素定数 a を含む閉曲線 C に関するべき関数 $(z-a)^n$ の積分公式

先の（例 1)、(例 2）で利用したように、点 a を中心にした円に関するべき関数 $(z-a)^n$ についての積分公式（→３章 §8）は大変重宝します。この公式に先の公式（4）を適用すると、さらに一般的な公式となります。この結果は、今後の計算の基本となります。

> 内部に複素定数 a を含む単純閉曲線 C に関して（n は整数)、
>
> $$\int_C (x-a)^n dz=\begin{cases}0 & (n\neq -1)\\ 2\pi i & (n=-1)\end{cases} \quad \cdots (12)$$

〔証明〕 曲線 C が複素定数 a を中心とする円 C_0 の場合については、3 章 §8 の公式（1）で調べました。それに本節の公式（4）を適用すれば題意が示されます（次図)。**（証明終）**

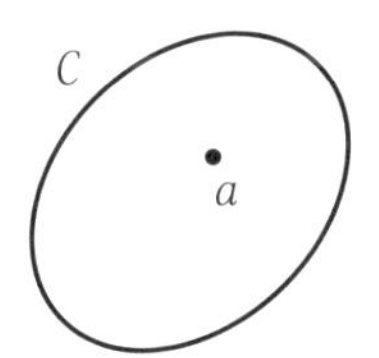

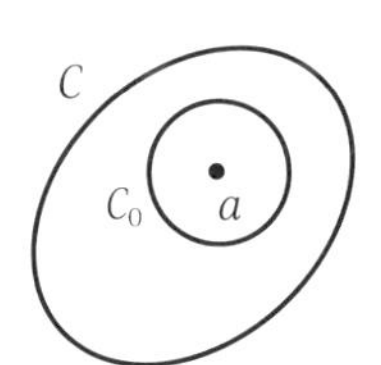

左図は与えられた閉曲線 C。右図は、その閉曲線の内側に入り、a を中心とする円 C_0。本節の公式（4）から、C に関する積分は、C_0 に関する積分と一致。

（例 3）（例 1）において、公式（12）からすぐに $\displaystyle\int_C\frac{1}{z}dz=2\pi i$ が示せます。

演習

〔問 1〕 原点を含む任意の閉曲線 C に関して、$\displaystyle\int_C\frac{1}{z^2}dz$ を求めよう。

（解） 公式（12）から 0 となります。　**（答）**

04 正則な関数の不定積分

単連結な領域内で正則な関数に関しては、実関数と同様の「微分積分学の基本定理」が成立します。実関数の積分方法が使えるのです。

正則関数の不定積分

前節（§3）で調べたように、単連結な領域で正則な関数$f(z)$の積分は、点z_0からzに至る経路によりません。右図でいえば、曲線C_1、C_2のどちらの経路を利用しても、積分は同じ値なのです。すると、この積分は2点z_0とzだけで値が決まるので、次のように表現することができます。

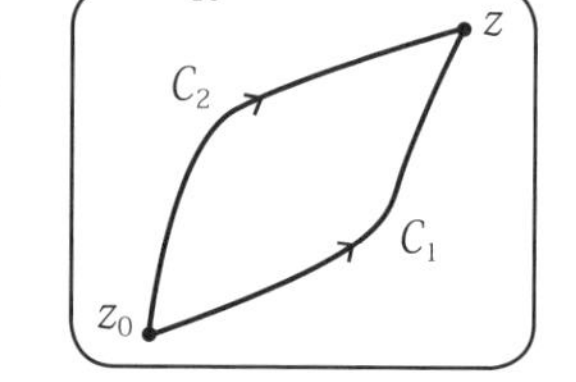

$$\int_{z_0}^{z} f(\zeta)d\zeta \quad \cdots (1)$$

（注）端点の変数z、z_0と区別するために、積分変数をζとします。

さて、z_0を固定して考えれば、積分（1）はzの関数と考えられます。このとき、積分の定義から次の関係が成立します。

$$\frac{d}{dz}\int_{z_0}^{z} f(\zeta)d\zeta = f(z) \quad \cdots (2)$$

これは実関数のときと同様です。積分（1）は実関数でいう「不定積分の1つ」に相当するのです。

（例1） 複素数平面全体で正則な関数$f(z) = z$について、点z_0からzに至る曲線Cに関する積分は、3章§5の〔例題〕から、次の式になります。

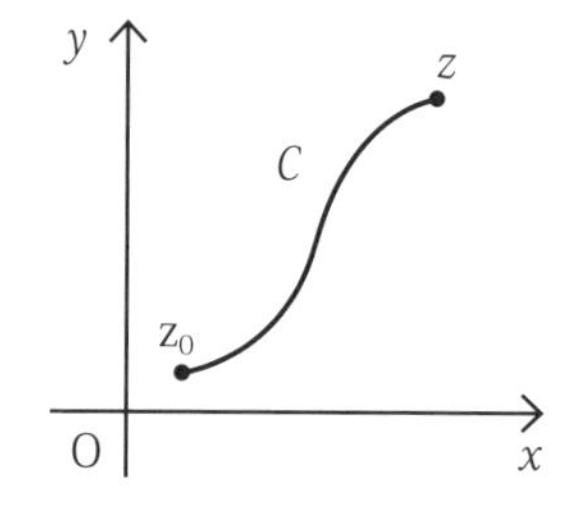

$$\int_{z_0}^{z} f(\zeta)d\zeta = \frac{1}{2}(z^2 - {z_0}^2)$$

両辺を z で微分して、

$$\frac{d}{dz}\int_{z_0}^{z} f(\zeta)d\zeta = \frac{d}{dz}(\frac{1}{2}z^2 - \frac{1}{2}{z_0}^2) = z = f(z)$$

こうして、公式（2）が確かめられました。

正則関数の微分積分学の基本定理

微分して $f(z)$ になる1つの関数を $F(z)$ としましょう。

$F'(z) = f(z)$ …（3）

このとき、式（2）から次の公式が得られます。

$$\int_{z_0}^{z} f(\zeta)d\zeta = F(z) - F(z_0)$$

これは実関数の「微分積分学の基本定理」と同一です。単連結領域での正則性を仮定すると、**実関数の積分公式がそのまま成立する**のです。

（例2） $\int_0^{1+i} z^2dz$ を求めてみましょう。

複素数平面全体で正則な関数 $f(z) = z^2$ について、$F(z) = \frac{1}{3}z^3$ は式（3）を満たします。よって、

$$\int_0^{1+i} z^2dz = F(1+i) - F(0) = \frac{1}{3}(1+i)^3 = \frac{1}{3}(-2+2i) = -\frac{2}{3} + \frac{2}{3}i$$

（注）これは3章§5［問］、3章§7の（例1）の結果と一致します。

演習

〔問〕 $\int_{2-i}^{2+i} (2z+1)dz$ を求めよう。

（解） 複素数平面全体で正則な関数 $f(z) = 2z+1$ について、$F(z) = z^2 + z$ は式（3）を満たします。よって、

$$\int_{2-i}^{2+i} (2z+1)dz = F(2+i) - F(2-i)$$

$$= \{(2+i)^2 + (2+i)\} - \{(2-i)^2 + (2-i)\} = 10i \quad \text{（答）}$$

コーシーの積分公式

コーシーの積分定理から複素関数論の応用に重要な**コーシーの積分公式**が得られます。「コーシーの積分定理」と紛らわしい命名ですが、避けて通ることはできない大切な公式です。

コーシーの積分公式

コーシーの積分定理とべき関数の積分公式（→本章 §3 公式（12））を組み合わせると、次の**コーシーの積分公式**が簡単に導き出されます。

> 単純閉曲線 C の周と内部で関数 $f(z)$ は正則で、
> 複素定数 a がその内部に含まれているとき、
>
> $$f(a)=\frac{1}{2\pi i}\int_C \frac{f(z)}{z-a}dz \quad \cdots (1)$$

この公式を利用すれば、正則な関数 $f(z)$ に対して、$\dfrac{f(z)}{z-a}$ という形の積分は、積分計算しなくても値がすぐに得られることになります。これは数値解析上の実用的な道具となります。また、後述するように、この定理からテイラー展開やローラン展開などの大切な公式が導出されます。

〔**証明**〕コーシーの定理の証明の概要を見てみましょう。
下図のように a を中心にして小さい半径 r の円 C_1 を描きます。

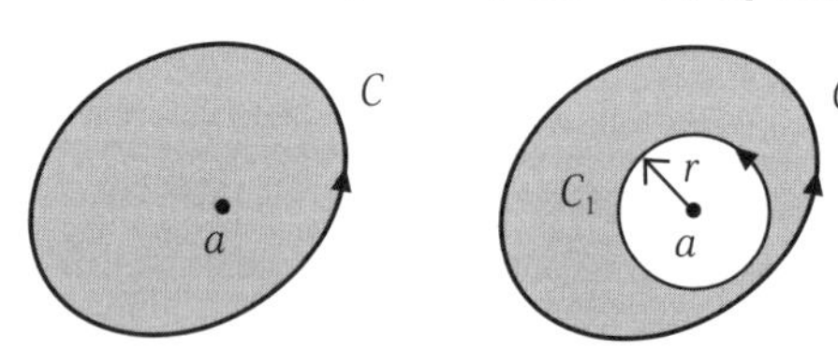

すると、本章 §3 の公式（4）から

$$\int_C \frac{f(z)}{z-a}dz = \int_{C_1} \frac{f(z)}{z-a}dz \quad \cdots (2)$$

右辺を次のように変形します。

$$\int_{C_1} \frac{f(z)}{z-a}dz = \int_{C_1} \frac{f(z)-f(a)+f(a)}{z-a}dz$$

$$= \int_{C_1} \left\{ \frac{f(a)}{z-a}dz + \frac{f(z)-f(a)}{z-a} \right\} dz \quad \cdots (3)$$

この右辺第１項は本章 §3 の公式（12）から、

$$\int_{C_1} \frac{f(a)}{z-a}dz = f(a)\int_{C_1} \frac{1}{z-a}dz = 2\pi i f(a) \quad \cdots (4)$$

また、式（3）の第２項で、半径 r を限りなく小さくすれば、$f(z)$ は正則なので、

$$\frac{f(z)-f(a)}{z-a} \to f'(a)$$

これから、$r \to 0$ のとき、$\displaystyle\int_{C_1} \frac{f(z)-f(a)}{z-a}dz \to 0 \quad \cdots (5)$

よって、式（2）～（5）より、$r \to 0$ のとき、

$$\int_C \frac{f(z)}{z-a}dz = \int_{C_1} \frac{f(a)}{z-a}dz + \int_{C_1} \frac{f(z)-f(a)}{z-a}dz$$

$$= f(a)\int_{C_1} \frac{1}{z-a}dz = 2\pi i f(a)$$

こうしてコーシーの積分公式（1）が得られます。**（証明終）**

（例 1） 原点を中心にした半径３の円 C に関して、$\displaystyle\int_C \frac{z^3}{z-2i}dz$ を計算しましょう。

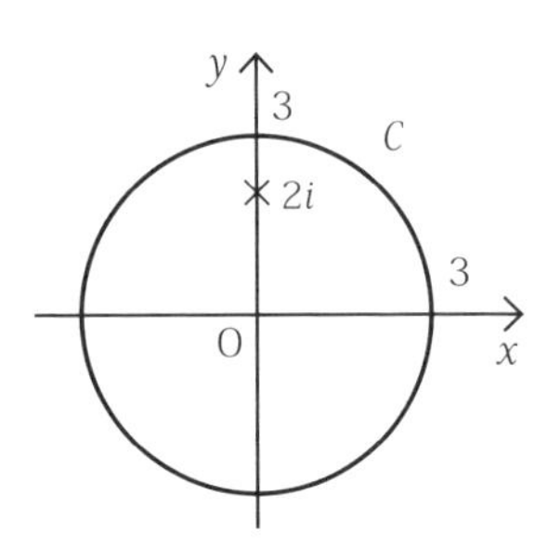

$f(z) = z^3$ とすると、$f(z)$ は C の周及び内部で正則です。$2i$ は C の内部にあるので、コーシーの積分公式（1）が使えます。そこで、$f(z)$ に $z = 2i$ を代入して、

$$\frac{1}{2\pi i}\int_C \frac{z^3}{z-2i}dz = f(2i) = (2i)^3$$

すなわち、$\displaystyle\int_C \frac{z^3}{z-2i}dz = 2\pi i(2i)^3 = 16\pi$

(例 2) iを中心にした半径 1 の円Cに関して、$\displaystyle\int_C \frac{1}{z^2+1}dz$ を求めてみましょう。

まず被積分関数を次のように因数分解します。

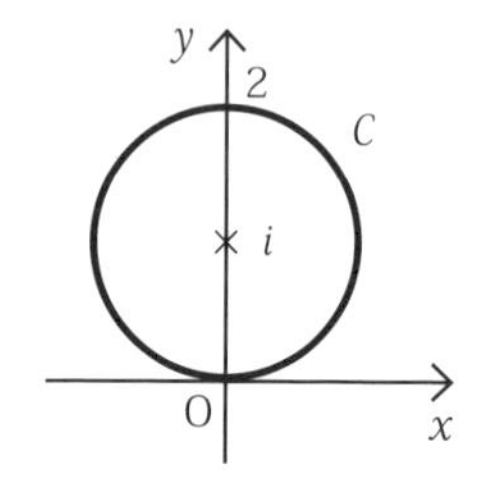

$$\frac{1}{z^2+1} = \frac{1}{(z-i)(z+i)} \quad \cdots (5)$$

$f(z)$ を次のように設定します。

$$f(z) = \frac{1}{z+i}$$

この$f(z)$はCの周及び内部で正則です。iはCの内部にあるので、コーシーの積分公式（1）が使えます。そこで、$f(z)$ に$z=i$を代入して、

$$\int_C \frac{1}{z^2+1}dz = \int_C \frac{1}{(z-i)(z+i)}dz = 2\pi i f(i) = 2\pi i\frac{1}{i+i} = \pi$$

（注）これと同様の計算をすでに本章 §3 の（例 2）で実行しています。

演習

〔問 1〕 原点を中心にした半径 3 の円Cに関して、次の積分を求めよう。

$$\int_C \frac{z^5}{(z-1)(z+5)}dz$$

(解) $z=1$はCの内部にあるので、$f(z)$ を次のように設定します。

$$f(z) = \frac{z^5}{z+5}$$

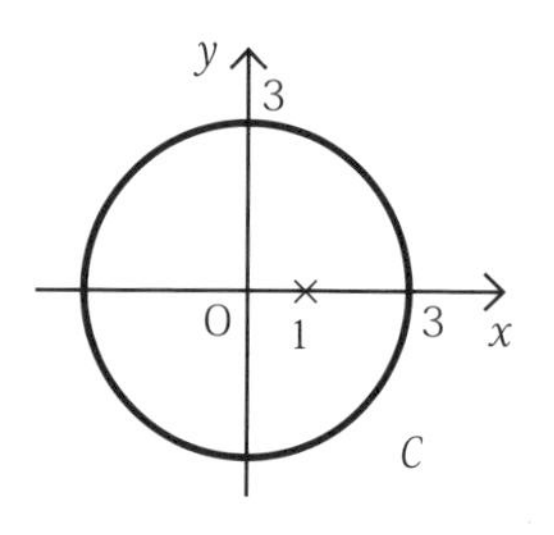

この関数$f(z)$ はCの周上と内部で正則です。すると、コーシーの積分公式（1）が使えるので、$f(z)$ に$z=1$を代入し、

$$\int_C \frac{z^5}{(z-1)(z+5)}dz = 2\pi i\frac{1^5}{1+5} = \frac{\pi}{3}i \quad \text{（答）}$$

〔**問 2**〕原点を中心にした半径 2 の円 C に関して、次の積分を求めよう。

$$\int_C \frac{z}{(9+z^2)(z+i)}\,dz$$

(解) $z=-i$ は C の内部にあるので、$f(z)$ を次のように設定します。

$$f(z) = \frac{z}{9+z^2}$$

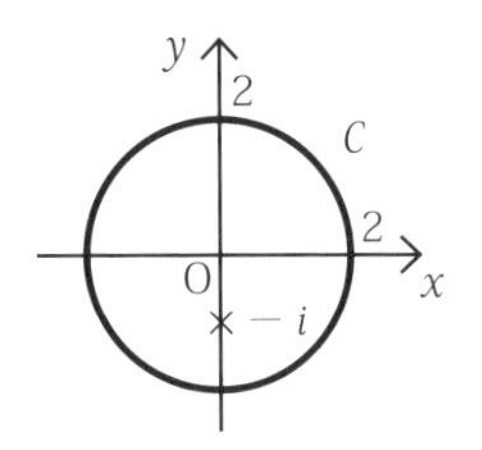

この関数 $f(z)$ は円 C の周上と内部で正則です。

すると、コーシーの積分公式（1）が使えるので、

$$\int_C \frac{z}{(9+z^2)(z+i)}\,dz = 2\pi i\frac{-i}{9+(-i)^2} = \frac{\pi}{4}$$ **(答)**

〔**問 3**〕4 つの複素数 0、2、2 + 2i、2i を頂点とする正方形の周を C とするとき、次の積分を求めよう。

$$\int_C \frac{z^3}{z^2-2z+2}\,dz$$

(解) 積分関数の分母を因数分解してみましょう。

$$\int_C \frac{z^3}{z^2-2z+2}\,dz = \int_C \frac{z^3}{(z-1-i)(z-1+i)}\,dz$$

$z=1+i$ は C の内部にあるので、$f(z)$ を次のように設定します。

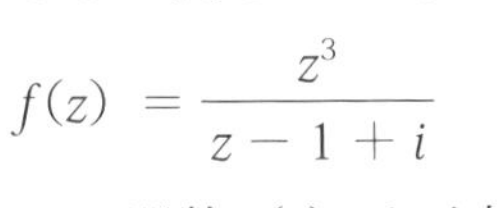

$$f(z) = \frac{z^3}{z-1+i}$$

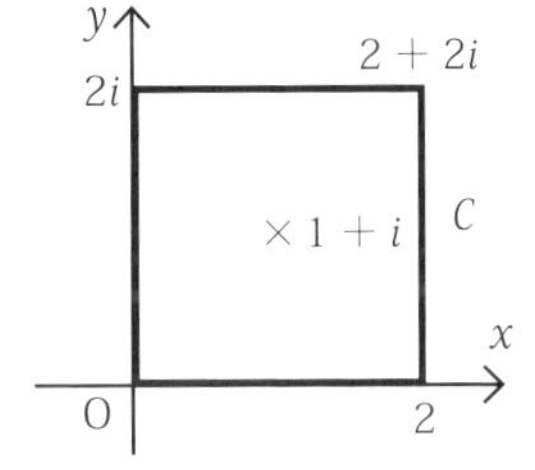

この関数 $f(z)$ は正方形 C の周上と内部で正則です。すると、公式（1）が使えるので、$f(z)$ に $z=1+i$ を代入して、

$$\int_C \frac{z^3}{z^2-2z+2}\,dz = 2\pi i f(1+i)$$

$$= 2\pi i\frac{(1+i)^3}{(1+i)-1+i} = \pi(-2+2i)$$ **(答)**

06 正則関数のテイラー展開

コーシーの積分公式の大切な応用として、複素関数のテイラー展開について調べてみましょう。実数のテイラー展開の形式がそのまま成立することがわかります。

正則関数のべき級数展開

コーシーの積分公式から、正則関数は次のようにべき級数に展開できることが示されます。

領域Kにおいて複素関数$f(z)$は正則で、内部にaを含む閉曲線CがKに含まれるとき、

$$f(z)=A_0+A_1(z-a)+A_2(z-a)^2+\cdots+A_n(z-a)^n+\cdots \quad \cdots(1)$$

ここで、A_0、A_1、A_2、…、A_n、… は定数で、次の式で得られる。

$$A_n=\frac{1}{2\pi i}\int_C \frac{f(z)}{(z-a)^{n+1}}dz \quad (n\text{は0以上の整数}) \quad \cdots(2)$$

〔**証明**〕aを中心にして半径rの円周Cを考えましょう。また、その円内の任意の点をζとします。すると、仮定からコーシーの積分公式が利用できます。

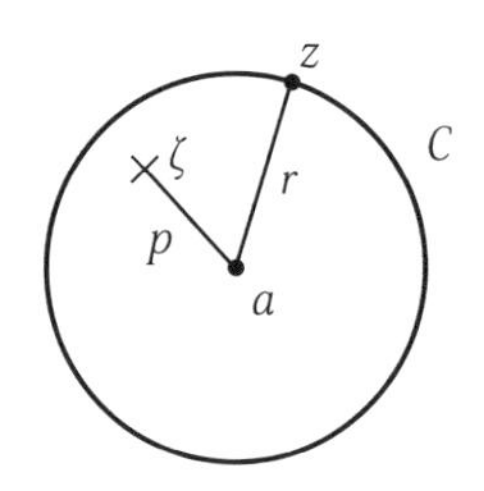

$$f(\zeta)=\frac{1}{2\pi i}\int_C \frac{f(z)}{z-\zeta}dz \quad \cdots(3)$$

ここで、次の変形をします。

$$\frac{1}{z-\zeta}=\frac{1}{z-a-(\zeta-a)}=\frac{1}{z-a}\cdot\frac{1}{1-\dfrac{\zeta-a}{z-a}} \quad \cdots(4)$$

題意から、$|\zeta-a|<|z-a|$

よって、無限等比級数の公式から、次の級数が収束します。

$$\frac{1}{1-\dfrac{\zeta-a}{z-a}}=1+\frac{\zeta-a}{z-a}+\left(\frac{\zeta-a}{z-a}\right)^2+\left(\frac{\zeta-a}{z-a}\right)^3+\cdots \quad \cdots (5)$$

（4）（5）から、

$$\frac{1}{z-\zeta}=\frac{1}{z-a}+\frac{\zeta-a}{(z-a)^2}+\frac{(\zeta-a)^2}{(z-a)^3}+\frac{(\zeta-a)^3}{(z-a)^4}+\cdots$$

これを（3）に代入して、

$$f(\zeta)=\frac{1}{2\pi i}\int_C f(z)\left\{\frac{1}{z-a}+\frac{\zeta-a}{(z-a)^2}+\frac{(\zeta-a)^2}{(z-a)^3}+\frac{(\zeta-a)^3}{(z-a)^4}+\cdots\right\}dz$$

$$=\frac{1}{2\pi i}\int_C\frac{f(z)}{z-a}dz+\frac{1}{2\pi i}(\zeta-a)\int_C\frac{f(z)}{(z-a)^2}dz$$

$$+\frac{1}{2\pi i}(\zeta-a)^2\int_C\frac{f(z)}{(z-a)^3}dz+\frac{1}{2\pi i}(\zeta-a)^3\int_C\frac{f(z)}{(z-a)^4}dz+\cdots$$

ここで、

$$A_n=\frac{1}{2\pi i}\int_C\frac{f(z)}{(z-a)^{n+1}}dz \quad \cdots (6)$$ （nは0以上の整数）

と置くと、

$$f(\zeta)=A_0+A_1(\zeta-a)+A_2(\zeta-a)^2+A_3(\zeta-a)^3+\cdots$$

ζを改めてzに置き換えて、

$$f(z)=A_0+A_1(z-a)+A_2(z-a)^2+A_3(z-a)^3+\cdots$$

こうして、曲線Cがaを中心にした円のときに式（1）が示されました。ところで、本章§3の公式（4）から、このCは「aを内部に含む単純閉曲線C」とすることができます。**（証明終）**

正則関数は何回も微分可能

公式（1）の形から次の大切な定理が得られます。

> $f(z)$が点zで微分可能ならば、$f(z)$はその点で何回も微分可能である。

この定理はすでに3章 §3で紹介し利用しています。実関数では、このような簡単な性質は存在しません。次の例で確かめましょう。

(例) 次の実関数 $y = f(x)$ を考えます。

$0 \leqq x$ では $y = x^2$、$x < 0$ では $y = 0$

この実関数は $x = 0$ で微分可能ですが、その導関数 y' は $x = 0$ で微分可能ではありません。

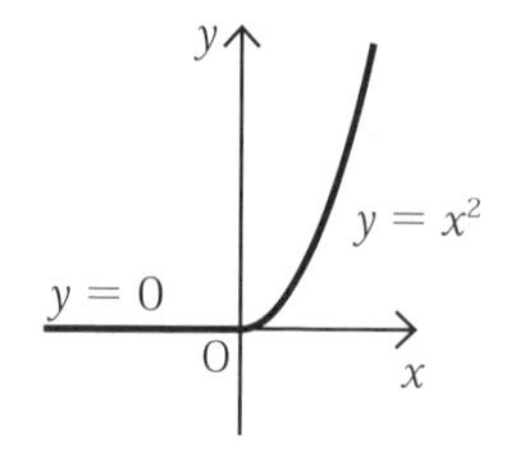

正則関数のテイラー展開

式(1)を n 回微分し、その結果に $z = a$ を代入すれば、次の公式が得られます。

> 式(1)において、$A_n = \dfrac{f^{(n)}(a)}{n!}$ (n は正の整数) …(7)

(注) $f^{(0)}(a) = f(a)$ と約束するなら、この式は n が「0以上」で成立します。

式(1)とこの(7)のペアは実関数に関するテイラー展開(→2章 §4)と形式的に同じです。したがって、式(1)を「$z = a$ における複素関数 $f(z)$ のテイラー展開」と呼ぶのです。

正則関数の零点は孤立

実数でない正則関数 $f(z)$ の値が0となる点をその関数の**零点**といいます。このとき、次の性質が成立します。後述する「一致の定理」(→本章 §8)の証明に利用します。

> 正則関数 $f(z)$ の零点は孤立している。

正則関数 $f(z) = 0$ となる零点を a としましょう。この a が「孤立している」というのは、a の近傍で a 以外には $f(z)$ が0にならないことです。イメージで表現すると右ページの上の図のようになるでしょう。

正則関数 $f(z)$ の零点が孤立していることは、正則関数がテイラー展開されることから、次のように簡単に示せます。

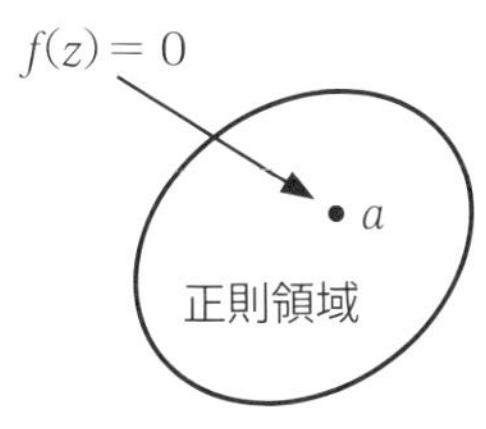

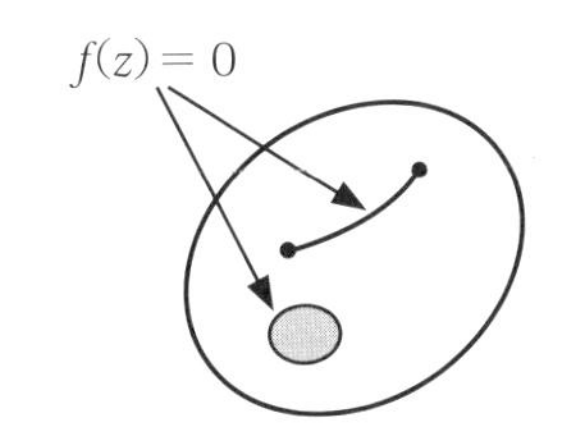

孤立していない零点

正則関数の零点は孤立しています。

〔**証明**〕$f(z)=0$ となる零点を a としましょう。すると、$f(a)=0$ でテイラー展開の式（1）で $A_0=0$ となります。すると、k を正の整数とし、$A_k \neq 0$ として、$f(z)$ は次のように分解できます。

$$f(z)=(z-a)^k\{A_k+A_{k+1}(z-a)+A_{k+2}(z-a)^2+\cdots\} \quad \cdots (8)$$

$A_k \neq 0$ より、この｛｝の式は a の近傍で 0 にはなりません。

よって、$f(z)=0$ を満たす $z=a$ の孤立性が示されました。(**証明終**)

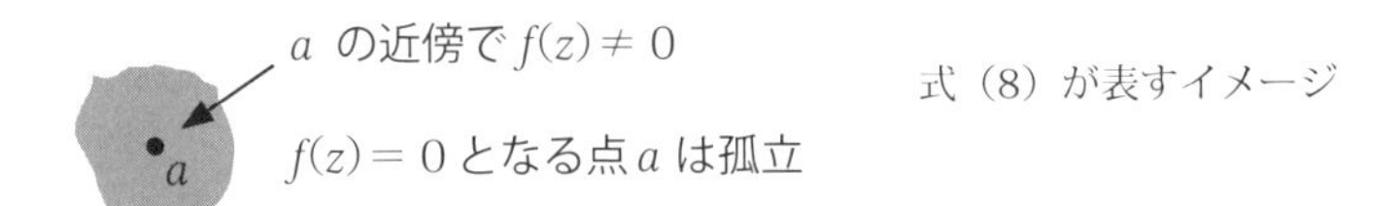

（注）式（8）が成立するとき、a は正則関数 $f(z)$ の **k 位の零点**といいます。

演習

〔**問**〕$f(z)=\dfrac{1}{1-z}$（$|z|<1$）に対して、$z=0$ においてテイラー展開してみよう。

(**解**) 与えられた領域（$|z|<1$）で $f(z)$ は正則です。このとき、

$$f'(z)=\frac{1}{(1-z)^2}、f''(z)=\frac{1\cdot 2}{(1-z)^3}、\cdots、f^{(n)}(z)=\frac{n!}{(1-z)^{n+1}}$$

から、公式（7）で $a=0$ として、$A_n=\dfrac{1}{n!}\dfrac{n!}{(1-0)^{n+1}}=1$

よって、$f(0)=1$ と公式（1）から、

$f(z)=1+z+z^2+\cdots+z^n+\cdots$　(**答**)

（注）この結果は無限等比数列の和の公式と一致しています。

07 グルサの定理

テイラー展開の式を利用すると、グルサの定理が得られます。この定理は複素積分の具体的な計算の際に強力な武器になります。

グルサの定理

前節（§6）のテイラー展開の定理（1）（2）を再掲しましょう。

$$f(z) = A_0 + A_1(z-a) + A_2(z-a)^2 + \cdots + A_n(z-a)^n + \cdots \quad \cdots (1)$$

$$A_n = \frac{1}{2\pi i}\int_C \frac{f(z)}{(z-a)^{n+1}}dz \quad (n\text{は0以上の整数}) \quad \cdots (2)$$

また、（1）の係数と導関数との関係も調べました（§6の式（7））。

$$A_n = \frac{f^{(n)}(a)}{n!} \quad (n\text{は正の整数}) \quad \cdots (3)$$

この式（2）と（3）を融合すれば、次の定理が得られます。これを**グルサ（Goursat）の定理**と呼びます。

> 複素数平面上の領域Kにおいて関数$f(z)$は正則とする。Kに含まれる閉曲線Cがaを内部に含むとき、
>
> $$f^{(n)}(a) = \frac{n!}{2\pi i}\int_C \frac{f(z)}{(z-a)^{n+1}}dz \quad (n\text{は正の整数}) \cdots (4)$$

（注）$f^{(0)}(a) = f(a)$と約束するなら、この式はnが「0以上」で成立します（$n=0$のときは「コーシーの積分公式」と一致）。ちなみに、前節（§6）の式（1）、（2）、（7）をまとめて「グルサの定理」と呼ぶ文献もあります。

（例） iを中心とする半径1の円Cに関して、$\int_C \frac{z^2}{(z-i)^3}dz$をグルサの定理を用いて計算してみましょう。

正則な関数$f(z)=z^2$について、

$f'(z)=2z$、$f''(z)=2$

iはCの内部に含まれるので、グルサの定理（4）より、

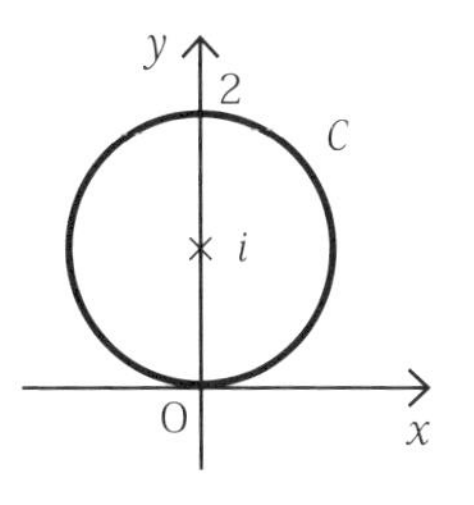

$$\int_C \frac{z^2}{(z-i)^3}dz=\frac{2\pi i}{2!}f''(i)=\frac{2\pi i}{2!}\cdot 2=2\pi i$$

演習

〔問〕原点を中心にし、点iを内部に含む右の図のような半円をCとするとき、次の積分を計算しよう：$\displaystyle\int_C \frac{dz}{(1+z^2)^4}$

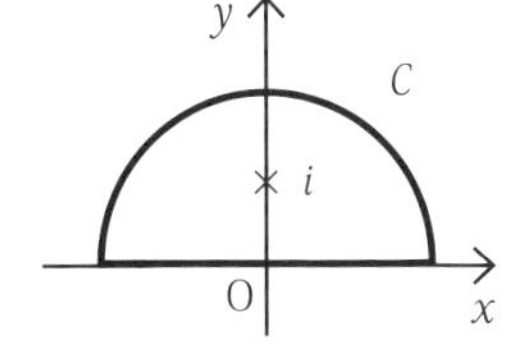

〔解〕分母を次のように因数分解します。

$$\int_C \frac{dz}{(1+z^2)^4}=\int_C \frac{dz}{(z-i)^4(z+i)^4}$$

関数$f(z)=\dfrac{1}{(z+i)^4}$はCの周とその内部で正則です。また、

$$f'(z)=\frac{-4}{(z+i)^5}、f''(z)=\frac{(-4)(-5)}{(z+i)^6}、f^{(3)}(z)=\frac{(-4)(-5)(-6)}{(z+i)^7}$$

よって、グルサの定理（4）で$n=3$として、

$$\int_C \frac{dz}{(z-i)^4(z+i)^4}=\frac{2\pi i}{3!}f^{(3)}(i)=\frac{2\pi i}{3!}\cdot\frac{(-4)(-5)(-6)}{(i+i)^7}=\frac{5}{16}\pi \quad（答）$$

—《メモ》グルサ

グルサの定理はフランス人の数学者グルサ（Goursat、1858-1936）が最初に発案したといわれます。グルサはフランスの名門パリ大学の教授を務めました。「コーシーの積分定理」を発案したフランスの数学者コーシーの没年が1857年なので、グルサは入れ替わる形でこの世に生を授けられた数学者です。

08 一致の定理と解析接続

関数が正則であるという条件は、３章の最初に調べたように大変きつい条件です。それは実関数の「微分可能」よりもはるかに厳しい条件になります。そこから得られる面白い性質が「一致の定理」です。

一致の定理

正則領域の一部で合致する２つの関数は、全体でも一致するという、大変便利な性質があります。これを**一致の定理**といいます。

> 領域 K において２つの関数 $f(z)$、$g(z)$ は正則とする。K 内の小領域 K_0 において $f(z)=g(z)$ ならば、K において常に $f(z)=g(z)$ となる。

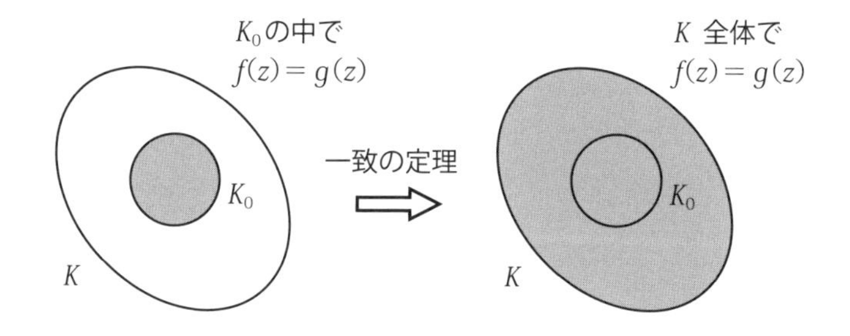

〔**証明**〕 $\phi(z)=f(z)-g(z)$ とし、K 内で $\phi(z)=0$ を示せばよいわけですが、それは背理法から簡単に証明されます。すなわち、
「K_0 で $\phi(z)=0$ であり、K_0 以外の領域 K で $\phi(z_1)\neq 0$ となる z_1 が存在」が矛盾を持つことを示せばよいのです。

仮定から、K_0 内では常に $\phi(z)=0$。また $\phi(z)$ は正則なので連続であり、$\phi(z_1)\neq 0$ から、z_1 の近傍では $\phi(z)\neq 0$。すると、z_0、z_1 を結ぶ K 内の曲線 L を考え、L を z_0 から z_1 に向かって進むとき、正則関数の連続性から $\phi(z)=0$ を満たす上端 z' が存在します（z' は K_0 に含まれない）。

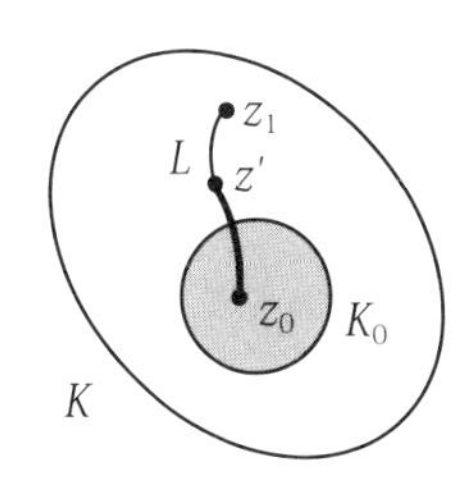

仮定から K_0 内では $\phi(z)=0$、
$\phi(z_0)=0$、$\phi(z_1)\neq 0$。
L は z_0、z_1 を結ぶ K 内の曲線。
z' は L 上の点で $\phi(z)=0$ と $\phi(z)\neq 0$ との境目の点。

ところで、この z' の定義と連続性から、z' の任意の近傍に $\phi(z)=0$ となる z が存在しますが、これは「正則関数の零点は孤立している」（→本章 §6）に矛盾してしまいます。よって、背理法から、K 内で $\phi(z)=0$ が示されました。**（証明終）**

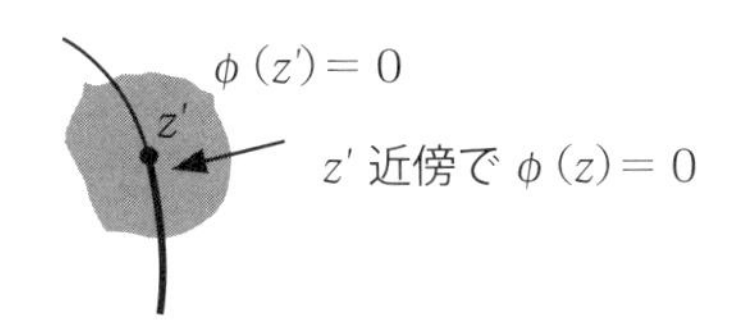

実関数の複素関数への拡張

一致の定理を用いると、実関数を複素関数にスムーズに拡張できます。先の「一致の定理」に示した「小領域 K_0」に実数領域を割り当てればよいからです。実数領域においてテイラー展開された関数が、そのまま複素数の世界に拡張できるのです。これは**解析接続**（**解析的延長**ともいわれます）と呼ばれる複素関数特有な議論の典型的な応用例になっています（→詳細は 5 章）。

（例 1） 実関数としての指数関数 $f(x)=e^x$ は、すべての実数 x について次のように展開されます（→ 2 章 §4）。

$$e^x = 1 + x + \frac{1}{2!}x^2 + \frac{1}{3!}x^3 + \frac{1}{4!}x^4 + \cdots$$

この指数関数を新たに複素関数まで拡張し再定義するには、単に実数 x を複素数 z に置き換えるだけで済みます。

$$e^z = 1 + z + \frac{1}{2!}z^2 + \frac{1}{3!}z^3 + \frac{1}{4!}z^4 + \cdots$$

上記の「一致の定理」から、z の実数領域で実関数 $f(x)=e^x$ と一致することを前提とする限り、これが複素数領域への唯一の拡張方法です。

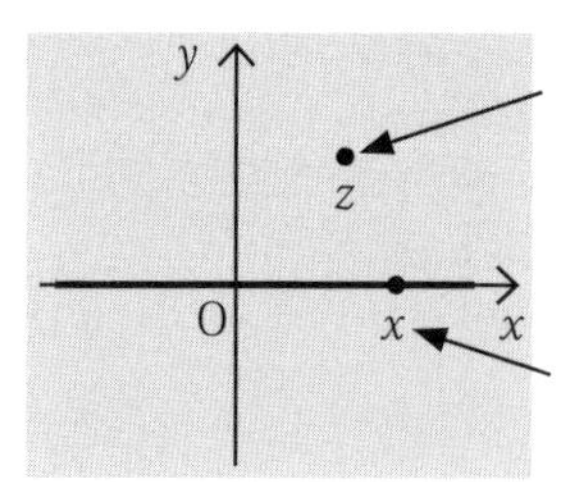

実軸上でテイラー展開を用いて定義された実関数はそのまま複素数平面全体に適応されます。

解析接続の応用例

先の実関数の拡張で見たように、一致の定理を用いると、一部の領域で定義されている正則な関数は他の領域にスムーズに拡張できます。この拡張方法を**解析接続**といいますが、次の例のようにも利用できます。

(例 2) 次の無限級数で表される関数 $f_0(z)$ は $|z| < 1$ の領域 K_0（原点を中心にした半径 1 の円の内部）で定義されます（K_0 以外では発散してしまいます）。

$f_0(z) = 1 + z + z^2 + z^3 + \cdots \quad \cdots (1)$

これを $|z - i| < 1$（点 i を中心にした半径 1 の円）の領域 K_1 に解析接続した関数 $f(z)$ を求めましょう。

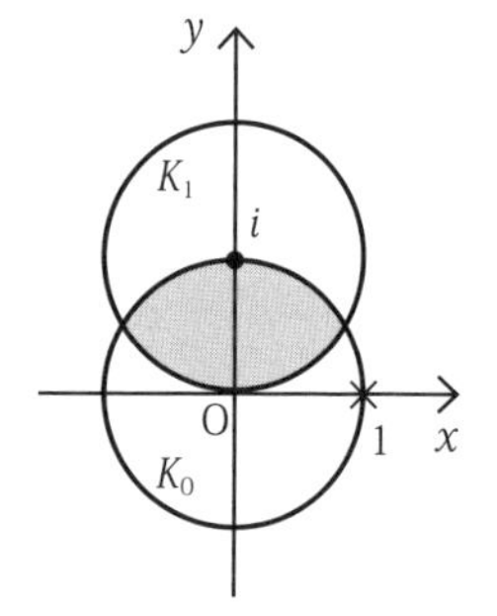

級数の和の公式から、$f_0(z)$ は領域 K_0 において次のように表現されます。

$$f_1(z) = \frac{1}{1 - z} \quad \text{（領域 } K_0 \text{ において）} \quad \cdots (2)$$

ところで、この関数 $f_1(z)$ は領域 K_1 でも正則です。そこで、関数 $f_0(z)$ を領域 K_1 に解析接続した関数 $f(z)$ は次のように求められます。

$$f(z) = \frac{1}{1 - z} \quad \text{（領域 } K_1 \text{ において）} \quad \cdots (3)$$

（注）簡潔にいえば、関数 $f_0(z)$、$f_1(z)$ は領域 K_0 で正則で等しく、関数 $f_1(z)$、$f(z)$ は領域 K_0、K_1 の共通部分で正則で等しいので、よって関数 $f(z)$ は領域 K_1 全体への（1）の解析接続になるのです。ちなみに、関数 $f(z)$ は $z \neq 1$ 以外の領域に関数（1）を解析接続した関数にもなっています。

演習

〔問 1〕実関数としての三角関数 $f(x) = \sin x$ は、すべての実数 x について次のように展開される（→ 2 章 § 4）。

$$\sin x = x - \frac{x^3}{3!} + \frac{x^5}{5!} - \frac{x^7}{7!} + \frac{x^9}{9!} - \frac{x^{11}}{11!} + \cdots$$

正則関数として、複素数平面全体に拡張するには、どのように三角関数 $f(x) = \sin x$ を定義すればよいか。

(解) 一致の定理から、単に実数 x を複素数 z に置き換えるだけで済みます。

$$\sin z = z - \frac{z^3}{3!} + \frac{z^5}{5!} - \frac{z^7}{7!} + \frac{z^9}{9!} - \frac{z^{11}}{11!} + \cdots \qquad \text{(答)}$$

この結果は 5 章で利用されます。

〔問 2〕次の無限級数で表される関数 $f_0(z)$ は $|1 - z| < 1$ の領域 K_0（点 1 を中心にした半径 1 の円の内部）で収束する。

$$f_0(z) = 1 + (1 - z) + (1 - z)^2 + (1 - z)^3 + (1 - z)^4 + \cdots \quad \cdots (4)$$

これを $|2 - z| < 1$（点 2 を中心にした半径 1 の円）の領域 K_1 に解析接続した関数 $f(z)$ を求めよう。

(解) 級数の和の公式から、(4) は領域 K_0 において次のように表現されます。

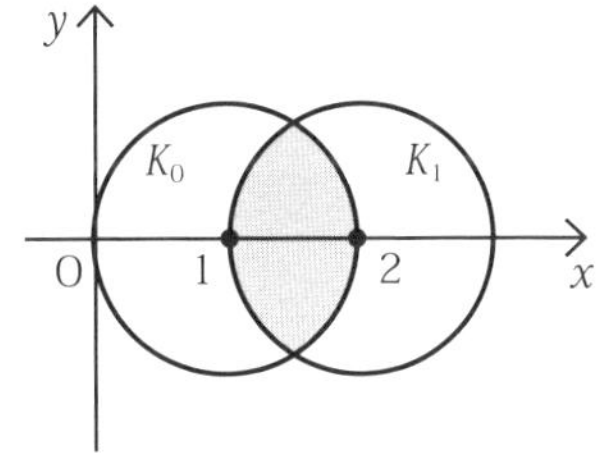

$$f_0(z) = \frac{1}{z} \quad \text{（領域 } K_0 \text{ において）}$$

ところで、この関数 $f_0(z)$ は領域 K_1 でも正則です。そこで、関数 $f_0(z)$ を領域 K_1 に解析接続した関数は次のように求められます。

$$f(z) = \frac{1}{z} \quad \text{（領域 } K_1 \text{ において）}$$

(注) 関数 $f(z)$ は $z \neq 0$ 以外の領域に関数 (4) を解析接続した関数になっています。

09 ローラン展開

これまでは関数が領域内で正則であることを仮定してきました。本節では、その仮定が成立しない場合を考えます。正則でない点が孤立しているならば、関数は簡単なべき関数の和に展開できることがわかります。

孤立特異点

関数$f(z)$が点aで正則でないとします。このとき、関数$f(z)$が点aの近傍で、そのaだけは別として正則であるとき、aを$f(z)$の**孤立特異点**といいます。点aが孤立特異点のとき、aを中心とする十分小さな円をとると、その円の内部のa以外の点において$f(z)$は正則です。

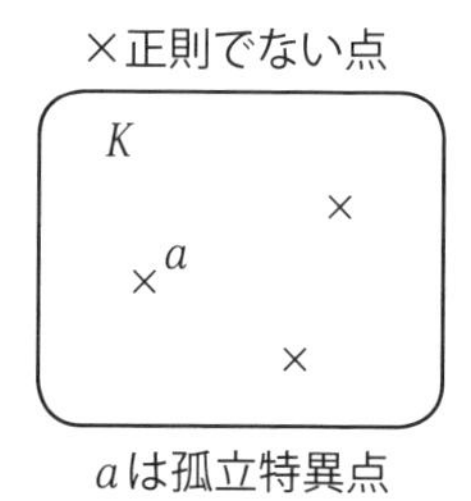

aは孤立特異点

(例1) $f(z)=\dfrac{1}{z-1}$において、$z=1$が孤立特異点です。

(例2) $f(z)=\dfrac{1}{z^2+1}$において、$z=\pm i$が孤立特異点です。

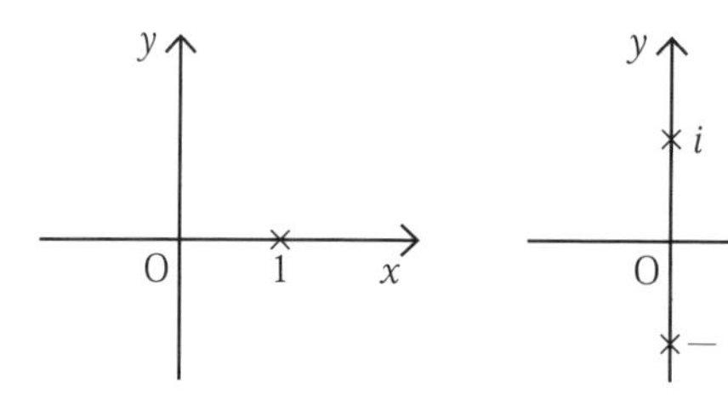

左図は(例1)の孤立特異点を、右図は(例2)の孤立特異点を表します。

ローラン展開

複素数平面の領域Kにおいて、孤立特異点を除いて正則な関数$f(z)$を考えます。このとき、その孤立特異点aの周りで次のように級数展開できます。この展開式を(孤立特異点aの周りの)**ローラン展開**といいます。

点 a を除いて、領域 K で関数 $f(z)$ は正則とする。このとき、関数 $f(z)$ は次のように展開できる。

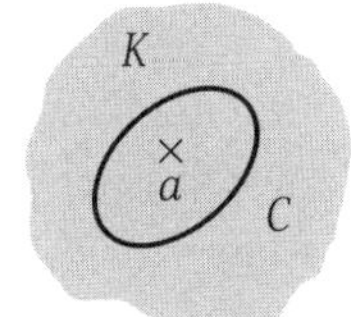

$$f(z)=\cdots+\frac{A_{-3}}{(z-a)^3}+\frac{A_{-2}}{(z-a)^2}+\frac{A_{-1}}{z-a}+$$
$$+A_0+A_1(z-a)+A_2(z-a)^2+A_3(z-a)^3$$
$$+\cdots \quad \cdots (1)$$

a を内部に含む K 内の閉曲線を C として、A_n は次のように表せる。

$$A_n=\frac{1}{2\pi i}\int_C \frac{f(z)}{(z-a)^{n+1}}dz \quad (n \text{は整数}) \cdots (2)$$

（注）$f(z)$ が a で正則ならば、ローラン展開は単にテイラー展開になります。ちなみに、公式（1）はΣ記号を用いて次のようにまとめられます。

$$f(z)=\sum_{n=-\infty}^{\infty} A_n(z-a)^n$$

ローラン展開の例

ローラン展開（1）（2）の成立の証明は長いので、次節に回します。ここでは具体例を用いてローラン展開に親しみましょう。

（例 3） $f(z)=\dfrac{2}{z^2-1}$ について、$z=-1$ におけるローラン展開を求めます。

$z=-1$ を中心とし半径が微小な円をCとします。式（2）から、

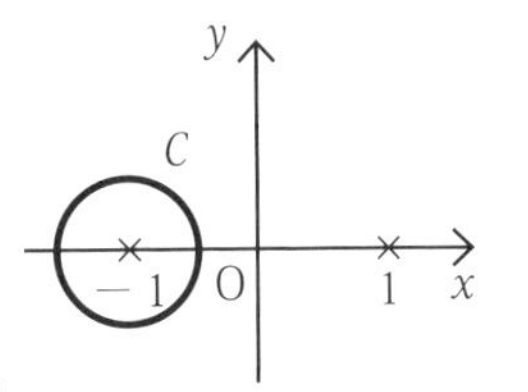

$$A_n=\frac{1}{2\pi i}\int_C \frac{1}{(z+1)^{n+1}}\frac{2}{z^2-1}dz$$
$$=\frac{1}{2\pi i}\int_C \frac{1}{(z+1)^{n+2}}\frac{2}{z-1}dz \quad \cdots (3)$$

$n>-1$ のとき、グルサの定理（→本章 §7）から、

$g(z)=\dfrac{2}{z-1}$ として、

$$\int_C \frac{1}{(z+1)^{n+2}}\frac{2}{z-1}dz=\frac{2\pi i}{(n+1)!}g^{(n+1)}(-1) \quad (n \geqq 0) \quad \cdots (4)$$

ここで、$g'(z) = 2(-1)(z-1)^{-2}$、$g''(z) = 2\cdot(-1)(-2)(z-1)^{-3}$

$g^{(3)}(z) = 2(-1)(-2)(-3)(z-1)^{-4}$、…

$g^{(n)}(z) = 2(-1)^n n!\ (z-1)^{-n-1}$

式（4）に代入して、

$$\int_C \frac{1}{(z+1)^{n+2}}\frac{2}{z-1}dz = \frac{2\pi i}{(n+1)!}2(-1)^{n+1}(n+1)!\cdot(-2)^{-n-2}$$

$$= -2\pi i\, 2^{-n-1}$$

式（3）に代入して、$A_n = -2^{-n-1}\quad(n>-1)\quad\cdots(5)$

$n=-1$のとき、コーシーの積分公式から、式（3）より、

$$A_{-1} = \frac{1}{2\pi i}\int_C \frac{1}{z+1}\frac{2}{z-1}dz = g(-1) = \frac{2}{-1-1} = -1 \quad\cdots(6)$$

$n<-1$のとき、式（3）の被積分関数はCの周及び内部において正則なので、コーシーの積分定理からA_nは0になります。

$A_n = 0\quad(n<-1)\quad\cdots(7)$

以上、式（5）～（7）から、ローラン展開の公式（1）より、

$$f(z) = -\frac{1}{z+1} - \frac{1}{2} - \frac{1}{2^2}(z+1) - \frac{1}{2^3}(z+1)^2 - \frac{1}{2^4}(z+1)^3 - \cdots \quad\cdots(8)$$

これが$f(z) = \dfrac{2}{z^2-1}$の$z=-1$におけるローラン展開です。

―《メモ》級数を利用したローラン展開

$$f(z) = \frac{2}{z^2-1} = \frac{1}{z-1} - \frac{1}{z+1} = -\frac{1}{z+1} - \frac{1}{1-z}$$

$$= -\frac{1}{z+1} - \frac{1}{2}\frac{1}{1-\frac{1}{2}(z+1)}$$

$$= -\frac{1}{z+1} - \frac{1}{2}\left\{1 + \frac{1}{2}(z+1) + \frac{1}{2^2}(z+1)^2 + \frac{1}{2^3}(z+1)^3 + \cdots\right\}$$

$$= -\frac{1}{z+1} - \frac{1}{2} - \frac{1}{2^2}(z+1) - \frac{1}{2^3}(z+1)^2 - \frac{1}{2^4}(z+1)^3 - \cdots$$

こうして、式（8）が得られました。

演習

〔問〕$f(z) = \dfrac{z}{(z+1)(z+2)}$ において、$z=-2$ に関するローラン展開を求めよう。

(解) $z=-2$ を中心とし半径が微小な円 C を描きます。

式 (2) から、

$$A_n = \frac{1}{2\pi i}\int_C \frac{1}{(z+2)^{n+1}} \frac{z}{(z+1)(z+2)} dz$$

$$= \frac{1}{2\pi i}\int_C \frac{z}{(z+2)^{n+2}(z+1)} dz \quad \cdots (1.1)$$

(ア) $n>-1$ のとき

グルサの定理（→本章 §7）から、

$$g(z) = \frac{z}{z+1} \quad \left(= 1 - \frac{1}{z+1}\right)$$

として、次のように積分の値が得られます。

$$\int_C \frac{z}{(z+2)^{n+2}(z+1)} dz = \frac{2\pi i}{(n+1)!} g^{(n+1)}(-2) \quad \cdots (1.2)$$

ここで、$g(z)$ を微分してみましょう。

$g'(z) = -(-1)(z+1)^{-2}$、$g''(z) = -(-1)(-2)(z+1)^{-3}$、

$g^{(3)}(z) = -(-1)(-2)(-3)(z+1)^{-4}$、…

などから、$g^{(n)}(z) = (-1)^{n+1} n!(z+1)^{-n-1}$、$g^{(n+1)}(-2) = (n+1)!$

式 (1.2) に代入して、

$$\int_C \frac{z}{(z+2)^{n+2}(z+1)} dz = \frac{2\pi i}{(n+1)!}(n+1)! = 2\pi i$$

これを式 (1.1) に代入して、$A_n = 1 \quad (n>-1) \quad \cdots (1.3)$

(イ) $n=-1$ のとき

コーシーの積分公式から、式 (1.1) より、

$$A_{-1} = \frac{1}{2\pi i}\int_C \frac{z}{(z+2)(z+1)} dz = g(-2) = \frac{-2}{-2+1} = 2 \quad \cdots (1.4)$$

（ウ）$n<-1$のとき
式（1.1）の被積分関数は正則なので、コーシーの積分定理からA_nは0になります。
$A_n=0\quad(n<-1)\quad\cdots(1.5)$
以上、（ア）～（ウ）の結果の式（1.3）～（1.5）より、ローラン展開の公式（1）から、

$$f(z)=\frac{2}{z+2}+1+(z+2)+(z+2)^2+(z+2)^3+\cdots\quad\text{(答)}$$

―《メモ》〔問〕の別解

この〔問〕の解にはローラン展開の公式（1）（2）を利用しましたが、もっと簡単に同じ式が得られます。$z+2=u$と置くと、〔問〕の$f(z)$は次のように表せます。

$$f(z)=\frac{u-2}{(u-1)u}=\frac{2-u}{u}\frac{1}{1-u}$$

$$=(\frac{2}{u}-1)(1+u+u^2+u^3+u^4+\cdots)\quad(|u|<1\text{を仮定})$$

$$=\frac{2}{u}(1+u+u^2+u^3+u^4+\cdots)-(1+u+u^2+u^3+u^4+\cdots)$$

$$=(\frac{2}{u}+2+2u+2u^2+2u^3+\cdots)-(1+u+u^2+u^3+u^4+\cdots)$$

$$=\frac{2}{u}+1+u+u^2+u^3+\cdots$$

zに戻して、

$$f(z)=\frac{2}{z+2}+1+(z+2)+(z+2)^2+(z+2)^3+\cdots$$

こうして、〔問〕と同じ解答が得られました。

10 ローラン展開の証明

ローラン展開の証明を見てみましょう。その基本はコーシーの積分公式であることを確認してください。

(注) 先を急ぐ場合には、後に回しても問題はありません。

ローラン展開の証明

ローラン展開は次のように示される関数の級数展開です。

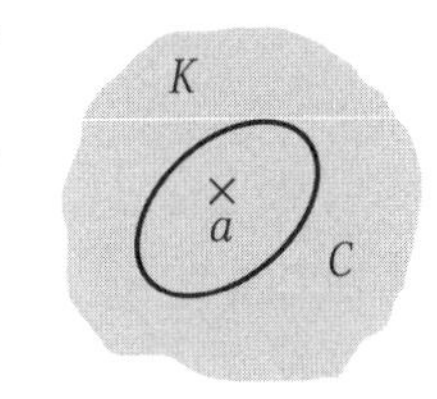

点 a を除いて、領域 K で関数 $f(z)$ は正則とする。このとき、関数 $f(z)$ は次のように展開できる。

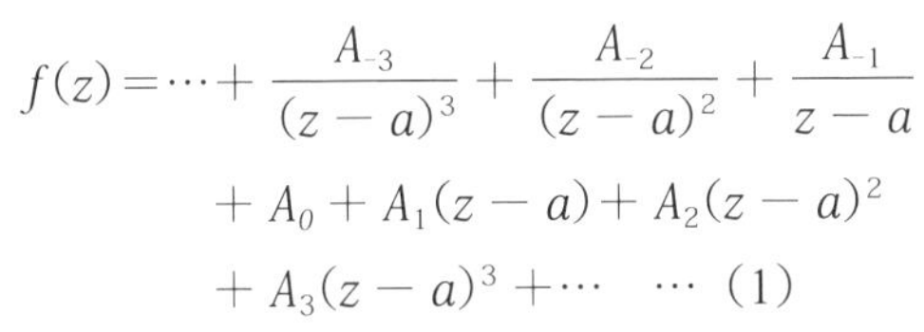

$$f(z) = \cdots + \frac{A_{-3}}{(z-a)^3} + \frac{A_{-2}}{(z-a)^2} + \frac{A_{-1}}{z-a} + A_0 + A_1(z-a) + A_2(z-a)^2 + A_3(z-a)^3 + \cdots \quad \cdots (1)$$

a を内部に含む K 内の閉曲線を C として、A_n は次のように表せる。

$$A_n = \frac{1}{2\pi i}\int_C \frac{f(z)}{(z-a)^{n+1}}dz \quad (n \text{ は整数}) \cdots (2)$$

この定理をステップに分けて証明しましょう。

2つの同心円 C_1、C_2 を用意

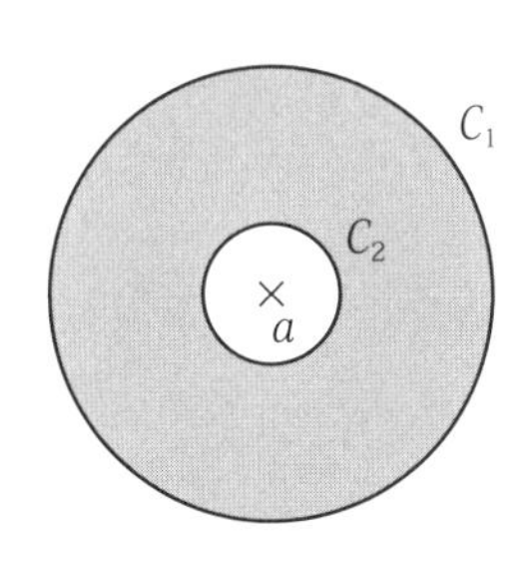

a を中心に、K に含まれる同心円 C_1、C_2 を描いてみます（C_1 は C_2 を内部に含むとします（右図））。すると、C_1、C_2 に挟まれたドーナツ及びその周上の各点で、関数 $f(z)$ は正則です。

(注) 右図で、グレー部は $f(z)$ の正則領域を表します。

このドーナツ内に点ζをとり、それを中心とする円Γをドーナツ内に描きます。そして、次の関数を考えましょう。

$$\frac{f(z)}{z-\zeta} \quad \cdots(3)$$

この関数（3）について、本章§3の公式（7）から、

$$\int_{C_1}\frac{f(z)}{z-\zeta}dz=\int_{\Gamma}\frac{f(z)}{z-\zeta}dz+\int_{C_2}\frac{f(z)}{z-\zeta}dz \quad \cdots(4)$$

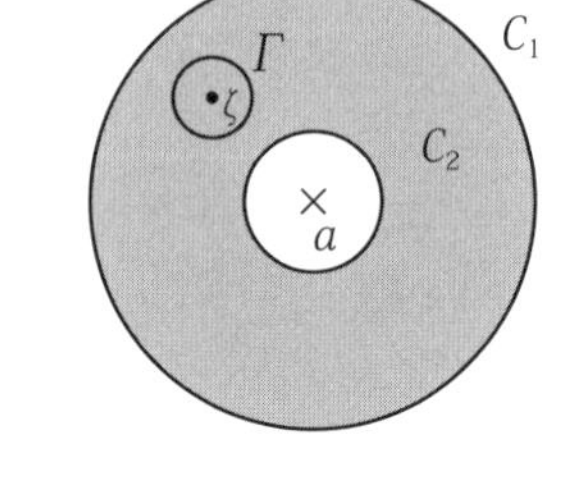

コーシーの積分公式から、

$$\frac{1}{2\pi i}\int_{\Gamma}\frac{f(z)}{z-\zeta}dz=f(\zeta)$$

これを（4）に代入し、移項すると、

$$f(\zeta)=\frac{1}{2\pi i}\int_{C_1}\frac{f(z)}{z-\zeta}dz-\frac{1}{2\pi i}\int_{C_2}\frac{f(z)}{z-\zeta}dz \quad \cdots(5)$$

外側の円 C_1 の積分

式（5）の右辺第1項を考えましょう。C_1上のzは次の不等式を満たします。

$$|\zeta-a|<|z-a| \text{ より、} \left|\frac{\zeta-a}{z-a}\right|<1$$

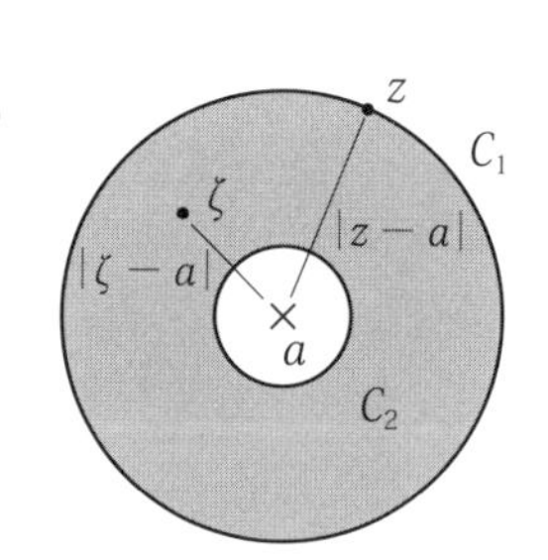

これから、次の級数展開が可能です。

$$\frac{1}{z-\zeta}=\frac{1}{z-a}\frac{1}{1-\dfrac{\zeta-a}{z-a}}$$

$$=\frac{1}{z-a}\left\{1+\frac{\zeta-a}{z-a}+\left(\frac{\zeta-a}{z-a}\right)^2+\left(\frac{\zeta-a}{z-a}\right)^3+\cdots\right\}$$

$$=\frac{1}{z-a}+\frac{\zeta-a}{(z-a)^2}+\frac{(\zeta-a)^2}{(z-a)^3}+\frac{(\zeta-a)^3}{(z-a)^4}+\cdots$$

よって、式（5）の右辺第1項は次のように展開されます。

$$\frac{1}{2\pi i}\int_{C_1}\frac{f(z)}{z-\zeta}dz$$

$$=\frac{1}{2\pi i}\int_{C_1}f(z)\{\frac{1}{z-a}+\frac{\zeta-a}{(z-a)^2}+\frac{(\zeta-a)^2}{(z-a)^3}+\frac{(\zeta-a)^3}{(z-a)^4}+\cdots\}dz$$

$$=\frac{1}{2\pi i}\int_{C_1}\frac{f(z)}{z-a}dz+\frac{1}{2\pi i}(\zeta-a)\int_{C_1}\frac{f(z)}{(z-a)^2}dz$$

$$+\frac{1}{2\pi i}(\zeta-a)^2\int_{C_1}\frac{f(z)}{(z-a)^3}dz+\frac{1}{2\pi i}(\zeta-a)^3\int_{C_1}\frac{f(z)}{(z-a)^4}dz+\cdots$$

ここで、

$$A_n=\frac{1}{2\pi i}\int_{C_1}\frac{f(z)}{(z-a)^{n+1}}dz \quad (n=0、1、2、3、\cdots) \quad \cdots (6)$$

と置くと、

$$\frac{1}{2\pi i}\int_{C_1}\frac{f(z)}{z-\zeta}dz=A_0+A_1(\zeta-a)+A_2(\zeta-a)^2+A_3(\zeta-a)^3+\cdots \quad \cdots (7)$$

内側の円 C_2 の積分

式 (5) の右辺第 2 項を考えます。C_2 上の z は次の不等式を満たします。

$$|z-a|<|\zeta-a| \text{ より、} \left|\frac{z-a}{\zeta-a}\right|<1$$

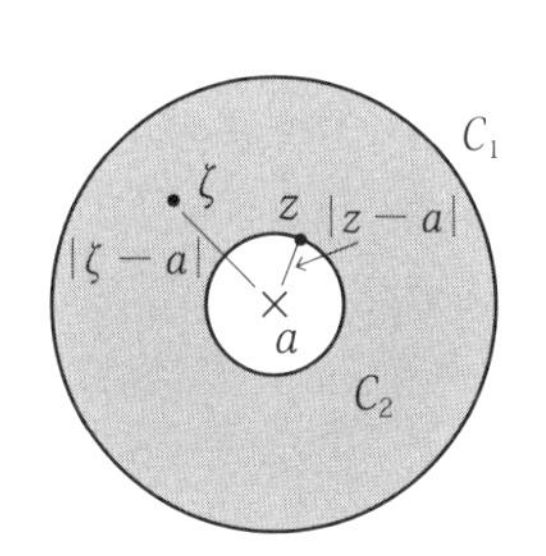

これから、次の級数展開が可能です。

$$\frac{1}{z-\zeta}=-\frac{1}{\zeta-a}\frac{1}{1-\frac{z-a}{\zeta-a}}$$

$$=-\frac{1}{\zeta-a}\{1+\frac{z-a}{\zeta-a}+\left(\frac{z-a}{\zeta-a}\right)^2+\left(\frac{z-a}{\zeta-a}\right)^3+\cdots\}$$

$$=-\{\frac{1}{\zeta-a}+\frac{z-a}{(\zeta-a)^2}+\frac{(z-a)^2}{(\zeta-a)^3}+\frac{(z-a)^3}{(\zeta-a)^4}+\cdots\}$$

よって、式 (5) の右辺第 2 項は次のように展開されます。

$$-\frac{1}{2\pi i}\int_{C_2}\frac{f(z)}{z-\zeta}dz$$

$$=\frac{1}{2\pi i}\int_{C_2}f(z)\left\{\frac{1}{\zeta-a}+\frac{z-a}{(\zeta-a)^2}+\frac{(z-a)^2}{(\zeta-a)^3}+\frac{(z-a)^3}{(\zeta-a)^4}+\cdots\right\}dz$$

$$=\frac{1}{\zeta-a}\frac{1}{2\pi i}\int_{C_2}f(z)dz+\frac{1}{(\zeta-a)^2}\frac{1}{2\pi i}\int_{C_2}f(z)(z-a)dz$$

$$+\frac{1}{(\zeta-a)^3}\frac{1}{2\pi i}\int_{C_2}f(z)(z-a)^2dz$$

$$+\frac{1}{(\zeta-a)^4}\frac{1}{2\pi i}\int_{C_2}f(z)(z-a)^3dz+\cdots$$

ここで

$$A_{-n}=\frac{1}{2\pi i}\int_{C_2}f(z)(z-a)^{n-1}dz \quad (n=1、2、3、\cdots) \quad \cdots(8)$$

と置くと、

$$-\frac{1}{2\pi i}\int_{C_2}\frac{f(z)}{z-\zeta}dz$$

$$=A_{-1}\frac{1}{\zeta-a}+A_{-2}\frac{1}{(\zeta-a)^2}+A_{-3}\frac{1}{(\zeta-a)^3}+A_{-4}\frac{1}{(\zeta-a)^4}+\cdots$$

$$\cdots(9)$$

任意の曲線 C で積分

積分経路となる閉曲線 C_1、C_2 は、C_1 に含まれ C_2 を含む任意の曲線 C に変えられます（→本章§3 公式（4））。そこで、(6)（8）の A_n は次のように 1 つにまとめられます。

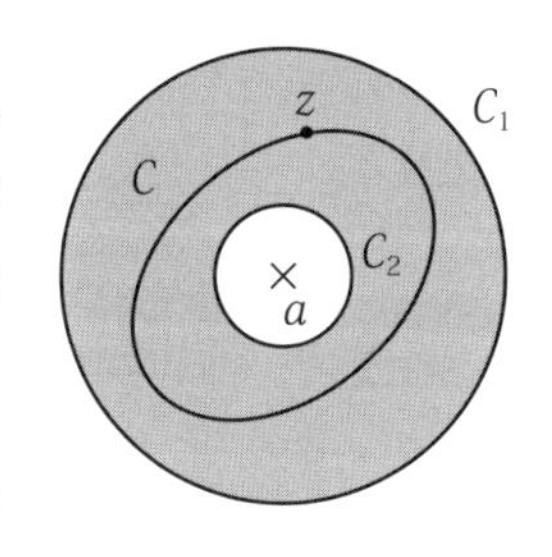

$$A_n=\frac{1}{2\pi i}\int_{C}\frac{f(z)}{(z-a)^{n+1}}dz \quad (n\text{は整数}) \cdots(10)$$

すると、(7)（9）（10）から（5）は次のように表現されることになります。

$$f(\zeta)=\frac{1}{2\pi i}\int_{C_1}\frac{f(z)}{z-\zeta}dz-\frac{1}{2\pi i}\int_{C_2}\frac{f(z)}{z-\zeta}dz$$

$$= A_0 + A_1(\zeta - a) + A_2(\zeta - a)^2 + A_3(\zeta - a)^3 + \cdots$$
$$+ A_{-1}(\zeta - a)^{-1} + A_{-2}(\zeta - a)^{-2} + A_{-3}(\zeta - a)^{-3} + A_{-4}(\zeta - a)^{-4} + \cdots$$

改めてζをzと置き、和の順序を変更すると、

$$f(z) = \cdots + A_{-2}(z - a)^{-2} + A_{-1}(z - a)^{-1}$$
$$+ A_0 + A_1(z - a) + A_2(z - a)^2 + \cdots$$

こうして公式（1）が証明されました。**（証明終）**

特異点と留数の定理

これまで、特異点という言葉を何回も用いてきましたが、ここでさらに詳しく調べましょう。ローラン展開と組み合わせて、面白い性質が得られます。

孤立特異点と主要部

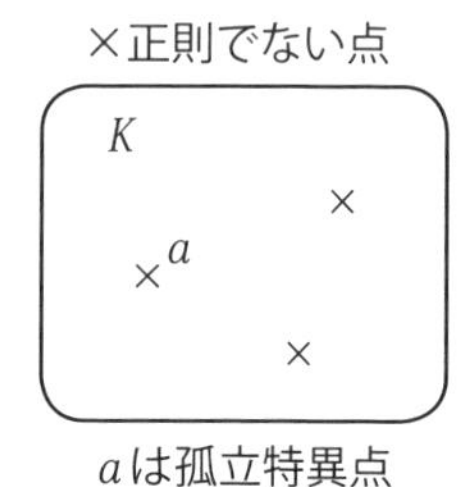

aは孤立特異点

先に調べたように（→本章 §9）、関数$f(z)$が点aの近傍で、そのaだけは別として正則であるとき、aを$f(z)$の**孤立特異点**といいます。

さて、$z=a$が$f(z)$の孤立特異点のとき、$f(z)$は次のようにローラン展開されました（→前節 §10）。

$$f(z)=\cdots+\frac{A_{-3}}{(z-a)^3}+\frac{A_{-2}}{(z-a)^2}+\frac{A_{-1}}{z-a}+$$
$$+A_0+A_1(z-a)+A_2(z-a)^2+A_3(z-a)^3+\cdots \quad \cdots(1)$$

関数$f(z)$の特異性を誘起する部分はこの式（1）の1行目の部分です。これを$z=a$に関する$f(z)$の**主要部**といいます（ローラン展開の残りの部分は正則部です）。

$$f(z)=\underbrace{\cdots+\frac{A_{-3}}{(z-a)^3}+\frac{A_{-2}}{(z-a)^2}+\frac{A_{-1}}{(z-a)}}_{\text{主要部}}+\underbrace{A_0+A_1(z-a)+A_2(z-a)^2+\cdots}_{\text{正則部}}$$

さて、その主要部の振る舞いとして次の3つが考えられます。

（1）孤立特異点aを適当に変えることで正則にできる場合

$f(z)$が$z=a$で正則でなくても、$z\to a$のときに$f(z)$の極限値αが存在するとき、孤立特異点aを**除きうる特異点**といいます。このとき、

$f(a) = \alpha$

と再定義することで、この特異点は除去可能です。

（例 1） $f(z) = z^2$ $(z \neq 0)$、$f(0) = 1$ と定義された関数では、$f(0) = 0$ と再定義することで、その点を正則化できます。

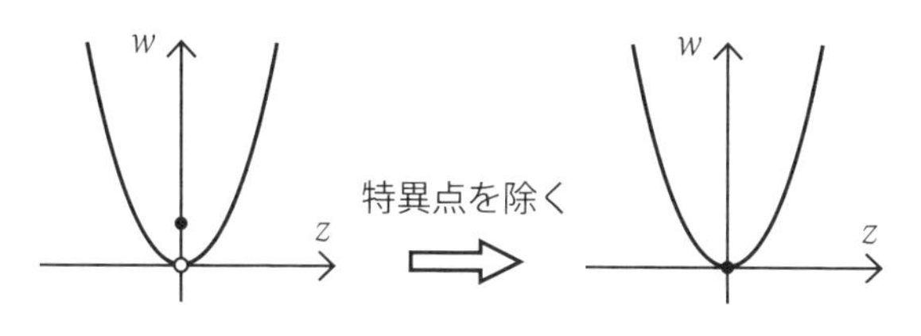

除きうる特異点の例（この図は実関数で見た図であることに注意しましょう）。

元の関数 $\begin{cases} w = z^2 & (z \neq 0) \\ w = 1 & (z = 0) \end{cases}$　　　$w = z^2$

（II）主要部が有限個から構成されている場合

主要部が次の形を持つ場合が考えられます。n を正の整数として、

$$f(z) \text{ の主要部} = \frac{A_{-n}}{(z-a)^n} + \frac{A_{-(n-1)}}{(z-a)^{n-1}} + \cdots + \frac{A_{-1}}{z-a} \quad (A_{-n} \neq 0)$$

この場合、a を $f(z)$ の n 次の**極**と呼びます。

（例 2） $f(z) = \dfrac{z}{(z+1)(z+2)}$ は次のようにローラン展開されます（→本章 §9〔問〕）。

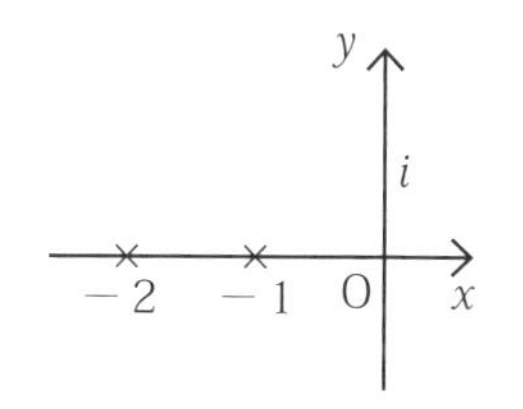

$$f(z) = \frac{2}{z+2} + 1 + (z+2) + (z+2)^2 + (z+2)^3 + \cdots$$

これから、$z = -2$ は $f(z)$ の「1 次の極」になっています。

（III）主要部が無限級数になる場合

$z \to a$ のとき、式（1）の主要部は当然発散しますが、収束しない無限級数を一般的に議論するのは困難です。そこで、この特異点を**真性特異点**と呼びます。

以上、$z = a$ が $f(z)$ の孤立特異点のとき、$f(z)$ の主要部がどのように分類されるかを調べました。応用数学の分野では、（II）（III）の場合が実用上大切です。このとき次に調べる留数の定理が重要になります。

留数

ある閉曲線Cの内部に孤立特異点がただ1点のみ存在するとき、次の面白い定理が得られます。

> aを囲む閉曲線Cの周及び内部でaを除いて$f(z)$が正則とする。$z=a$における$f(z)$ のローラン展開において、A_{-1}が$\dfrac{1}{z-a}$の係数とするとき、
>
> $$\int_C f(z)dz = 2\pi i A_{-1} \quad \cdots (2)$$

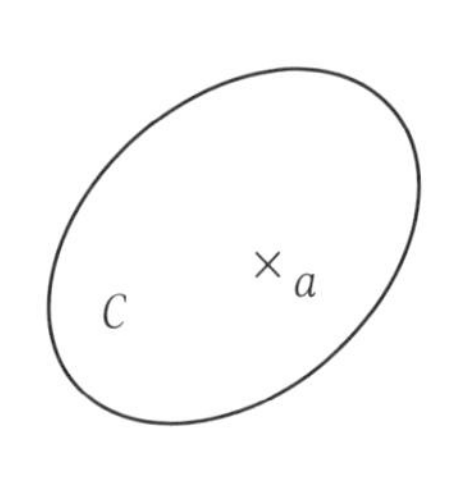

〔**証明**〕ローラン展開（1）について、aを中心にした小円周C_0で積分してみます（ただし、C_0はすべて閉曲線Cに含まれるとします）。

$$\int_{C_0} f(z)dz = \cdots + A_{-2}\int_{C_0}(z-a)^{-2}dz + A_{-1}\int_{C_0}(z-a)^{-1}dz +$$
$$+ A_0\int_{C_0}dz + A_1\int_{C_0}(z-a)dz + A_2\int_{C_0}(z-a)^2dz + \cdots \quad \cdots (3)$$

3章 §8で調べた積分公式から、

$$\int_{C_0}(z-a)^n dz = \begin{cases} 0 & (n \neq -1) \\ 2\pi i & (n = -1) \end{cases}$$

これを（3）に代入して、

$$\int_{C_0} f(z)dz = 2\pi i A_{-1} \quad \cdots (4)$$

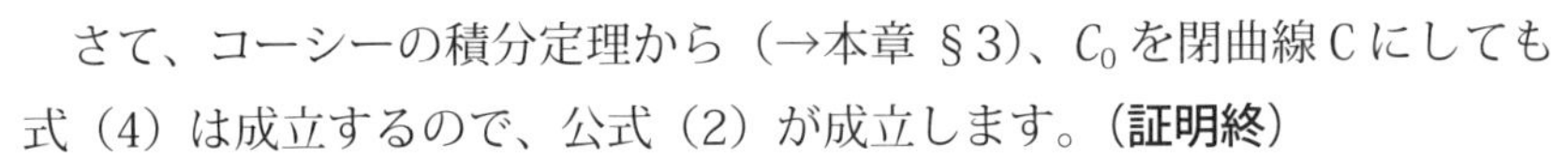

さて、コーシーの積分定理から（→本章 §3）、C_0を閉曲線Cにしても式（4）は成立するので、公式（2）が成立します。（**証明終**）

公式(2)のA_{-1}を$z=a$における$f(z)$の**留数**といいます。記号でRes(a)と表されます。

（注）Resは留数を表す英語residueの略です。

（例 3） $f(z)=\dfrac{z}{(z+1)(z+2)}$ の $z=-2$ における留数 Res(-2) を求めましょう。それには、（例 2）のローラン展開を見てみましょう。

$$f(z)=\frac{2}{z+2}+1+(z+2)^2+(z+2)^3+(z+2)^4+\cdots$$

これから、$\dfrac{2}{z+2}$ の係数が 2 なので、Res$(-2)=2$

ちなみに、この（例 2）は次のような式変形によって留数が得られます。

$$f(z)=\frac{-1}{z+1}+\frac{2}{z+2}\quad\cdots(5)$$

これから $\dfrac{2}{z+2}$ の係数（すなわち Res(-2)）の値は 2 です。ローラン展開は手間がかかるので、このような抜け道があると便利です。

（例 4） $-3+i$ を中心とする半径 2 の円 C について、次の積分を計算しましょう。

$$\int_C \frac{z}{(z+1)(z+2)}\,dz$$

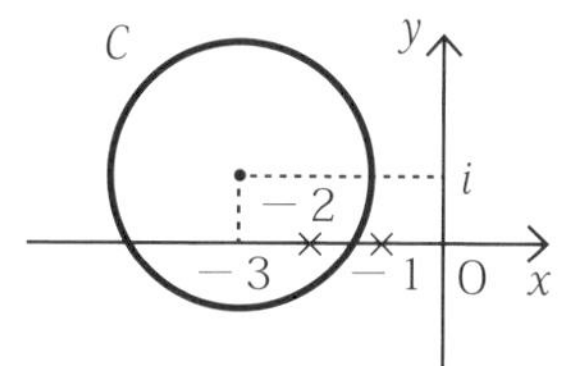

それには上記（例 3）の結果を利用し、公式（2）から

$$\int_C \frac{z}{(z+1)(z+2)}\,dz=2\pi i\times \mathrm{Res}(-2)=2\pi i\times 2=4\pi i$$

留数の定理

公式（2）とコーシーの積分定理とを組み合わせて、次の定理が得られます。

閉曲線 C の周及び内部で有限個の孤立特異点 a_1、a_2、…、a_n 以外で $f(z)$ が正則ならば、

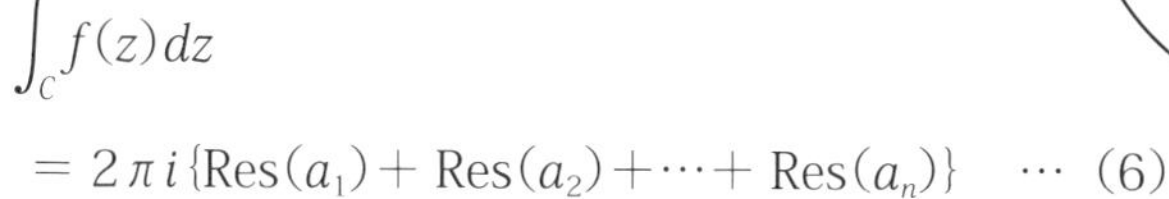

$$\int_C f(z)dz$$
$$=2\pi i\{\mathrm{Res}(a_1)+\mathrm{Res}(a_2)+\cdots+\mathrm{Res}(a_n)\}\quad\cdots(6)$$

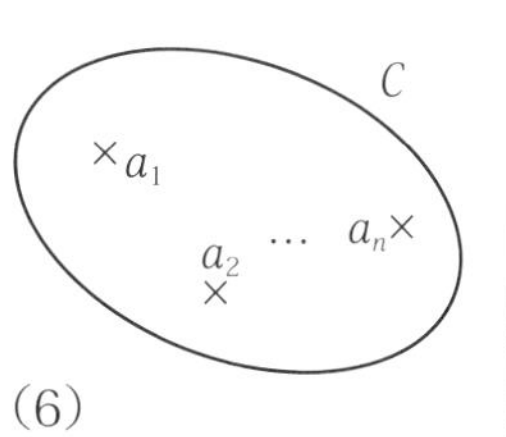

これを**留数の定理**といいます。

〔証明〕 右の図のように、特異点 a_1、a_2、…、a_n を囲む互いに交わらない閉曲線 C_1、C_2、…、C_n を考えます。コーシーの積分定理の応用公式（→本章 §3）から、

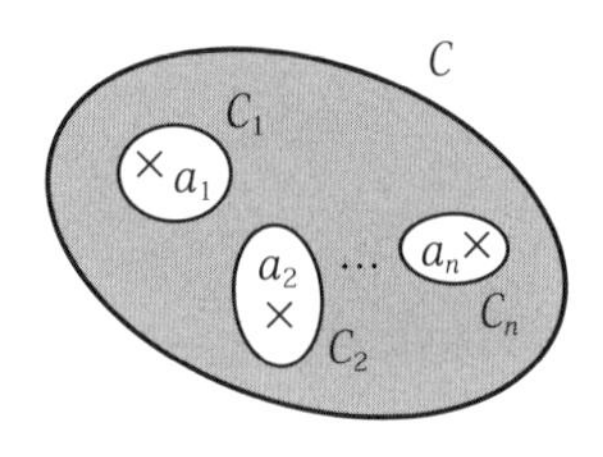

$$\int_C f(z)dz$$

$$=\int_{C_1} f(z)dz+\int_{C_2} f(z)dz+\cdots+\int_{C_n} f(z)dz$$

各積分に公式（2）を適用すると、公式（6）、すなわち「留数の定理」が得られます。**（証明終）**

〔例題〕 閉曲線 C は原点を中心にし半径 2 の円とするとき、次の積分を求めよう：$\displaystyle\int_C \frac{1}{z(z-1)^2}dz$

（解） 被積分関数は次のように部分分数に分解できます。

$$\frac{1}{z(z-1)^2}=\frac{1}{z}+\frac{-1}{z-1}+\frac{1}{(z-1)^2} \quad \cdots (7)$$

この式から、C 内における孤立特異点 0 と 1 の留数が次のように得られます。

$\mathrm{Res}(0)=1$、$\mathrm{Res}(1)=-1$

よって、公式（6）から、

$$\int_C \frac{1}{z(z-1)^2}dz=2\pi i\{1+(-1)\}=0 \quad \textbf{（答）}$$

（注）次節では、式（7）の分解操作はせず、形式的に留数を求める方法を調べます。

演習

〔問 1〕 関数 $f(z)=\dfrac{z}{(z+1)(z+2)}$ において、$z=-1$ の留数を求めなさい。

（解）（例 3）の式（5）から、$\mathrm{Res}(-1)=-1$ **（答）**

〔問 2〕 原点を中心とする半径 3 の円 C について、次の積分を計算しましょ

う。

$$\int_C \frac{z}{(z+1)(z+2)}\,dz$$

(解)（例3）、〔問1〕から、$\mathrm{Res}(-1)=-1$、$\mathrm{Res}(-2)=2$ なので、留数の定理（6）から、

$$\int_C \frac{z}{(z+1)(z+2)}\,dz = 2\pi i\{\mathrm{Res}(-1)+\mathrm{Res}(-2)\} = 2\pi i \quad \text{（答）}$$

〔問3〕 $1+i$、$-1+i$、$-1-i$、$1-i$ を4頂点とする正方形の周を C とする。この C に関して、次の積分を計算しなさい。

$$\int_C \frac{2}{z^2+1}\,dz$$

(解) 被積分関数は次のように部分分数に分解できます。

$$\frac{2}{z^2+1} = \frac{i}{z+i} - \frac{i}{z-i}$$

$\dfrac{i}{z-i}$、$\dfrac{i}{z+i}$ の係数が順に $-i$、i より、

$\mathrm{Res}(i)=-i$、$\mathrm{Res}(-i)=i$

よって、留数の定理から、

$$\int_C \frac{2}{z^2+1}\,dz = 2\pi i(\mathrm{Res}(i)+\mathrm{Res}(-i)) = 2\pi i(-i+i)=0 \quad \text{（答）}$$

（注）この〔問3〕は次のように考えると簡単に答えが得られます。まず、原点を中心に半径 R の円を、C を内部に含むように描き、それを C' とします。すると、本章§3の公式（4）から、

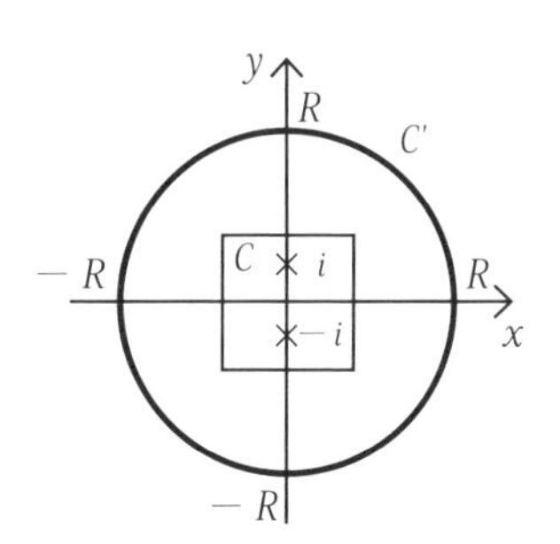

$$\int_C \frac{2}{z^2+1}\,dz = \int_{C'} \frac{2}{z^2+1}\,dz$$

この半径 R を限りなく大きくすると、被積分関数の分母は R^2 の大きさで∞になりますが、積分経路は R の大きさで∞になり、全体として0に収束します。こうして上記の答えが得られます。

12 留数の求め方

前節（§11）では、留数を「部分分数に分解する」という方法で求めました。ここでは、特異点 a がローラン展開の n 次の極のとき、留数を機械的に求める方法を調べます。

n 次の極のときの留数

先に調べたように（→本章 §11）、関数 $f(z)$ が点 a の近傍で、その a だけは別として正則であるとき、a を $f(z)$ の**孤立特異点**といいます。その a が関数 $f(z)$ の n 次の極とします。すなわち、関数 $f(z)$ が次のようにローラン展開されると仮定します（→本章 §11）。

$$f(z)=\frac{A_{-n}}{(z-a)^n}+\frac{A_{-(n-1)}}{(z-a)^{n-1}}+\cdots+\frac{A_{-1}}{z-a}$$
$$+A_0+A_1(z-a)+A_2(z-a)^2+A_3(z-a)^3+\cdots\ (A_{-n}\neq 0)\quad\cdots(1)$$

このとき、a における留数 $\mathrm{Res}(a)=A_{-1}$ を公式的に簡便に求める方法を調べましょう。それが次の公式です。

$$\mathrm{Res}(a)=\lim_{z\to a}\frac{1}{(n-1)!}\frac{d^{n-1}}{dz^{n-1}}(z-a)^n f(z)\quad(n\text{は2以上の整数})\cdots(2)$$

（注）1次の極（すなわち $n=1$）のときは微分記号が無いものと解釈すれば、この公式は n が1以上の整数（すなわち自然数）で成立します。

〔証明〕 式（1）の両辺に $(z-a)^n$（n は2以上の整数）を掛けると次のようになります。

$$(z-a)^n f(z)=A_{-n}+A_{-n+1}(z-a)+\cdots+A_{-1}(z-a)^{n-1}+A_0(z-a)^n+\cdots\quad\cdots(2)$$

両辺を $n-1$ 回微分し、$z\to a$ とすると、

$$\lim_{z\to a}\frac{d^{n-1}}{dz^{n-1}}(z-a)^n f(z)=(n-1)!\,A_{-1}$$

こうして、$\mathrm{Res}(a)=A_{-1}=\lim_{z\to a}\dfrac{1}{(n-1)!}\dfrac{d^{n-1}}{dz^{n-1}}(z-a)^n f(z)$ **(証明終)**

(例) $f(z)=\dfrac{1}{z(z-1)^2}$ の $z=1$ における留数を求めてみましょう。

$z=1$ は2次の極になっているので、

$$\mathrm{Res}(1)=\lim_{z\to 1}\frac{d}{dz}(z-a)^2 f(z)=\lim_{z\to 1}\frac{d}{dz}\frac{1}{z}=\lim_{z\to 1}\left(-\frac{1}{z^2}\right)=-1$$

この（例）は前節（§11）で調べた〔例題〕と同じ問題です。部分分数に分解する方法、すなわち、

$$\frac{1}{z(z-1)^2}=\frac{1}{z}+\frac{-1}{z-1}+\frac{1}{(z-1)^2}$$

による方法で得た留数 $A_{-1}=-1$ と当然一致しています。

演習

〔問 1〕 関数 $f(z)=\dfrac{9}{(z+1)(z-2)^2}$ において、$z=2$ の留数を求めなさい。

(解) $z=2$ は2次の極なので、公式（2）から、

$$\mathrm{Res}(2)=\lim_{z\to 2}\frac{d}{dz}(z-2)^2 f(z)=\lim_{z\to 2}\frac{d}{dz}\frac{9}{z+1}=\lim_{z\to 2}\frac{-9}{(z+1)^2}=-1 \quad \text{(答)}$$

（注）この $f(z)$ は次のように展開できます。

$$f(z)=\frac{3}{(z-2)^2}\left\{1-\frac{z-2}{3}+\left(\frac{z-2}{3}\right)^2-\cdots\right\}$$

$$=\frac{3}{(z-2)^2}-\frac{1}{z-2}+\frac{1}{3}-\cdots$$

これからも、$\mathrm{Res}(2)=-1$ が確かめられます。

〔問 2〕 関数 $f(z)=\dfrac{9}{(z+1)(z-2)^2}$ において、$z=-1$ の留数を求めなさい。

(解) 公式（2）で、$n=1$ のときの注釈を利用して、

$$\mathrm{Res}(2) = \lim_{z \to -1}(z+1)f(z) = \lim_{z \to -1}\frac{9}{(z-2)^2} = 1 \quad \textbf{(答)}$$

（注）$f(z) = \dfrac{1}{z+1} - \dfrac{z-5}{(z-2)^2}$ において、分数 $\dfrac{1}{z+1}$ の係数 1 と一致しています。

5 章

複素関数としての初等関数

指数関数や対数関数、三角関数などがどのように複素数の世界に拡張されるかを調べます。そこで活躍するのがテイラー展開と一致の定理です。

(注)「本書の使い方」にも記したように、何も注記しなければ領域は単連結であり、閉曲線は単純閉曲線と仮定します。

01 実関数と複素関数との関係

実関数を複素関数の世界に拡張する方法について調べます。4章でも言及しましたが、その拡張法を支えるのが「テイラー展開」と「一致の定理」です。

初等関数

初等関数を複素関数化する方法について調べます。初等関数とは簡単にいえば、中学・高校で習う関数のことで、次のような関数が挙げられます。

(例) 1変数多項式関数、有理関数、三角関数、指数関数、対数関数

本章ではこれらの関数を複素関数に拡張します。この節では、その拡張に際しての注意点を調べます。

1変数多項式関数、有理関数の複素関数化は容易

いま、1変数多項式関数の例として、実関数の2次関数$f(x)=x^2$を考えてみましょう。この関数を複素関数$f(z)$に拡張するのは簡単です。式の中の実数xを複素数zに変えるだけでよいからです。

$$f(z)=z^2$$

実際、例えば$z=i$の値は次のように簡単に得られます。

$$f(i)=i^2=-1$$

次に、有理関数を考えます。有理関数とは1変数多項式関数を分子分母に持つ関数ですが、例として実関数$f(x)=\dfrac{1}{x+1}$を考えてみます。この関数も複素関数$f(z)$に拡張するのは簡単です。式の中の実数xを複素数zに変えるだけでよいからです。

$$f(z)=\frac{1}{z+1}$$

実際、例えば$z=i$の値は次のように簡単に得られます。

$$f(i)=\frac{1}{i+1}=\frac{i-1}{(i+1)(i-1)}=\frac{i-1}{i^2-1}=\frac{1}{2}-\frac{1}{2}i$$

以上のように、変数 z の四則計算から得られる１変数多項式関数や有理関数は、複素数の世界に拡張するのは容易です。

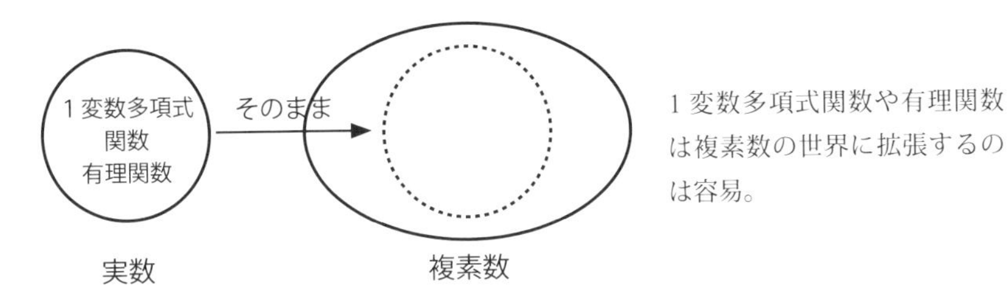

初等関数を複素関数にする際の問題点

複素関数化する際に問題が起こる例として、実関数の無理関数 $y=\sqrt[3]{x}$ を考えてみましょう。単純に、変数を実数 x から複素数 z に変えるだけでは済みません。$\sqrt[3]{z}$ とは何かという定義に困難が生まれるからです。

例えば $z=i$ として、$\sqrt[3]{i}$ をどう定義すればよいか考えてみましょう。その値を次のように置いてみます。

$\sqrt[3]{i}=a+bi$ （a、b は実数） …（1）

もし、$\sqrt[3]{z}$ を「３乗して z となる数」と定義するなら、この式（1）の両辺を３乗し整理すると、次のようになります。

$$i=(a^3-3ab^2)+(3a^2b-b^3)i$$

すなわち、$a^3-3ab^2=0$、$3a^2b-b^3=1$

この連立方程式は次のように解けます。

$$(a,\ b)=(0,\ -1)、\left(\frac{\sqrt{3}}{2},\ \frac{1}{2}\right)、\left(-\frac{\sqrt{3}}{2},\ \frac{1}{2}\right)$$

すなわち、$\sqrt[3]{i}$ の候補として、次の３つの複素数が考えられることになります。

$$-i、\frac{\sqrt{3}}{2}+\frac{1}{2}i、-\frac{\sqrt{3}}{2}+\frac{1}{2}i$$

さて、これら３つの解のうち、どれを $\sqrt[3]{i}$ の値として採用すればよいでしょうか。それとも、$\sqrt[3]{z}$ を「３乗して z となる数」と定義したのが誤りなのでしょうか。$\sqrt[3]{z}$を定義するのは簡単ではなさそうです。

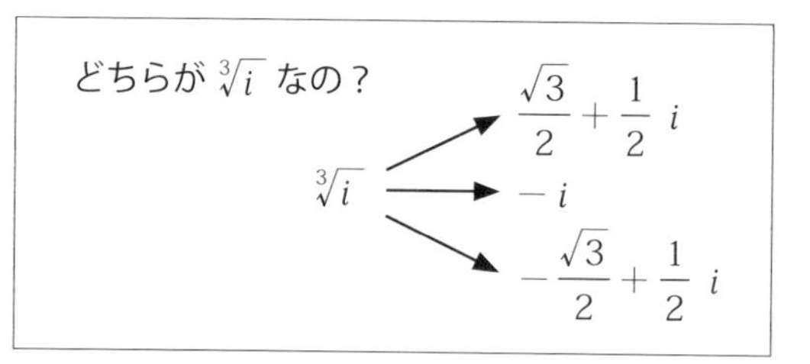

どれを３乗しても i となります。
どれらが正しい値でしょうか？

実関数を複素数の世界に拡張するときの問題点として、もう一つ例を調べましょう。三角関数 $y = \sin x$ を考えてみます。それは高等学校では次のように定義されました（→１章 §1）。

右の図のように原点Ｏを中心にした半径 r の円を考える。点Ｐを円上の点とし、半径OPと x 軸とのなす角を θ とする。このとき、三角関数は次のように定義される。

$\sin\theta = \frac{y}{r}$、$\cos\theta = \frac{x}{r}$

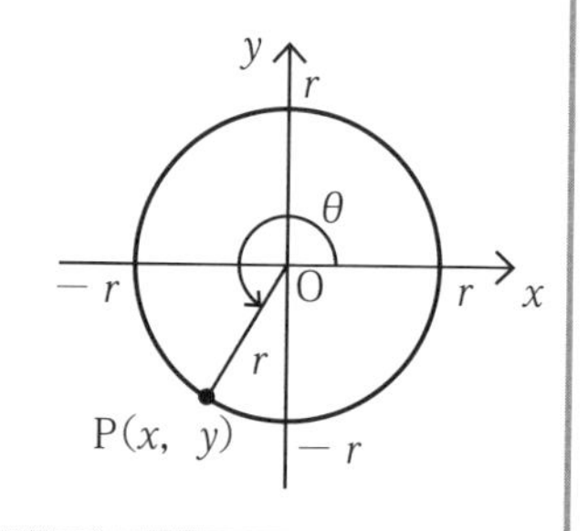

しかし、この定義では複素数の世界に拡張できません。角 θ が複素数など思いもよらないからです。

このように、変数の四則計算だけからは得られない関数を複素数の世界に拡張するのは自明ではないのです。本章はこのことについて調べます。

複素数の世界へ初等関数を拡張するときの指針

初等関数を複素数の世界へ拡張するときの基本原則は次の２つです。

（Ⅰ）定義された領域で関数は正則である。

（Ⅱ）独立変数が実数のときに元の実関数と一致する。

これら２つの条件は大変きつい条件となります。４章で調べた「一致の定理」（→４章 §8）があるからです。正則条件の下で、実数領域で値が実関数と一致する複素関数は唯一つに確定するのです。

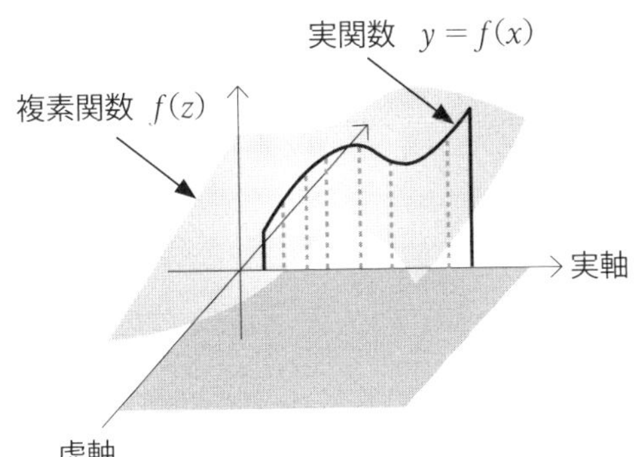

実関数の領域で値が一致する正則な複素関数は唯一つに確定します（この図で、縦軸は複素数をイメージ的に表現したものです）。

実関数を複素関数へ拡張する際に大いに役立つのが実関数の**テイラー展開**です（→２章 §4)。この展開は四則計算から構成されていて、正則になりうるからです。さらに、実関数のテイラー展開の式を複素関数の定義式とすれば、実軸上の値は、実関数の値と一致します。このように、実関数のテイラー展開を用いて複素関数化すれば、先に示した２つの原則（Ⅰ）（Ⅱ）を満たすことができるのです。

―《メモ》関数の分類

関数には様々な分類があります。たとえば、本章のタイトルで用いている「初等関数」がその１つです。わかりやすくいえば、高等学校で取り上げられる関数が該当します。初等関数の対となる適切な関数名はありません。例えば高等関数という言葉があるかというと、それは見かけられません。いくつかの文献では、特殊関数（ガンマ関数など）が初等関数と対に並べられていますが、これも主流ではないようです。

複素関数の世界で利用される関数の分類に**整関数**があります。複素数平面の各点で正則な関数のことをいいます。

他に、有名なものとして、代数関数と超越関数という分類があります。代数関数とは、簡単にいうと四則計算と n 乗根の計算だけから作られる関数です。それに対して超越関数はそれらの操作だけからは値を算出できない関数です。超越関数の例として代表的なものに指数関数や三角関数があります。

02 複素関数としての1変数多項式関数

1変数多項式関数は、1変数のn次関数（nは自然数）をいいますが、実関数の定義式をそのまま複素数に用いることで、複素関数になります。

1変数多項式関数の複素関数化

実関数の1変数多項式関数は次のように定義されます。

$f(x) = a_0x^n + a_1x^{n-1} + \cdots + a_{n-1}x + a_n$　（xは実数、$a_0 \neq 0$）　…（1）

ここで、a_0、a_1、…、a_nは実数の定数で、nは自然数です。

（例1） 2次関数$f(x) = 3x^2 + 4x + 2$は1変数多項式関数です。

この1変数多項式関数の場合、実関数の複素関数化の議論は不要でしょう。関数値は独立変数の加減と乗算から算出されるので、式をそのまま利用すればよいからです。そこで、複素数の1変数多項式関数はzを複素変数として、次のように定義できます。

$$f(z) = a_0z^n + a_1z^{n-1} + \cdots + a_{n-1}z + a_n$$

（a_0、a_1、…、a_{n-1}、a_nは複素定数、$a_0 \neq 0$、nは自然数）

こうして拡張された関数が、前節（§1）で調べた拡張のための2原則（Ⅰ）（Ⅱ）を満たしているのは明らかです。

（例2） 実関数の2次関数$f(x) = 3x^2 + 4x + 2$は複素関数として、次のように表されます：$f(z) = 3z^2 + 4z + 2$

1変数多項式関数の微分

複素数平面のすべての点で1変数多項式関数は正則ですが、その構成要素の関数$w = z^n$について、次の公式が成立します（→3章§2）。

$(z^n)' = (n-1)z^{n-1} \quad \cdots \ (2)$

したがって、複素関数の1変数多項式関数は実関数と同じ微分計算ができます。

（例3） 関数 $w = 3z^2 + 4z + 2$ について、(2) を用いて、$w' = 6z + 4$

1 変数多項式関数の積分

1変数多項式関数 $f(z)$ は複素数平面上の任意の点で正則です。そこで、正則な関数の不定積分の定理（→4章 §4）から、実関数と同形式の積分計算ができます。次の例で確かめましょう。

（例4） 関数 $f(z) = 3z^2 + 4z + 2$ について、α、β を任意の複素数の定数とするとき、それらを結ぶ任意の曲線に対して、

$$\int_\alpha^\beta f(z)dz = \left[z^3 + 2z^2 + 2z \right]_\alpha^\beta = (\beta^3 + 2\beta^2 + 2\beta) - (\alpha^3 + 2\alpha^2 + 2\alpha)$$

ちなみに、任意の閉曲線 C に関して、コーシーの積分定理から次の関係も成立します：$\int_C f(z)dz = 0$

演習

〔問1〕 次の関数を微分しよう。

（ア）$w = (z^2 + 1)^3$　（イ）$w = (z^2 + z - 2)(z + 3)$

（解）（ア）合成関数の微分の公式（→3章 §2）を用いて、$u = z^2 + 1$ として、

$$\frac{dw}{dz} = \frac{dw}{du}\frac{du}{dz} = 3u^2 \cdot 2z = 6z(z^2 + 1)^2 \quad \text{（答）}$$

（イ）積の微分公式（→3章 §2）を用いて、

$$\frac{dw}{dz} = (z^2 + z - 2)'(z + 3) + (z^2 + z - 2)(z + 3)' = 3z^2 + 8z + 1 \text{（答）}$$

〔問2〕 積分 $I = \int_i^1 (3z^2 - 1)dz$ を計算しよう。

（解） $I = \left[z^3 - z \right]_i^1 = (1 - 1) - (i^3 - i) = 2i$　**（答）**

03 複素関数としての有理関数

n 次関数を分子と分母に持つ既約分数の関数（分子は定数でも可）を有理関数といいますが、独立変数の四則演算から作られるので、1変数多項式関数と同様、複素数の世界へ拡張するのは容易です。

有理関数の複素関数化

実数 x についての有理関数とは次の形を持つ関数をいいます。

$$f(x)=\frac{P(x)}{Q(x)}\quad（分数は既約分数）\quad\cdots\ (1)$$

ここで $P(x)$、$Q(x)$ は x についての n 次式です（$P(x)$ は定数も可）。

（例 1） 有名な有理関数に 1 次有理関数があります。例として、次のようなものが挙げられます：$f(x)=\dfrac{x+1}{x-2}$

1 変数多項式関数の場合（→本章 §2）と同様、有理関数の複素数への拡張は容易です。関数値は独立変数の四則計算から算出されるので、式をそのまま利用すればよいからです。そこで、複素有理関数は式（1）の x を複素数 z に置き換えて、次のように定義できます。

$$f(z)=\frac{P(z)}{Q(z)}$$

こうして拡張された関数が、本章 §1 で調べた「拡張のための 2 つの原則」(定義された領域での正則性、及び変数が実数のときに実関数と一致）を満たしていることは明らかです。

（例 2）（例 1）に例示した有理関数は次のように複素数の世界に拡張できます：$f(z)=\dfrac{z+1}{z-2}$

有理関数の微分

定義されている点zにおいて有理関数は正則です。したがって、実関数と同様の微分公式が利用できます。

（例 3） 1次有理関数$f(z)=\dfrac{z+1}{z-2}$について、その導関数を求めましょう。

$$f'(z)=\frac{(z+1)'(z-2)-(z+1)(z-2)'}{(z-2)^2}=-\frac{3}{(z-2)^2}$$

有理関数の積分

分数関数は分母が0となる点が特異点となるので、前節（§2）の1変数多項式関数のように簡単には、積分を公式化できません。次の例で確かめてみましょう。

〔例題〕 複素数平面上に点A$(-1-i)$、B$(1-i)$、C$(1+i)$、D$(-1+i)$をとり、分数関数$f(z)=\dfrac{1}{z}$を考える。AからCに向かう次の2経路

C_1：A→B→C、C_2：A→D→C

について$\displaystyle\int_{C_1}f(z)dz$、$\displaystyle\int_{C_2}f(z)dz$を求めよう。

（解） 積分の計算法（3章§6、§7）を利用して、

$$\int_{C_1}f(z)dz=\int_{AB}f(z)dz+\int_{BC}f(z)dz=\int_{-1}^{1}\frac{1}{t-i}dt+\int_{-1}^{1}\frac{1}{1+ti}\cdot idt$$

$$=\int_{-1}^{1}\frac{t+i}{t^2+1}dt+\int_{-1}^{1}\frac{1-ti}{1+t^2}\cdot idt=2\int_{-1}^{1}\frac{t}{t^2+1}dt+2i\int_{-1}^{1}\frac{1}{t^2+1}dt=\pi i$$

$$\int_{C_2}f(z)dz=\int_{AD}f(z)dz+\int_{DC}f(z)dz$$

$$=\int_{-1}^{1}\frac{1}{-1+ti}\cdot idt+\int_{-1}^{1}\frac{1}{t+i}dt=\int_{-1}^{1}\frac{-1-ti}{1+t^2}\cdot idt+\int_{-1}^{1}\frac{t-i}{t^2+1}dt$$

$$=-2i\int_{-1}^{1}\frac{1}{1+t^2}dt+2\int_{-1}^{1}\frac{t}{1+t^2}dt=-\pi i$$ （答）

（注）計算途中、$\displaystyle\int_{-1}^{1}\frac{t}{t^2+1}\,dt=0$、$\displaystyle\int_{-1}^{1}\frac{1}{t^2+1}\,dt=\frac{\pi}{2}$ を利用しています。

以上のように、有理関数では積分経路によって積分の値が変化することがあります。有理関数には特異点があるからです。したがって、実関数の積分公式を単純には利用**できない**ことがあります。実関数の積分公式を鵜呑みにすると、次のように不毛な計算にはまり込む危険があるのです。

（誤例） $\displaystyle\int_{-1-i}^{1+i}\frac{1}{z}\,dz=\Big[\ln|z|\Big]_{-1-i}^{1+i}=\ln|1+i|-\ln|-1-i|=0$

有理関数の積分については特異点に関して細心の注意が必要です。

演習

〔問 1〕 $w=\dfrac{z+2}{z^2+1}$ について、その導関数 w' を求めましょう。

（解） $w'=\dfrac{(z+2)'(z^2+1)-(z+2)(z^2+1)'}{(z^2+1)^2}=\dfrac{-z^2-4z+1}{(z^2+1)^2}$ **（答）**

〔問 2〕 右の図のように、原点を中心にした半径 1 の円周 C を考える。P から R に向かう 2 つの経路 PQR、PSR に関して、次の積分を求めよう。

$\displaystyle\int_{\mathrm{PQR}}\frac{1}{z}\,dz$、$\displaystyle\int_{\mathrm{PSR}}\frac{1}{z}\,dz$

（解） C 上の点 z は次のように表せます。

$z=\cos\theta+i\sin\theta$

3 章 §7 の置換積分の公式（1）を利用して、

$$\int_{\mathrm{PQR}}\frac{1}{z}\,dz=\int_0^{\pi}\frac{1}{\cos\theta+i\sin\theta}(-\sin\theta+i\cos\theta)\,d\theta=\int_0^{\pi}i\,d\theta=\pi i$$ **（答）**

$$\int_{\mathrm{PSR}}\frac{1}{z}\,dz=\int_0^{-\pi}\frac{1}{\cos\theta+i\sin\theta}(-\sin\theta+i\cos\theta)\,d\theta=\int_0^{-\pi}i\,d\theta=-\pi i$$ **（答）**

複素関数としての指数関数

指数関数を複素数の世界まで拡張しましょう。この関数の拡張法は、実関数を複素数の世界に拡張する際の典型的な方法となります。（注）本書では、注記しない限り、指数関数はネイピア数 e を底にした関数をいいます。

テイラー展開を利用して指数関数を拡張

実関数の指数関数 $f(x)=e^x$ はテイラー展開すると次のように表現されます（→2章§4）。

$$e^x = 1 + x + \frac{x^2}{2!} + \frac{x^3}{3!} + \frac{x^4}{4!} + \frac{x^5}{5!} + \frac{x^6}{6!} + \frac{x^7}{7!} + \cdots \quad \cdots (1)$$

この級数の独立変数 x を複素数の z に置き換えれば、指数関数 e^z が定義できます。

$$e^z = 1 + z + \frac{z^2}{2!} + \frac{z^3}{3!} + \frac{z^4}{4!} + \frac{z^5}{5!} + \frac{z^6}{6!} + \frac{z^7}{7!} + \cdots \quad \cdots (2)$$

このように拡張された指数関数 e^z は、複素平面のすべての点において、微分可能（すなわち正則）です。また、当然ですが、z が実数のときは、実関数（1）と同じ値になります。そこで、「一致の定理」（→4章§8）から、この拡張法は指数関数 e^x（x は実数）の唯一の拡張法になります。

指数関数の加法定理

複素関数の指数関数は式（2）により再定義されましたが、大切な指数関数の性質である、次の加法定理がそのまま成立するかが心配になります。

（指数関数の加法定理）$e^{z_1+z_2} = e^{z_1}e^{z_2} \quad \cdots (3)$

しかし、その心配は不要です。二項定理を利用して、次のように成立が確かめられます。

$$e^{z_1}e^{z_2}=(1+z_1+\frac{{z_1}^2}{2!}+\frac{{z_1}^3}{3!}+\frac{{z_1}^4}{4!}+\cdots)(1+z_2+\frac{{z_2}^2}{2!}+\frac{{z_2}^3}{3!}+\frac{{z_2}^4}{4!}+\cdots)$$

$$=1+(z_1+z_2)+(\frac{{z_1}^2}{2!}+z_1z_2+\frac{{z_2}^2}{2!})+(\frac{{z_1}^3}{3!}+\frac{{z_1}^2}{2!}z_2+z_1\frac{{z_2}^2}{2!}+\frac{{z_2}^3}{3!})+\cdots$$

$$=1+(z_1+z_2)+\frac{1}{2!}({z_1}^2+2z_1z_2+{z_2}^2)+\frac{1}{3!}({z_1}^3+3{z_1}^2z_2+3z_1{z_2}^2+{z_2}^3)+\cdots$$

$$=1+(z_1+z_2)+\frac{1}{2!}(z_1+z_2)^2+\frac{1}{3!}(z_1+z_2)^3+\cdots=e^{z_1+z_2}$$

（注）複素数の世界では、一般的には指数法則が成立しません。公式（3）を「指数法則から明らか」と思ってはいけません。

指数関数のイメージ

複素数に広げられた指数関数をグラフで見てみましょう。

（例 1） 指数関数 $e^z=u+vi$（ここで、$z=x+yi$）のグラフを実部 u と虚部 v に分けて描いてみます。

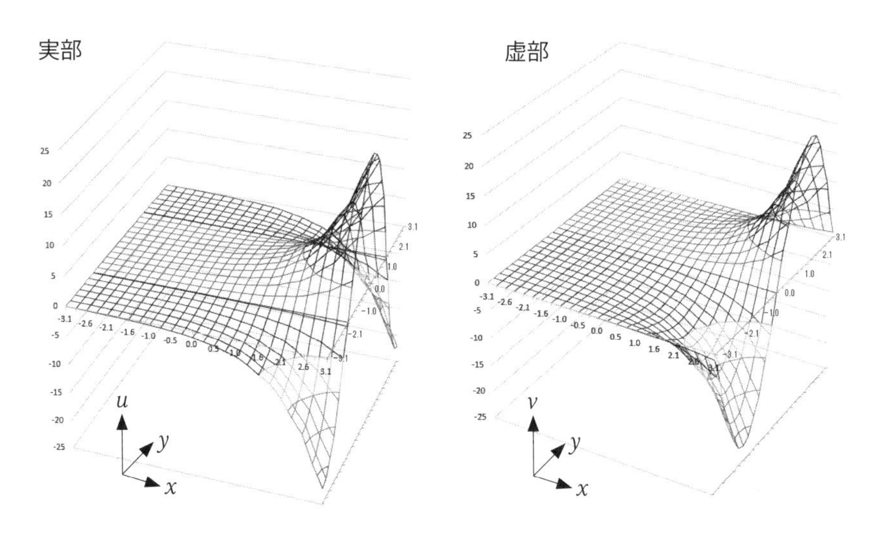

実数の世界では、$y=e^x$ のグラフは単調増加の単純な形をしています。しかし、複素数の世界では複雑です。

指数関数の共役な複素数

複素数の世界の指数関数は式（2）で定義されます。したがって、次の公式が得られます。

$$\overline{e^z} = e^{\bar{z}} \quad \cdots (4)$$

これから「指数関数の共役な複素数は共役な複素数の指数関数」と表現できます。この性質は、指数関数の計算を簡単にしてくれます。

〔証明〕式（2）の両辺の共役な複素数を考えます。

$$\overline{e^z} = \overline{1 + z + \frac{z^2}{2!} + \frac{z^3}{3!} + \frac{z^4}{4!} + \frac{z^5}{5!} + \cdots}$$

$$= 1 + \bar{z} + \frac{\overline{(z^2)}}{2!} + \frac{\overline{(z^3)}}{3!} + \frac{\overline{(z^4)}}{4!} + \frac{\overline{(z^5)}}{5!} + \cdots$$

$$= 1 + \bar{z} + \frac{\bar{z}^2}{2!} + \frac{\bar{z}^3}{3!} + \frac{\bar{z}^4}{4!} + \frac{\bar{z}^5}{5!} + \cdots = e^{\bar{z}}$$ （証明終）

（注）1章§2で調べた共役な複素数の関係公式を利用しています。

（例2） $\overline{e^{2+3i}} = e^{2-3i}$

指数関数の絶対値

複素数 $z = a + bi$（a、b は実数）について、上記の式（4）から、

$$|e^z|^2 = e^z\overline{e^z} = e^z e^{\bar{z}} = e^{z+\bar{z}} = e^{a+bi+a-bi} = e^{2a}$$

すなわち、次の公式が成立します。

$$z = a + bi \text{（}a\text{、}b\text{は実数）のとき、} |e^z| = e^a \quad \cdots (5)$$

指数関数 e^z の絶対値は z の実部だけで決定されるのです。

（例3） 複素数 $2 + 3i$ の実部は2なので、$|e^{2+3i}| = e^2$

この公式（5）から、次の公式が簡単に得られます。

$$\theta \text{が実数のとき、} |e^{i\theta}| = 1 \quad \cdots (6)$$

〔証明〕複素数 $i\theta$ の実部は 0 なので、$|e^{i\theta}| = e^0 = 1$ **（証明終）**

この公式（6）は次節（§5）で紹介する「オイラーの公式」を暗示させます。

（例 4） $|e^{i\pi}| = 1$

指数関数は複素数の世界でも 0 にならない

実数の世界では、指数関数 e^x が 0 にならないことは自明として利用されます。複素数の世界でもそれが成立します。すなわち、

$$e^z \neq 0 \quad \cdots (7)$$

これは式変形の際には大変ありがたい性質です。指数関数 e^z を掛けたり、それで割ったりしても、式の同値関係が崩れないからです。

〔証明〕式（5）において、a が実数なので $e^a \neq 0$。よって、

$|e^z| = e^a \neq 0$ から、$e^z \neq 0$。したがって式（7）が成立します。**（証明終）**

（例 5） 方程式 $(i - z)e^z = 0$ が与えられたとき、$e^z \neq 0$ なので解は $z = i$

指数関数の微分

定義式（2）から、実関数の指数関数の微分公式がそのまま成立します。

（指数関数の微分公式）$(e^z)' = e^z$

この式の成立は、実際に式（2）の右辺を微分すれば確かめられます。

（例 6） $(e^{2z+1})' = 2e^{2z+1}$

指数関数の積分

実関数のときと同様、複素関数としての指数関数 e^z は、複素数平面の任意の点で微分可能です。したがって、正則な関数の不定積分の定理（→ 4 章 §4）が利用できます。すなわち、積分について実関数と同様の計算ができるのです。

（例 7） α、β を任意の複素数の定数とするとき、

$$\int_{\alpha}^{\beta} e^z dz = \left[e^z \right]_{\alpha}^{\beta} = e^{\beta} - e^{\alpha}$$

演習

〔問 1〕次の関数を微分しよう：$w = (e^{2z} + 1)^3$

（解）$u = e^{2z} + 1$ とすると、$w = u^3$ より、

$$\frac{dw}{dz} = \frac{dw}{du}\frac{du}{dz} = 3u^2 \cdot 2e^{2z} = 6\, e^{2z}(e^{2z} + 1)^2 \quad \text{（答）}$$

〔問 2〕$\int_0^{1+i} e^{3z} dz$ を計算しよう。

（解）$\int_0^{1+i} e^{3z} dz = \left[\frac{1}{3} e^{3z} \right]_0^{1+i} = \frac{1}{3}(e^{3+3i} - e^0) = \frac{1}{3}(e^{3+3i} - 1)$ （答）

―《メモ》指数法則が成立しない？！―

$z^3 = 1$ の虚数解の一つを ω とします。すると当然 $\omega^3 = 1$ なので、

$z^3 - 1 = (z - 1)(z^2 + z + 1) = 0$ より、$\omega^2 + \omega + 1 = 0 \quad \cdots (*)$

ところで、指数法則が成立すると仮定すると、

$\omega^2 + \omega + 1 = (\omega^3)^{2/3} + (\omega^3)^{1/3} + 1$

これに $\omega^3 = 1$ を代入すると、

$\omega^2 + \omega + 1 = 3 \quad \cdots (**)$

こうして、(*)、(**) という相矛盾する 2 つの式が得られました。

この原因は、実数の法則である指数法則の一つの公式

$(a^m)^n = a^{mn}$ （a は 0 以外の実数、m、n は実数）

を安易に複素数に適用したことにあります。複素関数の世界で指数法則を利用する際には注意が必要なことがわかるでしょう。

05 オイラーの公式とその応用

応用数学で大切な「オイラーの公式」について調べましょう。実数の世界では他人と思われていた三角関数と指数関数が、虚数の世界では通じ合っていることを教えてくれます。

テイラー展開を利用して指数関数を拡張

複素数の世界の指数関数の定義式

$$e^z = 1 + z + \frac{z^2}{2!} + \frac{z^3}{3!} + \frac{z^4}{4!} + \frac{z^5}{5!} + \frac{z^6}{6!} + \frac{z^7}{7!} + \cdots \quad \cdots (1)$$

の z に $i\theta$（θ は実数）を代入してみましょう。すると、応用数学で最も有名な公式の一つの**オイラーの公式**が示せます。

（オイラーの公式）$e^{i\theta} = \cos\theta + i\sin\theta$　（θ は実数）　… (2)

〔証明〕式（1）の z に $i\theta$ を代入します。

$$e^{i\theta} = 1 + i\theta + \frac{(i\theta)^2}{2!} + \frac{(i\theta)^3}{3!} + \frac{(i\theta)^4}{4!} + \frac{(i\theta)^5}{5!} + \frac{(i\theta)^6}{6!} + \frac{(i\theta)^7}{7!} + \cdots$$

$$= 1 + i\theta - \frac{\theta^2}{2!} - \frac{i\theta^3}{3!} + \frac{\theta^4}{4!} + \frac{i\theta^5}{5!} - \frac{\theta^6}{6!} - \frac{i\theta^7}{7!} + \cdots$$

$$= \left(1 - \frac{\theta^2}{2!} + \frac{\theta^4}{4!} - \frac{\theta^6}{6!} + \cdots\right) + i\left(\theta - \frac{\theta^3}{3!} + \frac{\theta^5}{5!} - \frac{\theta^7}{7!} + \cdots\right) \quad \cdots (3)$$

ところで、2章§4より

$$\sin\theta = \theta - \frac{\theta^3}{3!} + \frac{\theta^5}{5!} - \frac{\theta^7}{7!} + \cdots$$

$$\cos\theta = 1 - \frac{\theta^2}{2!} + \frac{\theta^4}{4!} - \frac{\theta^6}{6!} + \cdots$$

これらを（3）に代入すれば、（2）が得られます。**（証明終）**

（注）公式（2）から、本章§4公式（6）の $|e^{i\theta}| = 1$ がすぐに得られます。

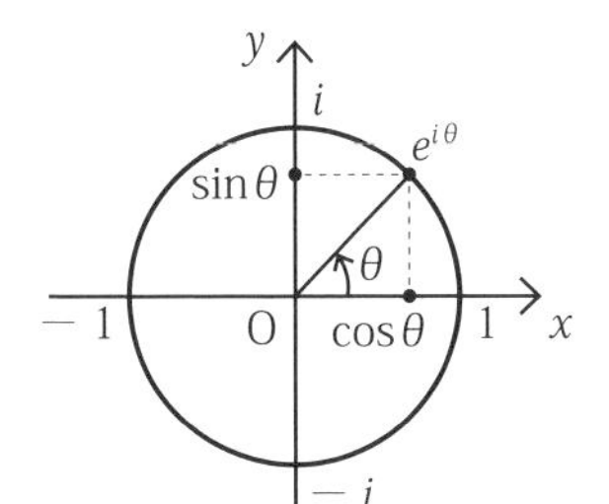

オイラーの公式の複素数平面上の意味。$e^{i\theta}$は原点を中心にした半径1の円上にあることに注意しましょう。これから、明らかに$|e^{i\theta}|=1$

（例1） $e^{i\frac{\pi}{4}}=\cos\frac{\pi}{4}+i\sin\frac{\pi}{4}=\frac{1}{\sqrt{2}}+\frac{1}{\sqrt{2}}i$、$e^{2\pi i}=\cos 2\pi+i\sin 2\pi=1$

オイラーの等式

オイラーの公式（2）の実変数θにπ（$=180^\circ$）を代入してみましょう。

$e^{\pi i}=\cos\pi+i\sin\pi=-1$

まとめると次の等式が得られます。これを**オイラーの等式**と呼びます。

$$e^{\pi i}+1=0 \quad \cdots (4)$$

e、i、πというそれぞれに癖のある数が一つにまとめられた不思議な関係式です。

指数関数の周期性

複素関数としての指数関数e^zについて、次の性質が成立します。これをe^zの「周期性」と呼びます。

$$e^{z+2\pi i}=e^z \quad \cdots (5)$$

〔証明〕 指数関数の加法定理（→前節 §4）とオイラーの等式から、

$e^{z+2\pi i}=e^z e^{2\pi i}=e^z\cdot(e^{\pi i})^2=e^z\cdot(-1)^2=e^z$ **（証明終）**

指数関数e^zの「周期性」は実変数の場合にはない重要な特性です。指数関数は、実数の世界では単調増加の1対1対応の関数です。しかし複素数まで広げると、この扱いやすい性質は消失するのです。そこで、逆関数が定義できなくなります。すなわち、「対数関数は指数関数の逆関数」として対数関数を定義できなくなるのです。

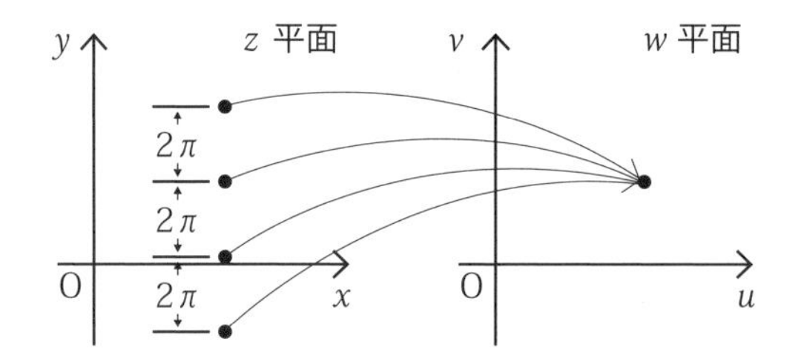

指数関数の周期性。この性質から、逆関数が簡単には定義できなくなります。

(例 2) $e^{3+\frac{9\pi}{4}i}=e^{3+\frac{\pi}{4}i+2\pi i}=e^{3+\frac{\pi}{4}i}e^{2\pi i}=e^{3+\frac{\pi}{4}i}$

オイラーの公式から指数関数のイメージを描く

複素数平面上で独立変数 z が直線上を動くとき、指数関数 $w=e^z$ はどのように軌跡を描くかを調べましょう。

まず、実軸に垂直な直線の写像を調べます。この直線は $z=a+yi$（a は実定数、y は実変数）と表せますが、このときオイラーの公式から、

$w=e^{a+yi}=e^a(\cos y+i\sin y)$

これから、

$|w|=e^a$（一定）、$\arg w=y$

すなわち、w は原点を中心とし半径 e^a の円を表すのです。また、z の虚部 y が増加するとき w の偏角は増加するので、反時計回りに w は回転することになります。これを示したのが下図です。

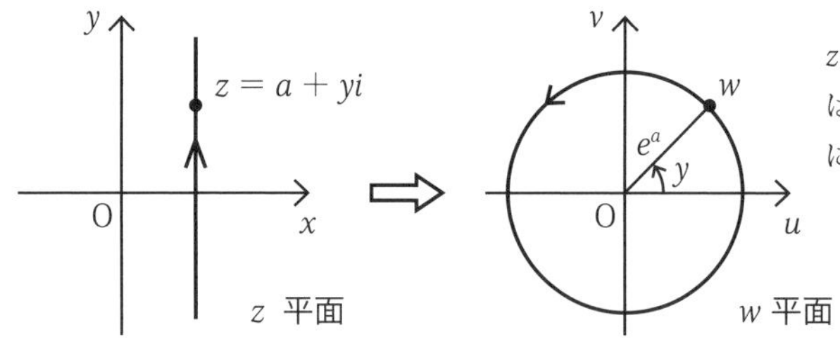

z 平面で実軸に垂直な直線は、w 平面では原点を中心にした円に写される。

次に、z が実軸に平行の直線上を動くとき、指数関数 $w=e^z$ はどのような軌跡を描くかを調べましょう。このとき、$z=x+bi$（b は実定数、x は実変数）と表せますが、オイラーの公式から、

$w=e^{x+bi}=e^x(\cos b+i\sin b)$

これから、

$|w| = e^x$、$\arg w - b$（一定）

すなわち、w は原点から伸びる半直線（実軸とのなす角は b）を表します。また、z の実部 x が増加するとき、w の絶対値は増加します。原点から遠ざかる方向に移動するのです。これを示したのが下図です。

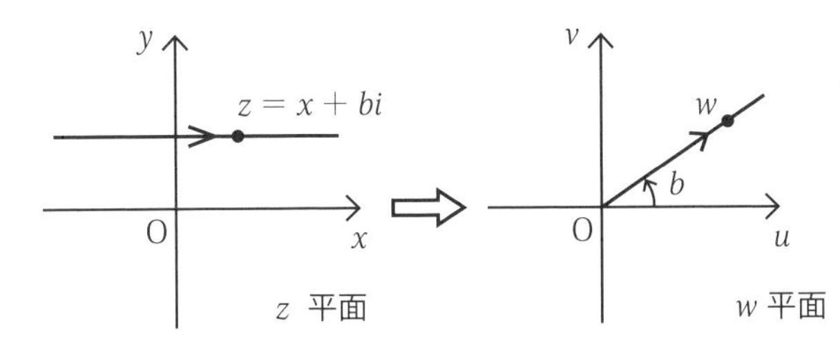

z 平面で実軸に平行な直線は、w 平面では原点から伸びる半直線に写される。

指数関数の有名な不等式

2章 §4 に次の公式を示しました。

$\lim_{x\to\infty} e^{-x}x^n = 0$ （n は自然数） …（6）

これを複素関数で表したのが次の公式です。後に積分計算で利用されます。

z の実部が正のとき $\lim_{|z|\to\infty} |e^{-z}z^n| = 0$ （n は自然数） …（7）

〔**証明**〕$z = a + bi$（a、b は実数）を極形式で表現してみます（→1章 §3）。

$z = a + bi = |z|(\cos\theta + i\sin\theta)$ （θ は z の偏角）

前節（§4）の公式（6）から $|e^{-z}| = e^{-a} = e^{-|z|\cos\theta}$ なので、

$$|e^{-z}z^n| = |e^{-z}|\,|z^n| = e^{-|z|\cos\theta}|z|^n = \frac{e^{-|z|\cos\theta}(|z|\cos\theta)^n}{(\cos\theta)^n}$$

仮定から z の実部 a が正、すなわち $\cos\theta > 0$ なので、先の実関数の公式(6)が使えます。こうして次の式が成立します。

$$\lim_{|z|\to\infty} |e^{-z}z^n| = \lim_{|z|\to\infty} \frac{e^{-|z|\cos\theta}(|z|\cos\theta)^n}{(\cos\theta)^n} = 0$$ （**証明終**）

公式（7）の仮定の「z の実部が正」は「指数関数の指数にある複素数の実部が負」とも言い換えられます。このとき、$|z|\to\infty$ に対して指数

関数は急速に0に近づき、$|z|^n$が無限になるのを抑えて積の極限値を0に収束させるのです。この指数関数の性質を強調するために、**指数関数的に減少**と表現することは、2章§4で調べました。

(例3) zの実部が正のとき、$\lim_{|z|\to\infty}(z^2+2z+3)e^{-z}=0$

演習

〔問1〕 $I=\int_0^{2\pi}\cos^4\theta\,\mathrm{d}\theta$ をオイラーの公式を用いて計算しよう。

(解) オイラーの公式から、$I=\int_0^{2\pi}\left(\frac{e^{i\theta}+e^{-i\theta}}{2}\right)^4 d\theta$

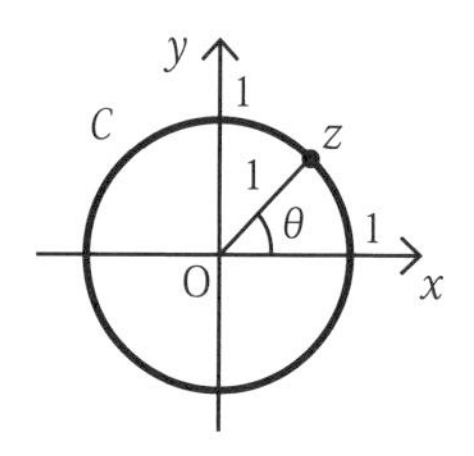

さて、原点を中心にした半径1の円をCとし、その周上の点をzとして、$z=e^{i\theta}$と置換積分しましょう。$dz=ie^{i\theta}d\theta=izd\theta$であり、$0\leqq\theta\leqq 2\pi$のとき、$z$は$C$を1周するので、

$$I=\int_C\left(\frac{1}{2}\left(z+\frac{1}{z}\right)\right)^4\frac{dz}{iz}=-\frac{i}{2^4}\int_C\frac{(1+z^2)^4}{z^5}dz \quad \cdots (8)$$

正則な関数$f(z)=(1+z^2)^4$に対して、グルサの定理（→4章§7）から、

$$\int_C\frac{(1+z^2)^4}{z^5}dz=\frac{2\pi i}{4!}f^{(4)}(0)$$

ここで

$$f(z)=(1+z^2)^4=1+4z^2+6z^4+4z^6+z^8$$

から、$f^{(4)}(0)=4!\cdot 6$なので

$$\int_C\frac{(1+z^2)^4}{z^5}dz=\frac{2\pi i}{4!}4!\cdot 6=12\pi i \quad \cdots (9)$$

この式(9)を式(8)に代入して、$I=-\frac{i}{2^4}\cdot 12\pi i=\frac{3\pi}{4}$ **(答)**

(注) 積分値を求めるためだけなら、半角の公式を用いて計算する方がはるかに容易です。

06 複素関数としての対数関数

実数の世界では、対数関数は指数関数の逆関数として定義されます。しかし、前節 §5 で見たように、複素数の世界ではそれが適用できません。対数関数がどのように複素数の世界に拡張されるか調べましょう。

（注）本書では、特に注記しない限り、対数関数は自然対数を考えます。また、実関数の対数を本書は ln と表記し、複素関数の対数 log と区別します。

複素数の世界の log *z*

実数の世界では、指数関数は独立変数と従属変数が 1 対 1 という関係があり、大変扱いやすい関数です。そこで、対数関数は「指数関数の逆関数である」と定義できました。

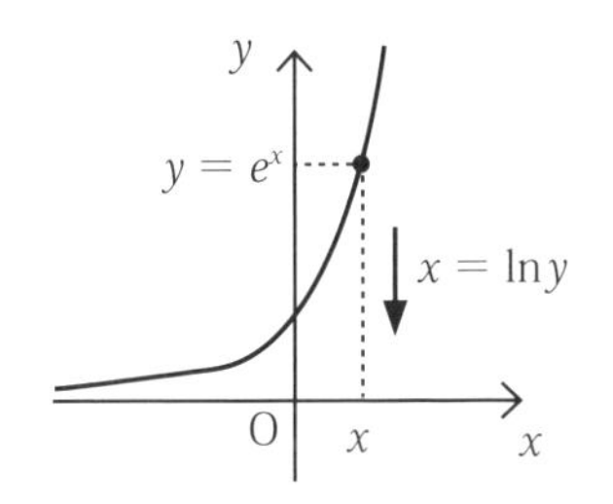

指数関数 $y = e^x$ は単調増加関数。そこで、x と y が 1 対 1 対応となり、逆関数 $x = \ln y$ が定義できました。

しかし、複素数の世界で見ると、指数関数 $w = e^z$ の独立変数 z と従属変数 w には、1 対 1 の関係は存在しません。それは「指数関数の周期性」（→本章 §5）から明らかです。複素数の世界では、「指数関数の逆関数が対数関数である」とは定義できないのです。

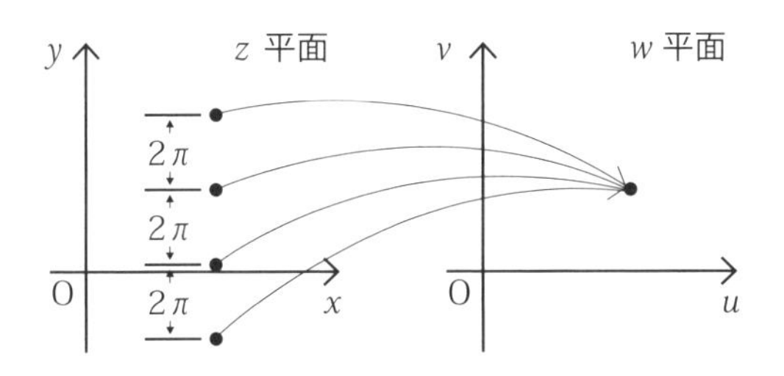

本章 §5 で調べたように、指数関数には周期性があります。1 対 1 対応が成立せず、逆関数を定義できないのです。

以上の理由から複素数の世界では、対数 log を新たに定義し直す必要があります。そこで、対数関数は次のように新たに定義されます。

$$\log z = \ln|z| + i \arg z \quad \cdots (1)$$

右辺の ln は実関数の自然対数関数を表します。本書では、記号 log は e を底にした複素対数関数を表すことにしています。

(注)式(1)の左辺のように定義された複素関数の対数関数を、実関数の対数と区別して、**複素対数**と呼びます。

〔定義(1)の説明〕

実数における対数の定義を確認しましょう。

(実数における対数の定義)$\ln M = m$ とは $M = e^m$

この実関数における対数の定義をそのまま複素数に当てはめます。z、w を複素数として $w = \log z$ を次のように定義するのです。

(複素関数 log の定義)$w = \log z$ とは $z = e^w$ $\cdots$(2)

さて、z、w を次のように表してみます。

$z = r(\cos\theta + i\sin\theta)$、$w = u + vi$ (r、θ、u、v は実数) $\cdots$(3)

ここで、r、θ は次のように表せます。

$r = |z|$ (z の絶対値)、$\theta = \arg z$ (z の偏角) $\cdots$(4)

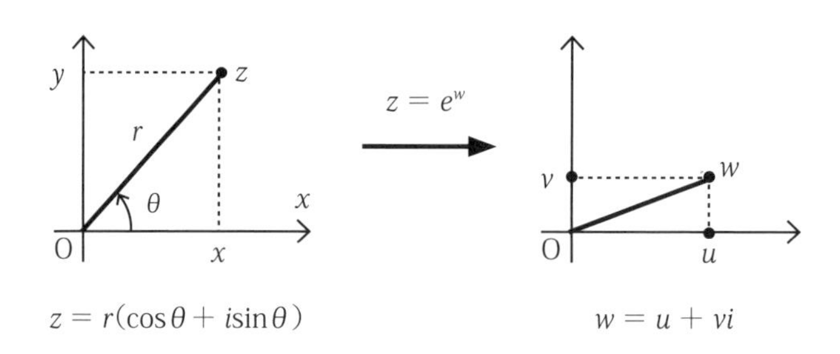

$z = r(\cos\theta + i\sin\theta)$　　　$w = u + vi$

式(3)を式(2)の「$z = e^w$」に代入し、指数関数の加法定理(→§4)とオイラーの公式(→§5)を用いて、

$r(\cos\theta + i\sin\theta) = e^{u+vi} = e^u e^{vi} = e^u(\cos v + i\sin v)$

この式の左右を見比べて、 $e^u = r$、$v = \theta$

式（4）を当てはめると次の関係が得られます。

$u = \ln r = \ln|z|$、$v = \arg z$ …（5）

この式（5）を式（3）で定義した「$w = u + vi$」に代入すると、式（1）が得られます。**（説明終）**

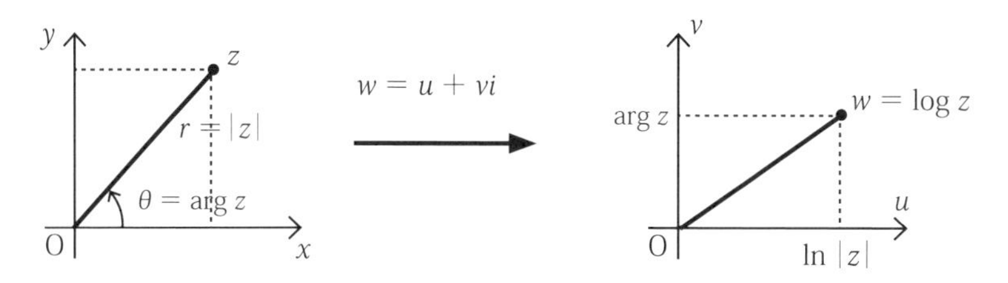

式（5）の図的意味。注意すべきことは、arg z は一つに定まらないことです。$2n\pi$（すなわち n 回転）の任意性があるのです。その意味で、式(4)で $\theta = \arg z$ としたのは不正確な表現です。いま述べたように、arg z には $2n\pi$（n 回転）の不定性があるからです。

log z は多価関数

対数関数の定義（1）をもう一度見てみましょう。上の図に注記したように、この定義からは arg z は一意的には定まりません。角には n 回転分（n は整数）の不定性があるからです。次の例で確かめてください。

（例 1） 例として $z = 1 + i$ を考えましょう。これは極形式で次のように表せます。

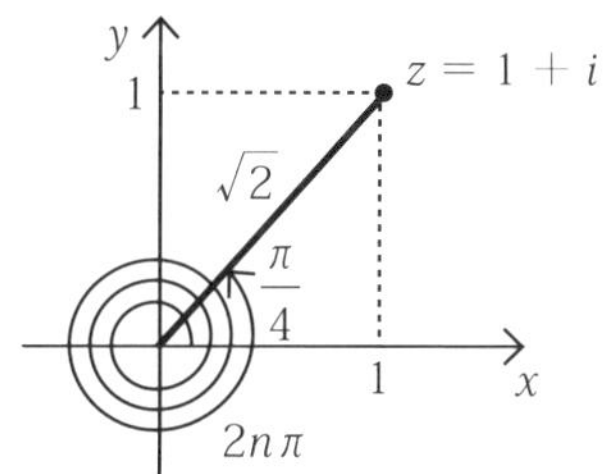

$$z = \sqrt{2}\left(\cos\frac{\pi}{4} + i\sin\frac{\pi}{4}\right)$$

このとき、arg z は次のように表せます。

$$\arg z = \frac{\pi}{4} + 2n\pi \text{（n は整数）}$$

すると、$\ln|z| = \ln\sqrt{2}$ と組み合わせて、

$$\log z = \ln|z| + i\arg z = \ln\sqrt{2} + i\left(\frac{\pi}{4} + 2n\pi\right) \text{（n は整数）}$$

この例からわかるように、複素対数 $\log z$ は 1 つの z に対して $2\pi i$ の整数倍だけ異なる無数の値を持つことになります。$\log z$ は無限個の値をとる多価関数になるのです。これは「指数関数の周期性」（→前節 §5）を素直に反映しているとも捉えられます。

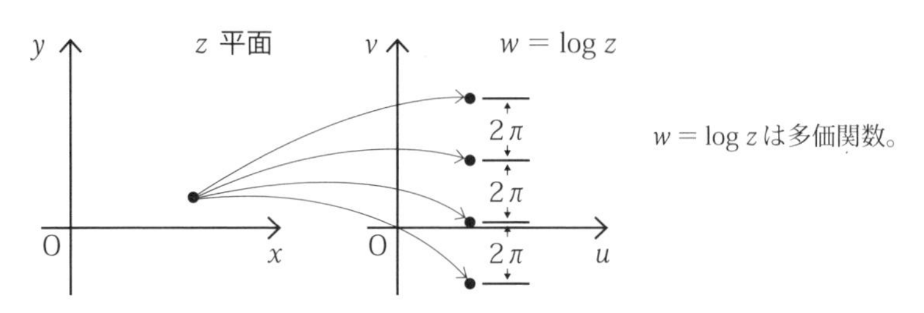

（例 2） $\log i = \ln|i| + i \arg i = \left(\dfrac{\pi}{2} + 2n\pi\right)i$ （n は整数）

（例 3） $\log(-1) = \ln|-1| + i \arg(-1) = (\pi + 2n\pi)i$ （n は整数）

log の主値

「$\log z$ は多価関数」では、実用上困ることがあります。そこで、次のような条件を付けてみましょう。

$-\pi < \arg z \leqq \pi$ …（6）

この条件を付ければ式（1）の値は確定します。その値を $\log z$ の**主値**といいます。記号で $\mathrm{Log}\, z$ と表します。

$\mathrm{Log}\, z = \ln|z| + i \arg z$ （ただし、$-\pi < \arg z \leqq \pi$） …（7）

右辺の ln 記号は「実関数の対数」を表していることに注意しましょう。ところで、z が正の実数 x のとき、主値 $\mathrm{Log}\, z$ は実関数の対数関数 $\ln x$ と一致します。$\arg z = 0$ だからです。そこで、次の関係が成立します。

（z が正の実数のとき）$\mathrm{Log}\, z = \ln|z|$

さらに、$\mathrm{Log}\, z$ は式（6）の条件を満たす領域で正則です。そこで、「一致の定理」（→ 4 章 §8）から、$\mathrm{Log}\, z$ は実関数の対数関数 $\ln x$（x は正数）の唯一の拡張形になります。

（例 4） $\mathrm{Log}\, e = 1$、$\mathrm{Log}\, i = \dfrac{\pi i}{2}$、$\mathrm{Log}\,(-1) = \pi i$

主値を用いた対数関数の表記

いま調べたように、z が正の実数のとき、複素対数関数の主値 $\mathrm{Log}\, z$ は実関数の対数関数 ln と一致します。そこで、これからは実関数の対数関数も $\mathrm{Log}\, z$ と表記することにします。

実関数の $\ln|x| = \mathrm{Log}|x| \quad (x > 0)$

こう約束すれば、複素関数の範囲だけで対数が議論できます。すると、複素対数関数の定義式（1）は次のように表記されます。

$$\log z = \mathrm{Log}|z| + i \arg z \quad \cdots (8)$$

また、主値の定義式（7）は次のように表記できます。

$$\mathrm{Log}\, z = \mathrm{Log}|z| + i \arg z \quad (\text{ただし、}-\pi < \arg z \leqq \pi) \quad \cdots (9)$$

（例 5） $\log 2 = \mathrm{Log}|2| + \arg 2 = \mathrm{Log} 2 + 2n\pi i$ （n は整数）

（例 6） $\log 3i = \mathrm{Log}|3i| + \arg 3i = \mathrm{Log} 3 + (2n\pi + \dfrac{\pi}{2})i$ （n は整数）

log の枝

主値の考え方を一般化すれば次のように表現されます。

> $z \neq 0$、$\alpha < \arg z \leqq \alpha + 2\pi$（または、$\alpha \leqq \arg z < \alpha + 2\pi$）（$\alpha$ は実定数）を満たす z の領域において、$\log z$ は 1 価関数になる。

この値を $\log z$ の**枝**といいます。多くの場合、α に π（半回転の角）の倍数を利用します。

（例 7） $0 < \arg z \leqq 2\pi$ を枝とすれば、$\log z$ は 1 価関数になります。

log z の性質

実関数の対数 ln には次の性質があります。

（実関数の log の性質）$\ln x_1 x_2 = \ln x_1 + \ln x_2$　…（10）

「積が和になる」という、実数の世界では log の大切な性質です。しかし、複素数の世界ではこの公式は一般的には成立しません。log z が多価関数になるからです。単純に主値や枝に限ったとしても、この性質（10）は成立しません。次の例でこのことを確かめてみましょう。

（例 8） $z_1 = z_2 = -1$ のとき、次の式が成立しないことを調べましょう。

$\mathrm{Log}\, z_1 z_2 = \mathrm{Log}\, z_1 + \mathrm{Log}\, z_2$　…（11）

（例 4）より、$\mathrm{Log}(-1) = \pi i$ となり、式（11）の右辺 $= 2\pi i$　…（12）

また、$z_1 z_2 = 1$ なので、式（11）の左辺 $= \mathrm{Log}\, 1 = 0$　…（13）

（12）、（13）から、式（11）は成立しないことがわかります。

この例から、公式（10）が成立するための条件が見えます。同じ主値や枝から選ばれた z_1、z_2 について、その計算結果も再び同じ主値や枝の範囲に収まるならば、式（10）は成立するのです。

主値でいうと、z_1、z_2、とその計算結果が式（6）の偏角の条件に当てはまるならば、実関数のときの次の公式が複素対数関数でも成立します。

$$\mathrm{Log}\, z_1 z_2 = \mathrm{Log}\, z_1 + \mathrm{Log}\, z_2、\mathrm{Log}\, \frac{z_1}{z_2} = \mathrm{Log}\, z_1 - \mathrm{Log}\, z_2 \quad \cdots（13）$$

（例 9） $z_1 = 1 + \sqrt{3}\, i$、$z_2 = \sqrt{3} + i$ のとき、主値で考えるとき、

$\mathrm{Log}\, z_1 = \mathrm{Log}2 + \dfrac{\pi}{3} i$、$\mathrm{Log}\, z_2 = \mathrm{Log}2 + \dfrac{\pi}{6} i$

$z_1 z_2 = 4i = 4(\cos\dfrac{\pi}{2} + i\sin\dfrac{\pi}{2})$ から、

$\mathrm{Log}\, z_1 z_2 = \mathrm{Log}4 + \dfrac{\pi}{2} i = 2\mathrm{Log}2 + \dfrac{\pi}{2} i$

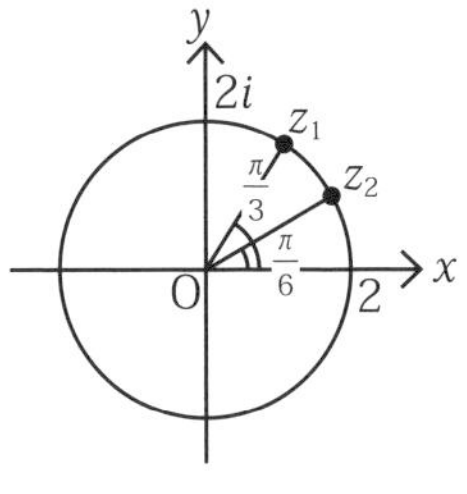

以上から、式（13）の最初の式が成立することが確かめられます。

$$\mathrm{Log}\, z_1 + \mathrm{Log}\, z_2 = \mathrm{Log}2 + \frac{\pi}{3} i + \mathrm{Log}2 + \frac{\pi}{6} i = 2\mathrm{Log}2 + \frac{\pi}{2} i = \mathrm{Log}\, z_1 z_2$$

$\log z$の微分

式（2）を用いて複素対数関数$\log z$を定義したことから、実関数と同様の次の公式が成立します。

$$\frac{d}{dz}\log z = \frac{1}{z}\text{、}\frac{d}{dz}\mathrm{Log}\, z = \frac{1}{z}$$

（例 10） $\dfrac{d}{dz}\mathrm{Log}\, 5z = \dfrac{1}{z}$

対数関数のグラフ

対数関数の主値$w = \mathrm{Log}\, z$（$z = x + yi$、x、yは実数）について、$\mathrm{Log}\, z$の実部uと虚部vに分けてグラフを描いてみます。

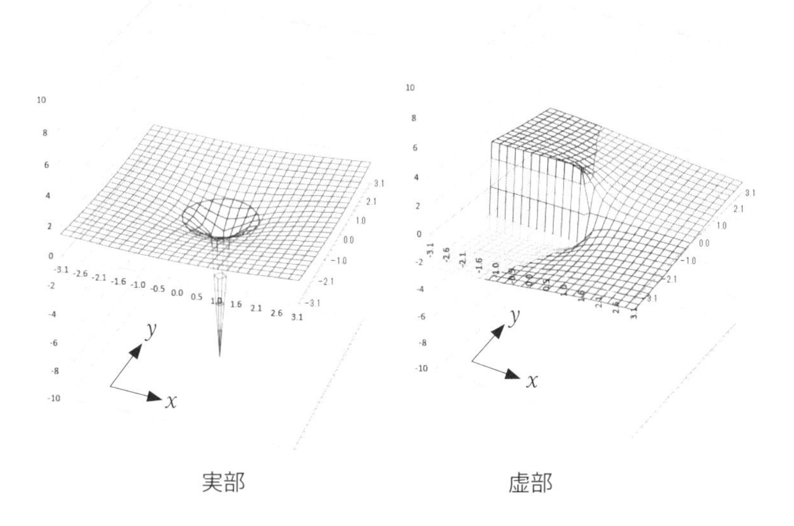

実部　　　　　　　　虚部

定義式（7）からわかるように、指数関数とは異なり簡単なグラフです。ただし、虚部のグラフにおいて、実軸の負の部分に断崖が生まれています。対数関数が多価となるために生まれた崖で、巻末付録Bに示した「分岐」を表しています。

対数関数のイメージ

複素対数関数 log の定義式（1）を利用すると、その関数のグラフの特性が見えます。例で調べてみましょう。

（例 11） 原点を中心にした円上を z が移動するとき、$w = \log z$ はどのように振る舞うかを調べましょう。

このとき、z は次のように表現できます。

$z = r(\cos\theta + i\sin\theta)$ （$r = |z|$（実定数）、$\theta = \arg z$ は実変数）

すると、定義式（1）から、

$\log z = \mathrm{Log}\, r + i\theta$

よって、$\log z$ は下図のように実軸に垂直な直線を表すことになります。

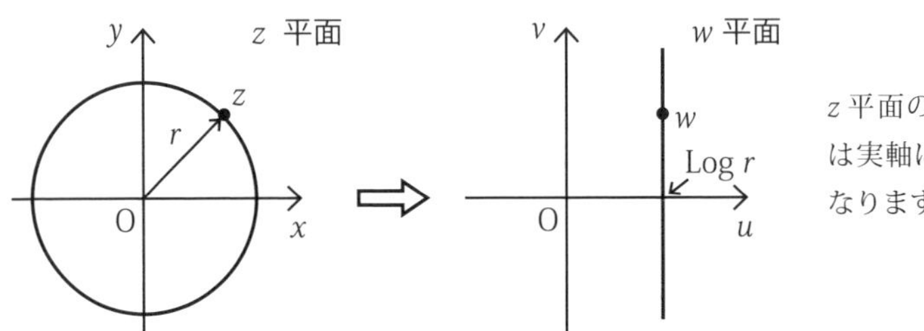

（注）log は式（2）を出発点としたので、この図が本章 §5 の図（170 ページ下図）を反転したものになるのは当然です。

（例 12） z が原点から伸びる半直線上を移動するとき、$w = \log z$ はどのように振る舞うかを調べましょう。

このとき、z は次のように表現できます。

$z = r(\cos\theta + i\sin\theta)$ （$r = |z|$ （実変数）、$\theta = \arg z$ は実定数）

すると、式（8）から、

$\log z = \mathrm{Log}\,|r| + i\theta$

よって、$\log z$ は次の図のように実軸に平行な直線を表すことになります。ところで偏角 θ に $2n\pi$（n は整数）を加減した角も偏角になるので、次図のように平行な複数の直線を表すことになります。θ のとり方は 1 回転（2π）の違いが許容されるからです。

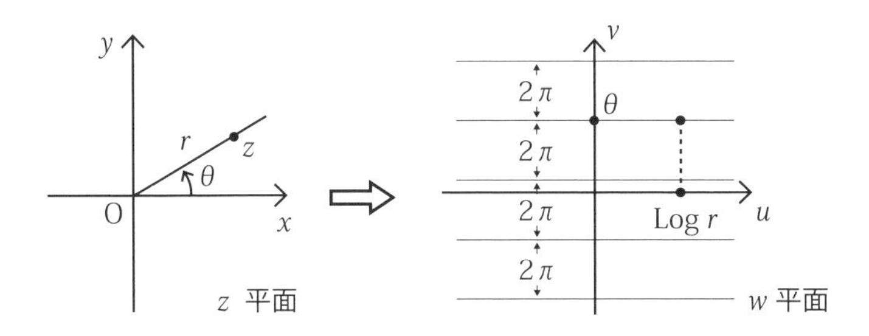

演習

〔問 1〕$\log(1+i)$ を一般的に求めよう。また、その主値を求めよう。

(解) 右図より、

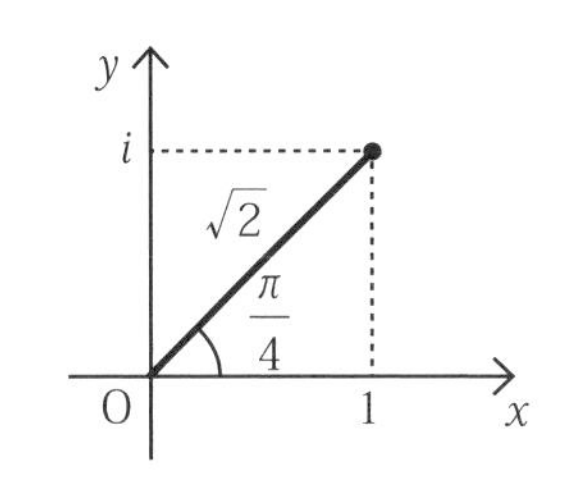

$$\log(1+i) = \mathrm{Log}\sqrt{2} + \left(\frac{\pi}{4} + 2n\pi\right)i$$

$$= \frac{1}{2}\mathrm{Log}2 + \left(\frac{\pi}{4} + 2n\pi\right)i \quad (n \text{は整数})$$

また、主値は $\mathrm{Log}(1+i) = \dfrac{1}{2}\mathrm{Log}2 + \dfrac{\pi}{4}i$

〔問 2〕$z_1 = 1 + \sqrt{3}\,i$、$z_2 = \sqrt{3} + i$ のとき、公式（13）の後半の式が成立することを確かめよう：$\mathrm{Log}\dfrac{z_1}{z_2} = \mathrm{Log}\,z_1 - \mathrm{Log}\,z_2$

(解)（例 9）から、

$$\mathrm{Log}\,z_1 = \mathrm{Log}2 + \frac{\pi}{3}i、\mathrm{Log}\,z_2 = \mathrm{Log}2 + \frac{\pi}{6}i$$

よって、$\mathrm{Log}\,z_1 - \mathrm{Log}\,z_2 = \dfrac{\pi}{3}i - \dfrac{\pi}{6}i = \dfrac{\pi}{6}i$

また、$\dfrac{z_1}{z_2} = \dfrac{1+\sqrt{3}i}{\sqrt{3}+i} = \cos\dfrac{\pi}{6} + i\sin\dfrac{\pi}{6}$

この主値を求めて、

$$\mathrm{Log}\frac{z_1}{z_2} = \mathrm{Log}1 + \frac{\pi}{6}i = \frac{\pi}{6}i$$

よって公式 $\mathrm{Log}\dfrac{z_1}{z_2} = \mathrm{Log}\,z_1 - \mathrm{Log}\,z_2$ が成立しています。(答)

複素関数としての三角関数

これまでは三角関数の定義域として実数だけを考えてきました。本節ではそれを複素数にまで広げてみましょう。

テイラー展開を利用して三角関数を拡張

実関数の指数関数 e^x から複素関数の指数関数 e^z を定義したのと同様に、三角関数を複素数の世界に拡張できます。実関数の三角関数 $\sin x$、$\cos x$ のテイラー展開（→2章§4）を利用し、複素関数の三角関数 $\sin z$、$\cos z$ は次のように定義できるのです。

$$\sin z = z - \frac{z^3}{3!} + \frac{z^5}{5!} - \frac{z^7}{7!} + \frac{z^9}{9!} - \frac{z^{11}}{11!} + \cdots \quad \cdots (1)$$

$$\cos z = 1 - \frac{z^2}{2!} + \frac{z^4}{4!} - \frac{z^6}{6!} + \frac{z^8}{8!} - \frac{z^{10}}{10!} + \cdots \quad \cdots (2)$$

$$\tan z = \frac{\sin z}{\cos z} \quad \cdots (3)$$

（注）この無限級数（1）は任意の z に対して収束します。

この形から、三角関数 $\sin z$、$\cos z$ は、複素数平面全体で微分可能（すなわち正則）です。また、z が実数 x のときは実関数 $\sin x$、$\cos x$ と同じ値になります。つまり、解析接続の考え方から（→4章§8）、この複素数への拡張法は唯一の拡張法になります。

三角関数と指数関数

オイラーの公式を見てみましょう（→本章§5）。

$e^{ix} = \cos x + i\sin x$　（x は実数）

これはテイラー展開から得られる恒等式であり、x に条件はありませんでした。そこで、x を複素数 z に変えても成立します。

$e^{iz} = \cos z + i\sin z$ （z は複素数） … (4)

これを利用することで、三角関数 sinz、cosz の新たな表現が得られます。

$$\sin z = \frac{e^{iz} - e^{-iz}}{2i}、\cos z = \frac{e^{iz} + e^{-iz}}{2} \quad \cdots (5)$$

（注）式（1）、（2）から得られる $\sin(-z) = -\sin z$、$\cos(-z) = \cos z$ を利用しています。

三角関数のグラフ

複素数に広げられた三角関数をグラフで見てみましょう。下図は三角関数 $w = \sin z$ （$z = x + yi$）のグラフを、w の実部 u と虚部 v に分けて描いたものです。

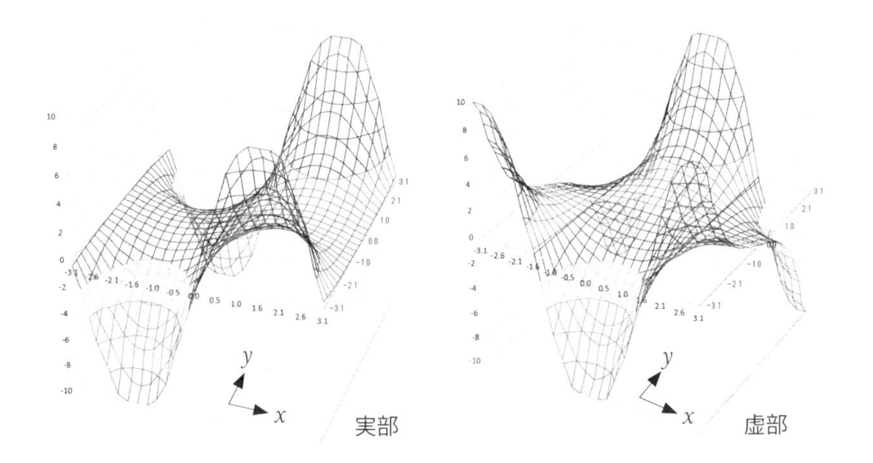

実数の世界の $y = \sin x$ のグラフは波を表します。複素関数の世界でも、実部・虚部とも、波のイメージを表しています。

三角関数の微分

定義式（1）～（3）より、実関数の場合の三角関数の微分公式がそのまま成立することがわかります。

$$(\sin z)' = \cos z、(\cos z)' = -\sin z、(\tan z)' = \frac{1}{\cos^2 z} \quad \cdots (6)$$

三角関数の積分

複素関数としての三角関数 sinz、cosz は、複素数平面の任意の点で微分可能です。したがって、正則な関数の不定積分の定理（→４章§4）が利用できます。すなわち、微分のときと同様、積分についても実関数と同様の計算ができるのです。

（例） α、β を任意の複素数の定数とするとき、公式（6）から、

$$\int_\alpha^\beta \cos z dz = \left[\sin z\right]_\alpha^\beta = \sin\beta - \sin\alpha$$

公式（5）を利用すると、次のような積分が機械的に求められます。

〔例題〕 $\displaystyle\int_0^{2\pi} \frac{\cos 3\theta}{5 - 4\cos\theta} d\theta$ を計算しよう。

（解） 次のように変数を置換してみましょう。

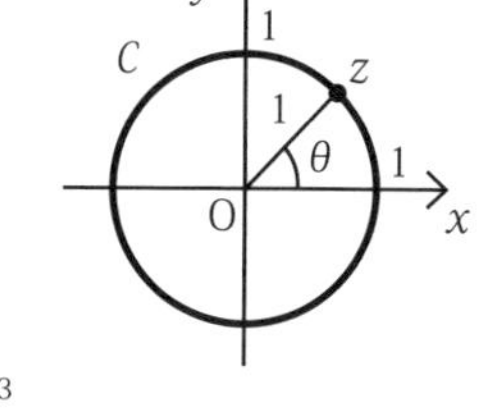

$z = e^{i\theta} \quad \cdots (7)$

公式（5）を用いて、

$$\cos\theta = \frac{e^{i\theta} + e^{-i\theta}}{2} = \frac{z + z^{-1}}{2}$$

$$\cos 3\theta = \frac{e^{3i\theta} + e^{-3i\theta}}{2} = \frac{(e^{i\theta})^3 + (e^{-i\theta})^3}{2} = \frac{z^3 + z^{-3}}{2}$$

よって、

$$\frac{\cos 3\theta}{5 - 4\cos\theta} = \frac{(z^3 + z^{-3})/2}{5 - 4(z + z^{-1})/2} = \frac{z^6 + 1}{10z^3 - 4(z^4 + z^2)}$$

$$= -\frac{z^6 + 1}{2z^2(2z - 1)(z - 2)}$$

式（7）のように置換すると、θ が０から 2π まで変化するとき、z は原点を中心にした半径１の円 C を１周します。そこで、与えられた積分は次のように置換されます。式（7）から、$dz = ie^{i\theta} d\theta = izd\theta$ を用いて、

$$\int_0^{2\pi}\frac{\cos3\theta}{5-4\cos\theta}d\theta=\int_C-\frac{z^6+1}{2z^2(2z-1)(z-2)}\frac{dz}{iz}$$

$$=\frac{i}{4}\int_C\frac{z^6+1}{z^3(z-\frac{1}{2})(z-2)}dz\quad\cdots(8)$$

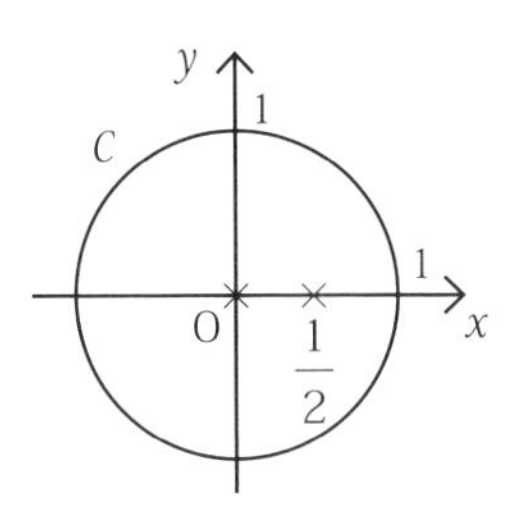

被積分関数は$z=0$に3次の極、$z=\dfrac{1}{2}$に1次の極があるので、各留数は次のように求められます（→4章§12）。

$$\mathrm{Res}(0)=\lim_{z\to0}\frac{1}{2!}\frac{d^2}{dz^2}z^3\frac{z^6+1}{z^3(z-\frac{1}{2})(z-2)}=\frac{21}{4}\quad\cdots(9)$$

$$\mathrm{Res}(\frac{1}{2})=\lim_{z\to\frac{1}{2}}(z-\frac{1}{2})\frac{z^6+1}{z^3(z-\frac{1}{2})(z-2)}=-\frac{65}{12}$$

留数の定理（→4章§11）から、

$$\int_C\frac{z^6+1}{z^3(z-\frac{1}{2})(z-2)}dz=2\pi i(\frac{21}{4}-\frac{65}{12})=2\pi i\frac{-2}{12}=-\frac{\pi}{3}i$$

式（8）に代入して、

$$\int_0^{2\pi}\frac{\cos3\theta}{5-4\cos\theta}d\theta=\frac{i}{4}(-\frac{\pi}{3}i)=\frac{\pi}{12}\quad\textbf{(答)}$$

（注）式（9）において、$\dfrac{z^6+1}{(z-\frac{1}{2})(z-2)}$の微分は、有理関数の微分（→本章§3）の方法を利用しています。

三角関数の性質

実関数としての三角関数は、加法定理など多彩な性質を持ちます。これらは式（1）～（5）より簡単に導出することができます。例えば、次のような性質が得られます。

$\sin(-z) = -\sin z$、$\cos(-z) = \cos z$

$\sin^2 z + \cos^2 z = 1$ … (9)

$\cos(z_1 + z_2) = \cos z_1 \cos z_2 - \sin z_1 \sin z_2$ … (10)

$\sin(z_1 + z_2) = \sin z_1 \cos z_2 + \cos z_1 \sin z_2$

演習

〔問 1〕 次の値を求めよう：$\sin i$、$\cos i$

（解） 公式（5）から次のように得られます。

$$\sin i = \frac{e^{i \cdot i} - e^{-i \cdot i}}{2i} = \frac{e^{-1} - e^{1}}{2i} = \frac{1 - e^2}{2ie} = \frac{e^2 - 1}{2e} i$$

$$\cos i = \frac{e^{i \cdot i} + e^{-i \cdot i}}{2} = \frac{e^{-1} + e^{1}}{2} = \frac{e^2 + 1}{2e}$$ **（答）**

〔問 2〕 上の公式（9）を証明してみよう。

（解） 公式（5）から

$$\sin^2 z + \cos^2 z = \left(\frac{e^{iz} - e^{-iz}}{2i}\right)^2 + \left(\frac{e^{iz} + e^{-iz}}{2}\right)^2$$

$$= \frac{e^{2iz} - 2 + e^{-2iz}}{-4} + \frac{e^{2iz} + 2 + e^{-2iz}}{4} = 1$$ **（答）**

〔問 3〕 上の公式（10）を証明してみよう。

（解） 解析接続の考え方から証明します。

まず、z_2 を任意の実数とし、式（10）の両辺を複素数 z_1 の関数と考えます。この両辺は z_1 に関して正則で、実軸上の z_1 に関しては「三角関数の加法定理」から一致します。そこで、一致の定理（→ 4 章 §8）から、式（10）は任意の複素数 z_1 に関して成立します。

今度は z_1 を任意の複素数とし、式（10）の両辺を複素数 z_2 の関数と考えます。この両辺は z_2 に関して正則で、いま示したように、実軸上の z_2 に関しては一致します。そこで、一致の定理（→ 4 章 §8）から、式（10）は任意の複素数 z_2 に関して成立します。**（証明終）**

ちなみに、次の証明は誤答です。

〔誤答〕 指数関数の加法定理 $e^{i(z_1+z_2)}=e^{iz_1}e^{iz_2}$ に公式（2）を代入して、

$$\cos(z_1+z_2)+i\sin(z_1+z_2)=(\cos z_1+i\sin z_1)(\cos z_2+i\sin z_2)$$

右辺を展開し整理すると、

$$\cos(z_1+z_2)+i\sin(z_1+z_2)$$
$$=(\cos z_1\cos z_2-\sin z_1\sin z_2)+(\sin z_1\cos z_2+\cos z_1\sin z_2)i$$

左辺と右辺の実部を比較して、

$\cos(z_1+z_2)=\cos z_1\cos z_2-\sin z_1\sin z_2$ **（誤答終）**

公式（10）では、z_1、z_2 は複素数です。したがって、三角関数 sin、cos の値も複素数になっているので、波線部のように単純に実部と虚部を比較することはできないのです。

―《メモ》解析接続の応用

〔問3〕の証明法を利用すると、正則な関数の様々な公式を簡単に証明できます。例えば、次の指数関数の加法定理の証明（→本章 §4）がそうです。

（指数関数の加法定理）$e^{z_1+z_2}=e^{z_1}e^{z_2}$ … (*)

まず、z_2 を任意の実数とし、(*) の両辺を複素数 z_1 の関数と考え、「一致の定理」から (*) の成立をいいます。次に z_1 を任意の複素数とし、(*) の両辺を複素数 z_2 の関数と考え、「一致の定理」から、(*) が任意の複素数 z_2 に関して成立することをいいます。こうすれば (*) が証明されたことになります。

この証明法は、本章 §4 に示した二項定理による証明よりも、はるかに簡単でしょう。

08 複素関数としての z のべき関数 z^α

実関数の $y = x^{\frac{1}{2}}(=\sqrt{x})$、$y = x^{\frac{1}{3}}(=\sqrt[3]{x})$ などが複素数の世界にどのように拡張されるかを調べます。

複素関数としてのべき関数

べき関数とは x^n の形をした関数です。この n が整数の場合、べき関数を複素数の世界に拡張する方法について議論する必要はないでしょう。複素数 z の四則計算から値が得られるからです（→本章 §1）。

（例 1） $w = z^2$ については、$w = z \cdot z$

しかし、$w = z^{\frac{1}{2}}$、$w = z^i$ などのように、指数が非整数のべき関数 $w = z^\alpha$（α は非整数）となると話は別です。本章の最初（§1）でも見たように、複素数の世界では実数のときと同様には定義できないのです。

複素関数としてのべき関数 $w = z^\alpha$（α は非整数）の定義は実数の世界で成立する次の等式を利用します。

$a^b = e^{b\ln a}$

これを用いて、複素数 z のべき関数を次のように定義します。

$z^\alpha = e^{\alpha \log z}$ （$z \neq 0$、α は 0 以外の任意の複素数） …（1）

（例 2） 複素関数で考えるとき、$z^{\frac{1}{2}} = e^{\frac{1}{2}\log z}$、$z^i = e^{i\log z}$

指数が非整数のべき関数は多価関数

注意しなければならないことは、定義式（1）に log があることです。複素数の世界の対数は多価関数になります。このことを、次の例で確認してみましょう。

（例 3） 複素関数 $w=z^{\frac{1}{2}}$ で、$z=1$ の値を求めてみましょう。

先の（例 2）から

$$w=z^{\frac{1}{2}}=e^{\frac{1}{2}\log z} \quad \cdots (2)$$

複素関数の $\log z$ は次のように定義されています（→本章 §6）。

$$\log z=\mathrm{Log}\,|z|+i\arg z$$

$z=1$ のとき、$\mathrm{Log}\,|z|=0$ から、

$$\log 1=i\arg 1=2n\pi i \quad (n\text{は整数})$$

これらを（2）に代入すると、 $z^{\frac{1}{2}}=e^{\frac{1}{2}\cdot 2n\pi i}=e^{n\pi i} \quad \cdots (3)$

オイラーの公式から $e^{n\pi i}=\cos n\pi+i\sin n\pi \quad \cdots (4)$

これは 1（n が偶数）と -1（n が奇数）の 2 値をとります。すなわち、(3) から、次のような結果が得られるのです。

$$z=1\text{のとき、}z^{\frac{1}{2}}=\pm 1$$

この例からわかるように、非整数を指数に持つべき関数は一般的に多価関数になります。簡単な複素関数 $w=z^{\frac{1}{2}}$ ですら、実関数の $y=x^{\frac{1}{2}}$（$=\sqrt{x}$）からは想像できない厄介さがあるのです。

（例 4） 複素関数 $w=z^{\frac{1}{2}}$ で、$z=i$ の値を求めてみましょう。

（例 3）と同様にして、$\log i=i\arg i=(2n\pi+\frac{\pi}{2})i$ （n は整数）から、

$$w=i^{\frac{1}{2}}=e^{\frac{1}{2}\log i}=e^{\frac{1}{2}(2n+\frac{1}{2})\pi i}=e^{(n+\frac{1}{4})\pi i}=e^{n\pi i}e^{\frac{1}{4}\pi i} \quad \cdots (5)$$

先の（4）と同じく、$e^{n\pi i}$ は 1（n が偶数）と -1（n が奇数）の 2 値をとります。また、オイラーの公式から、

$$e^{\frac{1}{4}\pi i}=\cos\frac{\pi}{4}+i\sin\frac{\pi}{4}=\frac{1}{\sqrt{2}}+i\frac{1}{\sqrt{2}}$$

以上から、式（5）より、$w=i^{\frac{1}{2}}=e^{n\pi i}e^{\frac{1}{4}\pi i}=\pm(\frac{1}{\sqrt{2}}+i\frac{1}{\sqrt{2}})$

複素関数としてのべき関数の主値

一般的なべき関数 z^{α} が多価関数になる理由は複素対数 $\log z$ の多価性にあります。そこで、複素対数 $\log z$ の偏角に条件を付ければ 1 価になります。

例えば、複素対数 logz の主値 Log z を採用すれば、べき関数 z^{α}（α は非整数）は一価関数になります。

$$z^{\alpha}=e^{\alpha \mathrm{Log} z} \quad (-\pi < \arg z \leqq \pi) \quad \cdots (6)$$

この条件が付けられたべき関数 z^{α} の値を z^{α} の**主値**と呼びます。

（注）関数 z^{α} の値の枝の値についても、複素対数 logz に倣って定義されます。

（例 5） 関数 $z^{\frac{1}{2}}$ の $z=1$ の主値は、（例 3）から 1

（例 6） 関数 $z^{\frac{1}{2}}$ の $z=i$ の主値は、（例 4）から、$\dfrac{1}{\sqrt{2}}+i\dfrac{1}{\sqrt{2}}$

べき関数の微分

z^{α} が式（1）で定義されているので、実数のときと同じ次の微分公式が成立します。

$$(z^{\alpha})'=\alpha z^{\alpha-1}$$

〔証明〕 合成関数の微分公式（→ 3 章 §2）を利用して、

$$(z^{\alpha})'=(e^{\alpha \log z})'=e^{\alpha \log z}(\alpha \log z)'=e^{\alpha \log z}\cdot\frac{\alpha}{z}=z^{\alpha}\cdot\frac{\alpha}{z}=\alpha z^{\alpha-1}$$ **（証明終）**

（例 7） $(z^{\frac{1}{2}})'=\dfrac{1}{2}z^{-\frac{1}{2}}$、$(z^{i})'=iz^{i-1}$

べき関数の積分

次の例題で、べき関数の積分が面倒なことを体験しましょう。

（注）この発展例題は読み飛ばしても後の議論に支障はありません。

〔発展例題〕 $\displaystyle\int_0^{\infty}\frac{x^{\alpha-1}}{1+x}dx$ （$0<\alpha<1$）を計算しよう。

（解） 右ページ図のような経路 C を考えます。2 つの円 Γ、Γ' を順に A、B、D、E、F、A と結んだ経路です。大きな円 Γ の半径を R、小さな円 Γ' の半径を r とします。この経路に関する次の複素積分を考えましょう。

$$\int_C \frac{z^{\alpha-1}}{1+z}dz = \int_C \frac{e^{(\alpha-1)\log z}}{1+z}dz \quad \cdots (7)$$

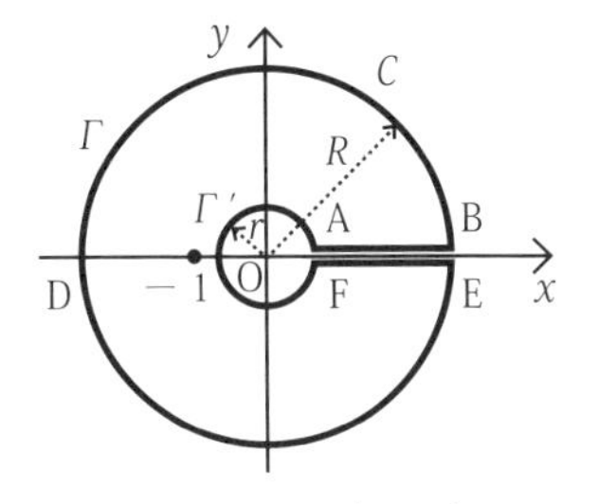

この曲線 C の内部で関数 $e^{(\alpha-1)\log z}$ は正則なので、コーシーの積分公式から、

$$\int_C \frac{e^{(\alpha-1)\log z}}{1+z}dz = 2\pi i e^{(\alpha-1)\log(-1)}$$

ここで、対数 log は主値で考えることにします。すると、$\mathrm{Log}(-1) = \pi i$ より、

$$\int_C \frac{z^{\alpha-1}}{1+z}dz = \int_C \frac{e^{(\alpha-1)\mathrm{Log} z}}{1+z}dz = 2\pi i e^{(\alpha-1)\pi i} \quad \cdots (8)$$

さて、積分（7）を次の 4 つの経路に分割して考えましょう。

$$\int_C \frac{z^{\alpha-1}}{1+z}dz = \int_{AB} \frac{z^{\alpha-1}}{1+z}dz + \int_\Gamma \frac{z^{\alpha-1}}{1+z}dz + \int_{EF} \frac{z^{\alpha-1}}{1+z}dz + \int_{\Gamma'} \frac{z^{\alpha-1}}{1+z}dz \quad \cdots (9)$$

（ア）大円 Γ（弧 EB は除く）についての積分

$$\int_\Gamma \frac{z^{\alpha-1}}{1+z}dz = \int_\Gamma \frac{1}{(1+z)z^{1-\alpha}}dz \quad (1-\alpha > 0)$$

を考えます。半径 $R\to\infty$ のとき、分母は $R^{2-\alpha}$（$2-\alpha > 1$）の大きさで ∞ になるのに対して、積分経路 Γ は R の大きさで ∞ になるので、積分は全体として 0 に収束します。すなわち、

半径 $R\to\infty$ のとき、$\displaystyle\int_\Gamma \frac{z^{\alpha-1}}{1+z}dz \to 0 \quad \cdots (10)$

（イ）小円 Γ'（弧 FA は除く）についての積分

$$\int_{\Gamma'} \frac{z^{\alpha-1}}{1+z}dz = \int_{\Gamma'} \frac{1}{(1+z)z^{1-\alpha}}dz \quad (1-\alpha > 0)$$

を考えます。半径 $r\to 0$ のとき、分母は $r^{1-\alpha}$（$1-\alpha < 1$）の大きさで 0 に収束しますが、積分経路 Γ' は半径 r の大きさで 0 に収束し、積分は全体として 0 に収束します。すなわち、

半径 $r\to 0$ のとき、$\displaystyle\int_{\Gamma'} \frac{z^{\alpha-1}}{1+z}dz \to 0 \quad \cdots (11)$

（ウ）AB 部分の積分

$\log z$ は主値を考えているので、x を AB 上の実変数（$x>0$）として、

$$e^{(\alpha-1)\log z}=e^{(\alpha-1)\mathrm{Log}x}=x^{\alpha-1}$$

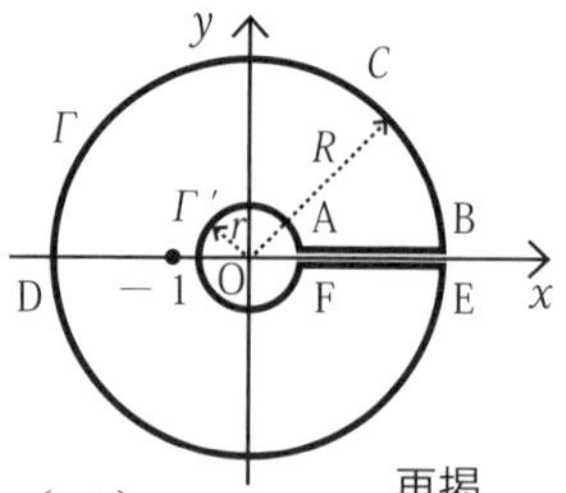

こうして、経路 AB の積分で、$R\to\infty$、$r\to 0$ とすると、

再掲

$$\int_{\mathrm{AB}}\frac{z^{\alpha-1}}{1+z}dz=\int_{\mathrm{AB}}\frac{e^{(\alpha-1)\log z}}{1+z}dz\to\int_0^{\infty}\frac{x^{\alpha-1}}{1+x}dx\quad\cdots(12)$$

（エ）EF 部分の積分

EF 上の実数 x は経路 AB から原点を 1 回転しているので、べき関数の値を考えるとき、主値に $2\pi i$ が加わります。すなわち、

$$e^{(\alpha-1)\log z}=e^{(\alpha-1)(\mathrm{Log}x+2\pi i)}=e^{(\alpha-1)\mathrm{Log}x}e^{2(\alpha-1)\pi i}$$

したがって、経路 EF 上の積分は、x を EF 上の実変数（$x>0$）として、

$$\int_{\mathrm{EF}}\frac{z^{\alpha-1}}{1+z}dz=\int_{\mathrm{EF}}\frac{e^{(\alpha-1)\log z}}{1+z}dz=\int_{\mathrm{BA}}\frac{e^{(\alpha-1)\mathrm{Log}x}e^{2(\alpha-1)\pi i}}{1+x}dx$$

$$=e^{2(\alpha-1)\pi i}\int_{\mathrm{BA}}\frac{e^{(\alpha-1)\mathrm{Log}x}}{1+x}dx=e^{2(\alpha-1)\pi i}\int_{\mathrm{BA}}\frac{x^{\alpha-1}}{1+x}dx$$

こうして、経路 EF の積分で、$R\to\infty$、$r\to 0$ とすると、

$$\int_{\mathrm{EF}}\frac{z^{\alpha-1}}{1+z}dz=-\int_{\mathrm{FE}}\frac{z^{\alpha-1}}{1+z}dz\to -e^{2(\alpha-1)\pi i}\int_0^{\infty}\frac{x^{\alpha-1}}{1+x}dx\quad\cdots(13)$$

式（9）に以上の式（8）、（10）～（13）を代入しましょう。

$$\int_0^{\infty}\frac{x^{\alpha-1}}{1+x}dx-e^{2(\alpha-1)\pi i}\int_0^{\infty}\frac{x^{\alpha-1}}{1+x}dx=2\pi ie^{(\alpha-1)\pi i}$$

積分部をまとめ、オイラーの公式を用いると、

$$\int_0^{\infty}\frac{x^{\alpha-1}}{1+x}dx=\frac{2\pi ie^{(\alpha-1)\pi i}}{1-e^{2(\alpha-1)\pi i}}=\frac{2\pi i}{e^{-(\alpha-1)\pi i}-e^{(\alpha-1)\pi i}}=-\frac{\pi}{\sin(\alpha-1)\pi}$$

$$=\frac{\pi}{\sin\alpha\pi}\quad（答）$$

演習

〔問1〕関数 $z^{\frac{1}{2}}$ について $z = 1 + \sqrt{3}\, i$ の値を求めよう。主値も求めよう。

（解）$z^{\frac{1}{2}} = e^{\frac{1}{2}\log(1+\sqrt{3}i)} = e^{\frac{1}{2}\log|2|+\frac{1}{2}(\frac{1}{3}+2n)\pi i} = e^{\frac{1}{2}\log|2|} e^{(\frac{1}{6}\pi+n\pi)i}$

$$= \mathrm{Log}2\left\{\cos\left(\frac{\pi}{6} + n\pi\right) + i\sin\left(\frac{\pi}{6} + n\pi\right)\right\}$$

n に異なる値を算出させる 0、1 を代入し、$\mathrm{Log}2 = \ln 2$ を利用して、

$$z^{\frac{1}{2}} = \pm \ln 2 \left(\frac{\sqrt{3}}{2} + \frac{1}{2} i\right)$$

主値は偏角が $\frac{\pi}{6}$ のときで、$\ln 2\left(\frac{\sqrt{3}}{2} + \frac{1}{2} i\right)$ （答）

〔問2〕関数 $z^{\frac{1}{3}}$ について $z = i$ の値を求めよう。主値も求めよう。

（解）$z^{\frac{1}{3}} = e^{\frac{1}{3}\log i} = e^{\frac{1}{3}\log|i|+\frac{1}{3}(\frac{1}{2}+2n)\pi i} = \cos\left(\frac{\pi}{6} + \frac{2n\pi}{3}\right) + i\sin\left(\frac{\pi}{6} + \frac{2n\pi}{3}\right)$

n に異なる値を算出させる 0、1、2 を代入して、

$$z^{\frac{1}{3}} = \frac{\sqrt{3}}{2} + \frac{1}{2} i、-\frac{\sqrt{3}}{2} + \frac{1}{2} i、-i$$

主値は偏角が $\frac{\pi}{6}$ のときで、$\frac{\sqrt{3}}{2} + \frac{1}{2} i$ （答）

（注）この結果を本章 §1 の式（1）で調べた内容と比較してみてください。

—《メモ》指数が整数以外ではド・モアブルの定理は成立しない

「ド・モアブルの定理」とは整数 n についての次の定理をいいます。

$(\cos\theta + i\sin\theta)^n = \cos n\theta + i\sin n\theta$ …（*）

高校の教科書にも掲載されている有名な定理ですが、これは n が整数以外では成立しません。このことを $n = \frac{1}{2}$ の例で調べてみましょう。

本章 §8 で調べたように、$z^{\frac{1}{2}}$ は次のように定義されます。

$z^{\frac{1}{2}} = e^{\frac{1}{2}\log z}$

ここで、$z = \cos\theta + i\sin\theta$ を代入してみましょう。

$(\cos\theta + i\sin\theta)^{\frac{1}{2}} = e^{\frac{1}{2}\log(\cos\theta + i\sin\theta)}$ …（**）

本章 §6 で調べた log の定義から、

$\log(\cos\theta + i\sin\theta) = \mathrm{Log}|\cos\theta + i\sin\theta| + i(\theta + 2k\pi) = i(\theta + 2k\pi)$

ここで k は整数です。これを上記の式（**）に代入して、

$(\cos\theta + i\sin\theta)^{\frac{1}{2}} = e^{\frac{1}{2}i(\theta + 2k\pi)}$

オイラーの公式を右辺に用いると、

$$(\cos\theta + i\sin\theta)^{\frac{1}{2}} = \cos\frac{1}{2}(\theta + 2k\pi) + i\sin\frac{1}{2}(\theta + 2k\pi)$$

この右辺は $k = 0$ と $k = 1$ とで値が異なります。

$$k = 0 : (\cos\theta + i\sin\theta)^{\frac{1}{2}} = \cos\frac{1}{2}\theta + i\sin\frac{1}{2}\theta$$

$$k = 1 : (\cos\theta + i\sin\theta)^{\frac{1}{2}} = -\cos\frac{1}{2}\theta - i\sin\frac{1}{2}\theta$$

こうして、ド・モアブルの定理が成立していないことがわかりました。

（注）主値に範囲を限定するなどの制限を加えれば、公式（*）の整数以外への拡張は可能です。

6 章

複素関数の応用

これまでの総復習として、複素関数論を利用した有名な問題を解くことにします。実関数の世界では困難な計算を、複素関数論が可能にしてくれる例を楽しんでください。

01 線形常微分方程式への応用

5章で調べたオイラーの公式を用いると、多くの大切な微分方程式が解けます。ここでは2階の線形常微分方程式を取り上げますが、このアイデアは偏微分方程式の解法にも役立てられます。

例題を調べよう

2階の線形常微分方程式はオイラーの公式を利用するとあっけなく解けてしまいます。次の例で確認しましょう。

〔例題〕微分方程式 $\dfrac{d^2y}{dx^2}+2\dfrac{dy}{dx}+5y=0$ の実関数の一般解を求めよう。

（解法のヒント）実数係数の線形微分方程式では、複素数解はその実部だけ（または虚部だけ）も解になります。

（解）解を次のように仮定します。

$y=Ae^{\lambda x}$ （x は実数、A、λ は複素定数） …（1）

微分方程式に代入し整理すると、$\lambda^2+2\lambda+5=0$

これから、$\lambda=-1\pm 2i$

（1）に代入し、次の2つが解になります：$e^{(-1+2i)x}$、$e^{(-1-2i)x}$

線形の微分方程式なので、一般解は次のように置くことができます。

$y=A_1e^{(-1+2i)x}+A_2e^{(-1-2i)x}=A_1e^{-x}e^{2ix}+A_2e^{-x}e^{-2ix}$ （A_1、A_2 は複素定数）

実関数の解を得るために、e^{2ix} と e^{-2ix} が共役な関係にあることを利用して、$A_2=\overline{A_1}$ とします。オイラーの公式（→5章 §5）を適用して、

$y=A_1e^{-x}(\cos 2x+i\sin 2x)+\overline{A_1}e^{-x}(\cos 2x-i\sin 2x)$

$A_1=C'-D'i$（C'、D' は実定数）と置き、展開し整理すると、

$y=2C'e^{-x}\cos 2x+2D'e^{-x}\sin 2x=e^{-x}(2C'\cos 2x+2D'\sin 2x)$

改めて $2C'$、$2D'$ を順に C、D と置き直して、

$y = e^{-x}(C\cos 2x + D\sin 2x\ )$ （C、D は任意の実定数）
こうして一般解が得られました。**（答）**

演習

〔問〕 質点の単振動を表す次の微分方程式の一般解を求めよう。

$$\frac{d^2x}{dt^2} = -\omega^2 x \quad (\omega\text{は正の定数})$$

（解） 解を次のように仮定します。

$y = Ae^{\lambda x}$ （x は実数、A、λ は複素定数） …（2）

微分方程式に代入し整理すると、 $\lambda^2 + \omega^2 = 0$ より、$\lambda = \pm\omega i$
（2）に代入して、次の２つが解になります：$e^{i\omega t}$、$e^{-i\omega t}$
これから、一般解は次のように置くことができます。

$y = A_1 e^{i\omega t} + A_2 e^{-i\omega t}$

実関数の解を得るには、$A_2 = \overline{A_1} = C' + D' i$（$C'$、$D'$ は実定数）と置き、オイラーの公式（→５章 §5）を適用して、

$y = 2C'\cos\omega t + 2D'\sin\omega t$

改めて $2C'$、$2D'$ を順に C、D と置きなおして、

$y = C\cos\omega t + D\sin\omega t$ （C、D は任意の実定数）**（答）**

6
章
複素関数の応用

《メモ》２階常微分方程式の一般解

２階常微分方程式の**一般解**は、２つの独立な定数（すなわち任意定数）が含まれていることが条件になります。ここで調べた解にも２つの任意定数 C、D が含まれています。

02 実関数の積分計算への応用

コンピュータによる数値解析が発達した現代でも、積分の値が解析的に求められることは大切です。複素関数論を利用し積分経路を工夫すると、様々な実関数の積分の値が得られることを見てみましょう。

積分経路を工夫

以下の有名な例を調べることで、複素関数論が実関数の積分を求める際の強力な武器になることを調べましょう。

〔例題 1〕 $\displaystyle\int_{-\infty}^{\infty}\frac{dx}{1+x^2}$ を求めよう。

（解） 右図に示す半径 r の半円からなる閉曲線 C を考えます。C の周と内部で $\dfrac{1}{z+i}$ は正則なので、コーシーの積分公式から、

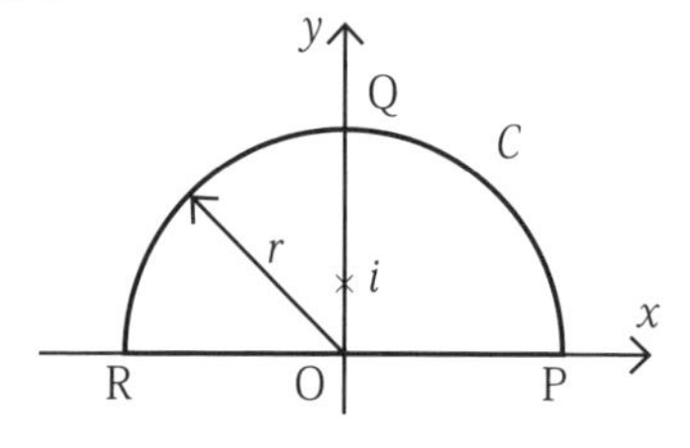

$$\int_C\frac{dz}{1+z^2}=\int_C\frac{dz}{(z-i)(z+i)}$$

$$=2\pi i\cdot\frac{1}{i+i}=\pi \quad \cdots (1.1)$$

さて、ここで閉曲線 C の実数軸部分 RP を考えましょう。$r\to\infty$ のとき

$$\int_{RP}\frac{dz}{1+z^2}=\int_{-r}^{r}\frac{dx}{1+x^2}\to\int_{-\infty}^{\infty}\frac{dx}{1+x^2} \quad \cdots (1.2)$$

次に半円周 PQR の部分 $\displaystyle\int_{PQR}\frac{dz}{1+z^2}$ を考えましょう。$r\to\infty$ のとき、被積分関数の分母が r^2 の大きさで無限大に発散するので、この積分は全体として 0 に収束します。すなわち、

$$\int_{PQR} \frac{dz}{1+z^2} \to 0 \quad \cdots (1.3)$$

以上の式（1.2）（1.3）を（1.1）に当てはめて、$r \to \infty$のとき、

$$\int_C \frac{dz}{1+z^2} = \int_{-\infty}^{\infty} \frac{dx}{1+x^2} = \pi \quad \text{（答）}$$

（注）$x = \tan\theta$と置換積分して求める別解を２章 §8 に紹介しています。

〔例題 2〕 $\displaystyle\int_0^{\infty} \frac{\sin x}{x} dx = \frac{\pi}{2}$ を示そう。

（注）この積分を Dirichlet 積分と呼びます。

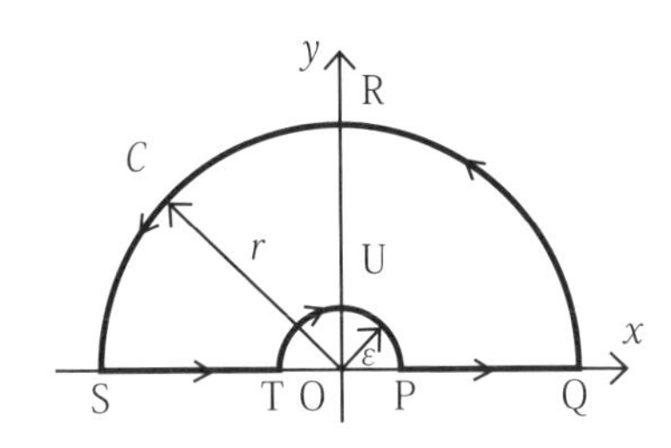

（解） オイラーの公式から、

$$\frac{\sin x}{x} = \frac{e^{ix} - e^{-ix}}{2ix}$$

この形から次の関数を考えます。

$$w = \frac{e^{iz}}{z} \quad \cdots (2.1)$$

ここで、上の図のような閉曲線 C を描いてみます。これは、原点 O を中心とする微小な半径 ε を持つ小半円 TUP、大きな半径 r を持つ大半円 QRS、そして x 軸部分 PQ と ST、の４つの部分から成り立ちます。式（2.1）は原点を除いて正則なので、コーシーの積分定理から、次の等式が成立します。

$$\int_C \frac{e^{iz}}{z} dz = \int_{PQ} \frac{e^{iz}}{z} dz + \int_{ST} \frac{e^{iz}}{z} dz + \int_{QRS} \frac{e^{iz}}{z} dz + \int_{TUP} \frac{e^{iz}}{z} dz = 0 \quad \cdots (2.2)$$

（ア）<u>実軸上の PQ、ST に関する積分</u>

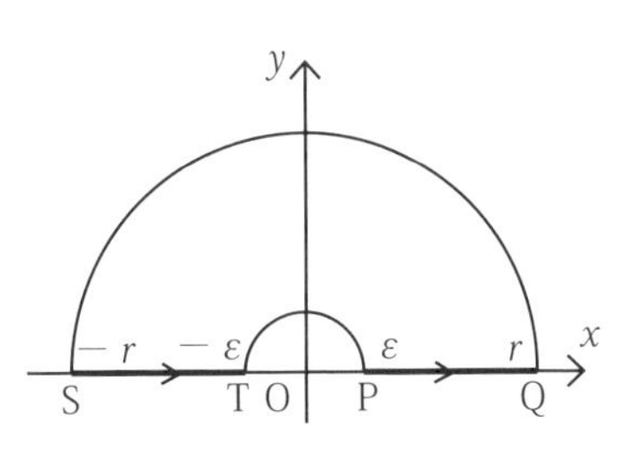

$$\int_{PQ} \frac{e^{iz}}{z} dz = \int_{\varepsilon}^{r} \frac{e^{ix}}{x} dx$$

$$\int_{ST} \frac{e^{iz}}{z} dz = \int_{-r}^{-\varepsilon} \frac{e^{ix}}{x} dx = -\int_{\varepsilon}^{r} \frac{e^{-ix}}{x} dx$$

２つの積分の和をとり、オイラーの公式を利用すると、

$$\int_{PQ} \frac{e^{iz}}{z} dz + \int_{ST} \frac{e^{iz}}{z} dz = \int_{\varepsilon}^{r} \frac{e^{ix}}{x} dx - \int_{\varepsilon}^{r} \frac{e^{-ix}}{x} dx = 2i \int_{\varepsilon}^{r} \frac{\sin x}{x} dx \quad \cdots (2.3)$$

（イ）大きな半円 QRS に関する積分

この半円上の点 z は次のように表せます。

$$z = r(\cos\theta + i\sin\theta) = r\,e^{i\theta} \quad (0 \leqq \theta \leqq \pi)$$

置換積分すると、

$$\int_{\mathrm{QRS}} \frac{e^{iz}}{z}\,dz = \int_0^{\pi} \frac{e^{iz}}{z}\,\frac{dz}{d\theta}\,d\theta$$

$$= \int_0^{\pi} \frac{e^{ir(\cos\theta + i\sin\theta)}}{re^{i\theta}}\,rie^{i\theta}\,d\theta$$

$$= i\int_0^{\pi} e^{ir(\cos\theta + i\sin\theta)}\,d\theta = i\int_0^{\pi} e^{-r\sin\theta + ir\cos\theta}\,d\theta$$

積分の不等式（→３章 §6 の公式（7））を適用して、

$$\left| i\int_0^{\pi} e^{-r\sin\theta + ir\cos\theta}\,d\theta \right| \leqq \int_0^{\pi} \left| e^{-r\sin\theta + ir\cos\theta} \right| d\theta = \int_0^{\pi} e^{-r\sin\theta}\,d\theta \quad \cdots (2.4)$$

ここで、次の関係を用いました。

$|i| = 1$、$\left| e^{-r\sin\theta + ir\cos\theta} \right| = \left| e^{-r\sin\theta} \right| \left| e^{ir\cos\theta} \right| = e^{-r\sin\theta}$

さて、式（2.4）右辺は、$\sin\theta$ の対称性から、次のように変形できます。

$$\int_0^{\pi} e^{-r\sin\theta}\,d\theta = \int_0^{\frac{\pi}{2}} e^{-r\sin\theta}\,d\theta + \int_{\frac{\pi}{2}}^{\pi} e^{-r\sin\theta}\,d\theta = 2\int_0^{\frac{\pi}{2}} e^{-r\sin\theta}\,d\theta \quad \cdots (2.5)$$

また、実関数 $\sin\theta$ に関する不等式（→１章 §1 の公式（3））から、

$$e^{-r\sin\theta} \leqq e^{-\frac{2}{\pi}\theta r} \quad \cdots (2.6)$$

式（2.5）（2.6）を式（2.4）に適用して、

$$\left| \int_{\mathrm{QRS}} \frac{e^{iz}}{z}\,dz \right| \leqq 2\int_0^{\frac{\pi}{2}} e^{-r\sin\theta}\,d\theta \leqq 2\int_0^{\frac{\pi}{2}} e^{-\frac{2}{\pi}r\theta}\,d\theta \leqq 2\int_0^{\infty} e^{-\frac{2}{\pi}r\theta}\,d\theta = \frac{\pi}{r}$$

よって、大きな半円 QRS の半径 r を限りなく大きくすると、この値は 0 に近づきます。すなわち、$r \to \infty$ のとき、

$$\int_{\mathrm{QRS}} \frac{e^{iz}}{z}\,dz \to 0 \quad \cdots (2.7)$$

（ウ）小半円 TUP に関する積分

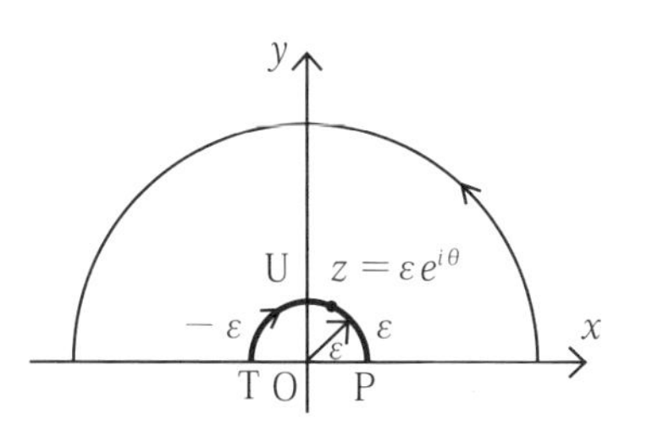

e^{iz} を $z=0$ についてテイラー展開し、z で割ってみましょう。

$$\frac{e^{iz}}{z}=\frac{1}{z}+i+\frac{i}{2!}(iz)+\frac{i}{3!}(iz)^2+\frac{i}{4!}(iz)^3+\cdots$$

これから、

$$\int_{\mathrm{TUP}}\frac{e^{iz}}{z}dz=\int_{\mathrm{TUP}}\frac{1}{z}dz+i\int_{\mathrm{TUP}}\left(1+\frac{1}{2!}(iz)+\frac{1}{3!}(iz)^2+\cdots\right)dz \quad \cdots (2.8)$$

小さな半円 TUP について、この周上の点 z は次のように表せます。

$z=\varepsilon(\cos\theta+i\sin\theta)=\varepsilon e^{i\theta} \quad (0\leqq\theta\leqq\pi)$

式 (2.8) 右辺の第 1 項の積分は、置換積分により次のように求められます。

$$\int_{\mathrm{TUP}}\frac{1}{z}dz=\int_{\pi}^{0}\frac{1}{z}\frac{dz}{d\theta}d\theta=\int_{\pi}^{0}\frac{1}{\varepsilon e^{i\theta}}\varepsilon ie^{i\theta}d\theta=i\int_{\pi}^{0}d\theta=-\pi i$$

また、式 (2.8) 右辺の第 2 項の積分は、被積分関数が有限な級数なので、$\varepsilon\to0$ とすると 0 に収束します。したがって、$\varepsilon\to0$ のとき、

$$\int_{\mathrm{TUP}}\frac{e^{iz}}{z}dz\to-\pi i \quad \cdots (2.9)$$

以上（ア）（イ）（ウ）の結果をまとめましょう。

$r\to\infty$、$\varepsilon\to0$ の極限において、式 (2.3)、(2.7)、(2.9) を式 (2.2) に代入して、

$$\int_{C}\frac{e^{iz}}{z}dz=2i\int_{0}^{\infty}\frac{\sin x}{x}dx+(-\pi i)=0 \quad \text{より、}\int_{0}^{\infty}\frac{\sin x}{x}dx=\frac{\pi}{2} \quad \text{（答）}$$

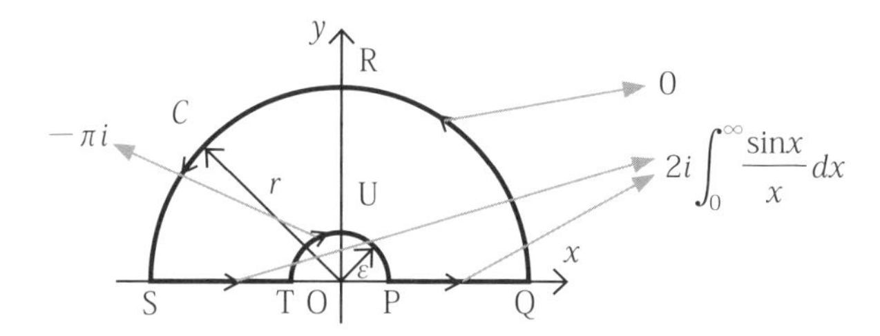

各経路から生まれた積分値（$r\to\infty$、$\varepsilon\to0$）

6 章 複素関数の応用

〔**例題 3**〕$\int_{-\infty}^{\infty} e^{-x^2}\cos 2bx dx = \sqrt{\pi}\, e^{-b^2}$ を示そう。

(解) 関数 $w = e^{-z^2}$ はすべての z に対して正則です。したがって、コーシーの積分定理から、次図の長方形の閉曲線 C において、

$$\int_C e^{-z^2} dz = 0 \quad \cdots (3.1)$$

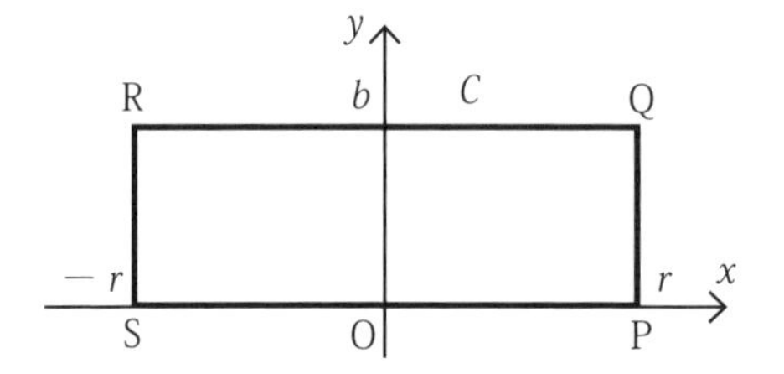

長方形 PQRS の周及び内部において $w = e^{-z^2}$ は正則で、$\int_C e^{-z^2} dz = 0$。

$P(r,\ 0)$、$Q(r,\ b)$、$R(-r,\ b)$、$S(-r,\ 0)$ $(r > 0、b > 0)$ とし、積分(3.1)を次の 4 つの部分に分割します。

$$\int_C e^{-z^2} dz = \int_{SP} e^{-z^2} dz + \int_{PQ} e^{-z^2} dz + \int_{QR} e^{-z^2} dz + \int_{RS} e^{-z^2} dz \quad \cdots (3.2)$$

この式(3.2)の右辺第 1 項を見てみます。$r \to \infty$ とすると、

$$\int_{SP} e^{-z^2} dz = \int_{-r}^{r} e^{-x^2} dx \to \int_{-\infty}^{\infty} e^{-x^2} dx = \sqrt{\pi} \quad \cdots (3.3)$$

(注)次の公式は既知とします:$\int_{-\infty}^{\infty} e^{-x^2} dx = \sqrt{\pi} \quad \cdots (3.4)$

次に式(3.2)の右辺第 2 項を見てみます。PQ 上の点 z は次のように表せます。

$z = r + yi \quad (0 \leqq y \leqq b)$

置換積分して、

$$\int_{PQ} e^{-z^2} dz = \int_0^b e^{-(r+iy)^2} \frac{dz}{dy} dy = i\int_0^b e^{-r^2+y^2} e^{-2iry} dy$$

$r \to \infty$ とすると、$|e^{-2iry}| = 1$ であり、$e^{-r^2+y^2}$ は指数関数的に減少し、急速に 0 に近づくので、積分値は 0 になります。

$$\int_{PQ} e^{-z^2} dz \to 0 \quad \cdots (3.5)$$

式（3.2）の第4項についても同様で、$r \to \infty$とすると、

$$\int_{\mathrm{RS}} e^{-z^2} dz \to 0 \quad \cdots (3.6)$$

最後に式（3.2）の右辺第3項について調べましょう。QR上の点zは

$z = x + bi \quad (-r \leqq x \leqq r)$

と表せます。置換積分して、

$$\int_{\mathrm{QR}} e^{-z^2} dz = \int_r^{-r} e^{-(x+bi)^2} \frac{dz}{dx} dx = -e^{b^2} \int_{-r}^{r} e^{-x^2} e^{-2ibx} dx$$

よって、$r \to \infty$とすると、

$$\int_{\mathrm{QR}} e^{-z^2} dz \to -e^{b^2} \int_{-\infty}^{\infty} e^{-x^2} e^{-2ibx} dx \quad \cdots (3.6)$$

式（3.3）、（3.5）～（3.7）を式（3.2）にまとめ、式（3.1）を適用して、

$$e^{b^2} \int_{-\infty}^{\infty} e^{-x^2} e^{-2ibx} dx = \sqrt{\pi}$$

オイラーの公式を利用し、左辺を実部と虚部に分けてみます。

$$e^{b^2} \int_{-\infty}^{\infty} e^{-x^2} (\cos 2bx - i\sin bx) dx = \sqrt{\pi}$$

両辺の実数部を見比べると、目的の式が得られます。

$e^{b^2} \int_{-\infty}^{\infty} e^{-x^2} \cos 2bx dx = \sqrt{\pi}$、すなわち、$\int_{-\infty}^{\infty} e^{-x^2} \cos 2bx dx = \sqrt{\pi} e^{-b^2}$　**（答）**

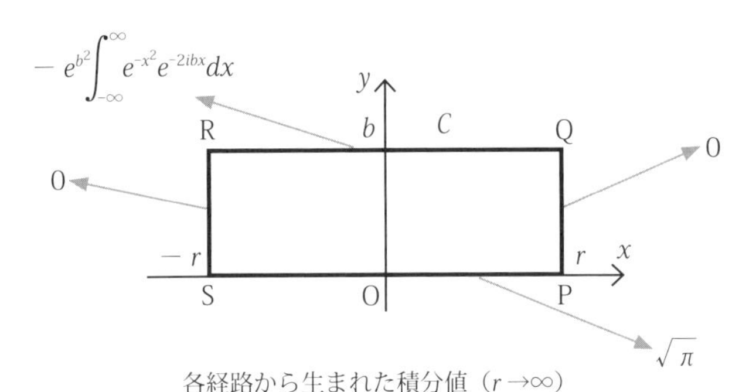

各経路から生まれた積分値（$r \to \infty$）

〔**例題 4**〕$\displaystyle\int_0^\infty \sin x^2 dx = \frac{1}{2}\sqrt{\frac{\pi}{2}}$ を示そう。

（注）Fresnel 積分と呼ばれます。

（解） 関数 $w = e^{-z^2}$ を考えます。この関数はすべての z に対して正則なので、コーシーの積分定理から、右の扇形の閉曲線 C に関して次の等式が成立します。

$$\int_C e^{-z^2}dz = 0 \quad \cdots (4.1)$$

扇形の半径 r、中心角 $\dfrac{\pi}{4}$

扇形 C を次の３つに分けましょう。

$$\int_C e^{-z^2}dz = \int_{OA} e^{-z^2}dz + \int_{AB} e^{-z^2}dz + \int_{BO} e^{-z^2}dz \quad \cdots (4.2)$$

（ア）式（4.2）の右辺第１項の積分

$r \to \infty$ とすると、例題３に注記した公式（3.4）を用いて、

$$\int_{OA} e^{-z^2}dz \to \int_0^\infty e^{-x^2}dx = \frac{1}{2}\int_{-\infty}^\infty e^{-x^2}dx = \frac{\sqrt{\pi}}{2} \quad \cdots (4.3)$$

（イ）式（4.2）の右辺第２項の積分

弧 AB 上の点 z は次のように表せます。

$$z = r(\cos\theta + i\sin\theta) = r\,e^{i\theta} \quad \left(0 \leqq \theta \leqq \frac{\pi}{4}\right)$$

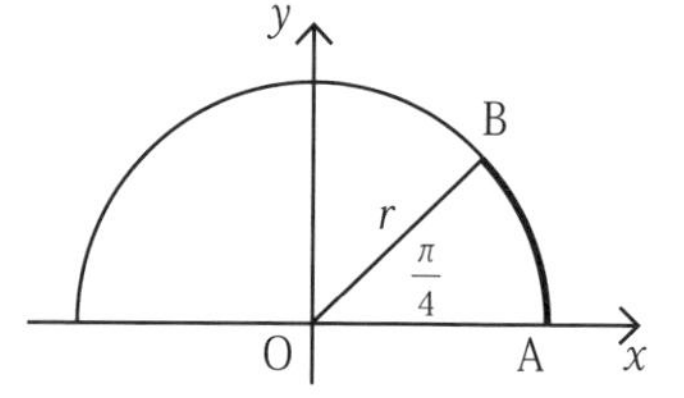

このとき、弧 AB 上の積分は次のように表せます。

$$\int_{AB} e^{-z^2}dz = \int_0^{\frac{\pi}{4}} e^{-z^2}\frac{dz}{d\theta}d\theta = \int_0^{\frac{\pi}{4}} e^{-r^2(\cos 2\theta + i\sin 2\theta)} rie^{i\theta}d\theta$$

積分の不等式（→３章 §6 の式（7））より、

$$\left|\int_{AB} e^{-z^2}dz\right| \leqq \int_0^{\frac{\pi}{4}} \left| e^{-r^2(\cos 2\theta + i\sin 2\theta)} rie^{i\theta} \right| d\theta = r\int_0^{\frac{\pi}{4}} e^{-r^2\cos 2\theta}d\theta$$

ここで、公式 $|e^{i\theta}| = 1$ を用いています。最後の積分で、$\dfrac{\pi}{2} - 2\theta = \tau$ と置換して、

$$\left|\int_{AB} e^{-z^2}dz\right| \leqq r\int_0^{\frac{\pi}{4}} e^{-r^2\cos 2\theta}d\theta = \frac{r}{2}\int_0^{\frac{\pi}{2}} e^{-r^2\sin\tau}\,d\tau \quad \cdots (4.4)$$

また、1章§1の公式（3）より、$e^{-r^2\sin\tau} \leqq e^{-\frac{2}{\pi}r^2\tau}$ が成立するので、

式（4.4）の右辺は次の関係を満たします。

$$\frac{r}{2}\int_0^{\frac{\pi}{2}} e^{-r^2\sin\tau}d\tau \leqq \frac{r}{2}\int_0^{\frac{\pi}{2}} e^{-\frac{2}{\pi}r^2\tau}d\tau = \frac{r}{2}\left[-\frac{\pi}{2r^2}e^{-\frac{2}{\pi}r^2\tau}\right]_0^{\frac{\pi}{2}} = \frac{\pi(1-e^{-r^2})}{4r}$$

$r\to\infty$とすると、この右辺は0に収束します。よって、式（4.4）から、

$$\int_{AB} e^{-z^2}dz \to 0 \quad \cdots (4.5)$$

（ウ）式（4.2）の右辺第3項の積分

BO上の点zは次のように表せます：$z = \frac{1}{\sqrt{2}}(1+i)t \quad (0 \leqq t \leqq r)$

このとき、置換積分しオイラーの公式を利用すると、

$$\int_{BO} e^{-z^2}dz = \int_r^0 e^{-z^2}\frac{dz}{dt}dt = -\int_0^r e^{-it^2}\frac{1}{\sqrt{2}}(1+i)dt$$

$$= -\frac{1}{\sqrt{2}}(1+i)\int_0^r (\cos t^2 - i\sin t^2)dt \quad \cdots (4.6)$$

以上（ア）（イ）（ウ）をまとめましょう。

$r\to\infty$のとき、式（4.3）、（4.5）、（4.6）を（4.2）に代入し、（4.1）を適用して、

$$\int_C e^{-z^2}dz = \frac{\sqrt{\pi}}{2} - \frac{1}{\sqrt{2}}(1+i)\int_0^\infty (\cos t^2 - i\sin t^2)dt = 0$$

よって、$\int_0^\infty (\cos t^2 - i\sin t^2)dt = \frac{\sqrt{\pi}}{2}\frac{1}{\sqrt{2}}(1-i)$

虚部を比較して、$\int_0^\infty \sin x^2 dx = \frac{1}{2}\sqrt{\frac{\pi}{2}}$ **（答）**

（注）実部を比較すれば $\int_0^\infty \cos x^2 dx = \frac{1}{2}\sqrt{\frac{\pi}{2}}$ も示せます。なお、（4.5）は「e^{-z^2}が指数関数的に0に近づく」として、自明としてもよいでしょう。

演習

〔問〕 $\displaystyle\int_{-\infty}^{\infty}\frac{dx}{(1+x^2)^3}$ を求めよう。

（解） 右図のような半円の閉曲線 C に関して（半径は R とします）、次の積分を考えます。

$$I=\int_C\frac{dz}{(1+z^2)^3}$$

被積分関数の分母を分解して、

$$I=\int_C\frac{dz}{(z-i)^3(z+i)^3}\quad\cdots\ (5.1)$$

ここで、次の関数 $f(z)$ を考えます。

$$f(z)=\frac{1}{(z+i)^3}\quad\cdots\ (5.2)$$

C の周とその内部で $f(z)$ は正則なので、グルサの定理（→ 4 章 §7）が利用できます。

$$I=\int_C\frac{dz}{(z-i)^3(z+i)^3}=\frac{2\pi i}{2!}f''(i)\quad\cdots\ (5.3)$$

式（5.2）から、$f'(z)=-\dfrac{3}{(z+i)^4}$、$f''(z)=\dfrac{12}{(z+i)^5}$

式（5.3）に代入して、

$$I=\frac{2\pi i}{2!}f''(i)=\frac{2\pi i}{2!}\frac{12}{(2i)^5}=\frac{3\pi}{8}$$

半径 R を限りなく大きくするとき、曲線 C の弧の部分からの寄与は限りなく 0 に近づくので、

$$I=\int_C\frac{dz}{(1+z^2)^3}\to\int_{-\infty}^{\infty}\frac{dx}{(1+x^2)^3}=\frac{3\pi}{8}\quad\text{（答）}$$

（注） 一般的に $\displaystyle\int_{-\infty}^{\infty}\frac{dx}{(1+x^2)^{n+1}}=\frac{\pi(2n)!}{(2^n n!)^2}$（$n$ を自然数として $n>-1$）が示せます。

03 フーリエ変換の計算と複素関数論

応用数学で大切なフーリエ変換の世界でも複素関数論が活躍します。オイラーの公式は当然ですが、変換後の関数を具体的に求めるにも複素積分が必要になるのです。その一例を見てみましょう。

フーリエ変換とその逆変換

フーリエ変換と**逆フーリエ変換**は次のように定義されます。

> 関数$f(t)$の**フーリエ変換**とは次の式から関数$F(\omega)$を得ることである。
>
> $$F(\omega)=\int_{-\infty}^{\infty}f(t)e^{-i\omega t}dt \quad \cdots (1)$$
>
> こうして得られた関数$F(\omega)$から元の関数$f(t)$は次の式で得られる。
>
> $$f(t)=\frac{1}{2\pi}\int_{-\infty}^{\infty}F(\omega)e^{i\omega t}d\omega \quad \cdots (2)$$
>
> これを**逆フーリエ変換**（または**フーリエ逆変換**）という。

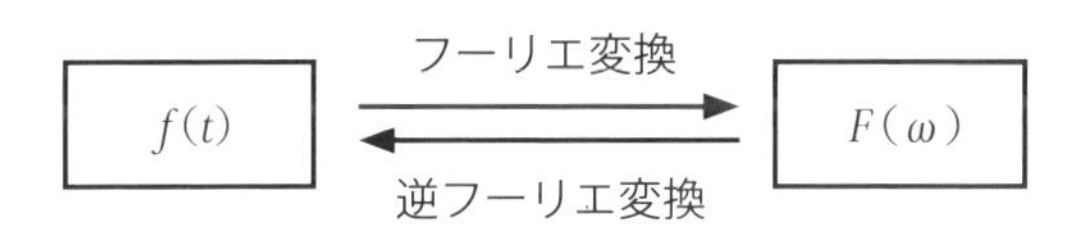

具体例を見てみよう

フーリエ変換の計算を実際にしてみましょう。

〔例題〕 次の関数$f(t)$をフーリエ変換してみよう：$f(t)=e^{-\frac{1}{2}t^2}$

（解） フーリエ変換の式に代入して、

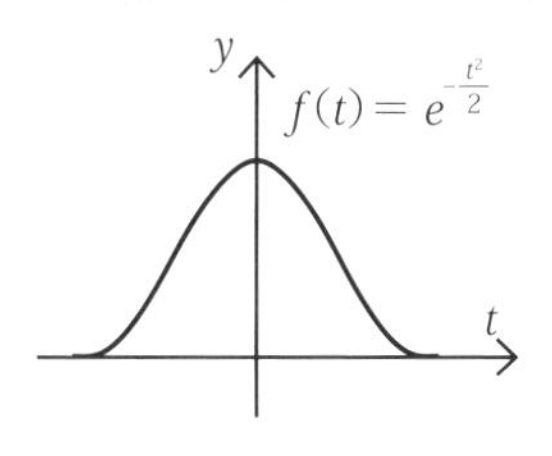

$$F(\omega)=\int_{-\infty}^{\infty}e^{-\frac{1}{2}t^2}e^{-i\omega t}dt=\int_{-\infty}^{\infty}e^{-\frac{1}{2}t^2-i\omega t}dt$$

$$=\int_{-\infty}^{\infty}e^{-\frac{1}{2}(t+i\omega)^2+\frac{1}{2}(i\omega)^2}dt$$

$$= e^{\frac{1}{2}(i\omega)^2} \int_{-\infty}^{\infty} e^{-\frac{1}{2}(t+i\omega)^2} dt \quad \cdots (1.1)$$

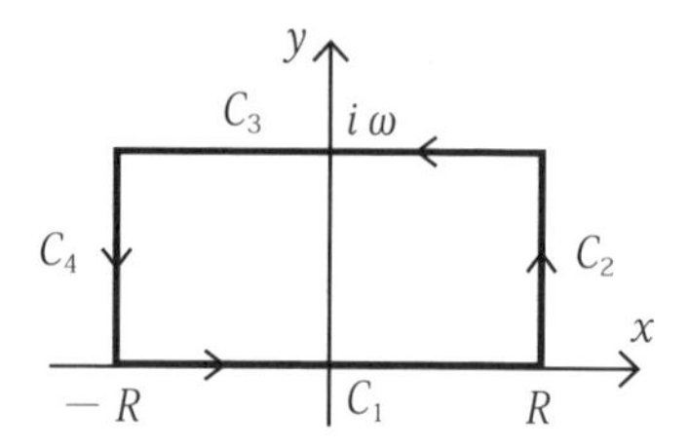

さて、関数 $e^{-\frac{1}{2}z^2}$ について、右図のような長方形の経路 C を持つ積分を考えてみます。この関数は複素数平面に置いて正則なので、コーシーの積分定理から

$$I = \int_C e^{-\frac{z^2}{2}} dz = 0 \quad \cdots (1.2)$$

ところで、長方形の経路 C は、図のように 4 つの経路 C_1、C_2、C_3、C_4 に分けられます。すると、式（1.2）は次のように分割できます。

$$I = \int_{C_1} e^{-\frac{1}{2}z^2} dz + \int_{C_2} e^{-\frac{1}{2}z^2} dz + \int_{C_3} e^{-\frac{1}{2}z^2} dz + \int_{C_4} e^{-\frac{1}{2}z^2} dz = 0 \quad \cdots (1.3)$$

長方形の両端の実部を R（> 0）とすると、

$$\int_{C_1} e^{-\frac{1}{2}z^2} dz = \int_{-R}^{R} e^{-\frac{1}{2}x^2} dx$$

$$\int_{C_3} e^{-\frac{1}{2}z^2} dz = \int_{R+i\omega}^{-R+i\omega} e^{-\frac{1}{2}z^2} dz = -\int_{-R+i\omega}^{R+i\omega} e^{-\frac{1}{2}z^2} dz = -\int_{-R}^{R} e^{-\frac{1}{2}(t+i\omega)^2} dt$$

$$\int_{C_2} e^{-\frac{1}{2}z^2} dz = \int_{R}^{R+i\omega} e^{-\frac{1}{2}z^2} dz、\int_{C_4} e^{-\frac{1}{2}z^2} dz = \int_{-R+i\omega}^{-R} e^{-\frac{1}{2}z^2} dz$$

R を限りなく大きく（すなわち $R \to \infty$）してみましょう。すると、

$$\int_{C_1} e^{-\frac{1}{2}z^2} dz \to \int_{-\infty}^{\infty} e^{-\frac{1}{2}x^2} dx、\int_{C_3} e^{-\frac{1}{2}z^2} dz \to -\int_{-\infty}^{\infty} e^{-\frac{1}{2}(t+i\omega)^2} dt \quad \cdots (1.4)$$

$$\int_{C_2} e^{-\frac{1}{2}z^2} dz \to 0、\int_{C_4} e^{-\frac{1}{2}z^2} dz \to 0 \quad \cdots (1.5)$$

（1.4）（1.5）を（1.3）に代入すると、R $\to \infty$ において、

$$I = \int_{-\infty}^{\infty} e^{-\frac{1}{2}x^2} dx - \int_{-\infty}^{\infty} e^{-\frac{1}{2}(t+i\omega)^2} dt = 0$$

こうして次式が得られます：

$$\int_{-\infty}^{\infty} e^{-\frac{1}{2}(t+i\omega)^2}dt=\int_{-\infty}^{\infty} e^{-\frac{z^2}{2}}dz=\sqrt{2\pi}\quad\cdots(1.6)$$

ここで前節 §2の公式（3.4）を使いました。

式（1.6）を目標の式（1.1）に代入して、

$$F(\omega)=e^{\frac{1}{2}(i\omega)^2}\int_{-\infty}^{\infty} e^{-\frac{1}{2}(t+i\omega)^2}dt=e^{\frac{1}{2}(i\omega)^2}\sqrt{2\pi}=\sqrt{2\pi}\,e^{-\frac{1}{2}\omega^2}\quad\textbf{(答)}$$

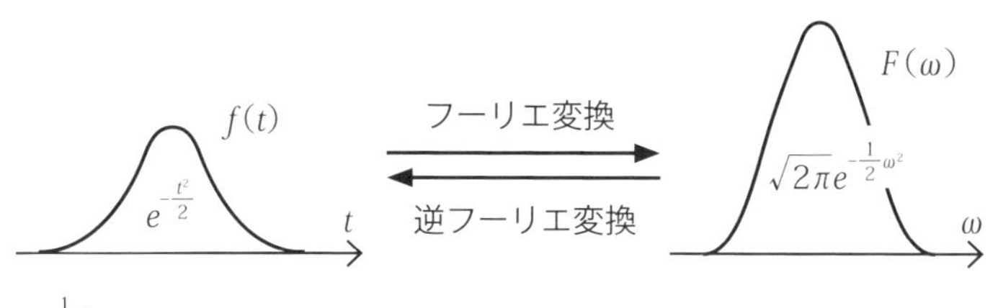

$e^{-\frac{1}{2}t^2}$ の形の関数はフーリエ変換しても形が（係数を除いて）不変です。

演習

〔問〕 関数 $F(\omega)=\dfrac{1}{1+i\omega}$ を逆フーリエ変換してみよう。

（解） 逆フーリエ変換の式（2）から、

$$f(t)=\frac{1}{2\pi}\int_{-\infty}^{\infty}\frac{e^{i\omega t}}{1+i\omega}d\omega=\frac{1}{2\pi i}\int_{-\infty}^{\infty}\frac{e^{i\omega t}}{\omega-i}\,d\omega\quad\cdots(2.1)$$

（ア）<u>$t>0$ の場合</u>

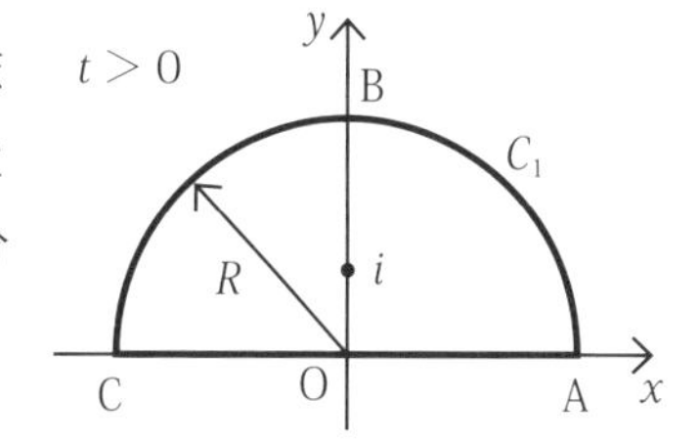

右の図に示す半円の閉曲線 C_1 を考えます（半円の半径 R）。このとき、C_1 の周と内部で $e^{i\omega t}$ は正則なので、コーシーの積分公式から、

$$\frac{1}{2\pi i}\int_{C_1}\frac{e^{i\omega t}}{\omega-i}\,d\omega$$

$$=\frac{1}{2\pi i}\int_{-R}^{R}\frac{e^{i\omega t}}{\omega-i}d\omega+\frac{1}{2\pi i}\int_{\mathrm{ABC}}\frac{e^{i\omega t}}{\omega-i}d\omega=e^{i\cdot i\cdot t}=e^{-t}\quad\cdots(2.2)$$

$R\to\infty$ を考えましょう。積分経路 C_1 の弧 ABC では、ω の虚部が正であり、$i\,\omega\,t$ の実部は負になるので、$e^{i\omega t}$ は弧 ABC 上で指数関数的に減少します
(→5章 §5)。したがって、

$$\frac{1}{2\pi i}\int_{\mathrm{ABC}}\frac{e^{i\omega t}}{\omega-i}\,d\omega\to 0$$

また、実軸 CA に関する積分は、$\displaystyle\frac{1}{2\pi i}\int_{-R}^{R}\frac{e^{i\omega t}}{\omega-i}d\omega\to\frac{1}{2\pi i}\int_{-\infty}^{\infty}\frac{e^{i\omega t}}{\omega-i}d\omega$

これらを(2.2)に代入して、$R\to\infty$ のとき、

$$\frac{1}{2\pi i}\int_{C_1}\frac{e^{i\omega t}}{\omega-i}d\omega=\frac{1}{2\pi i}\int_{-\infty}^{\infty}\frac{e^{i\omega t}}{\omega-i}d\omega=e^{-t}\quad\cdots(2.3)$$

(イ) $t<0$ の場合

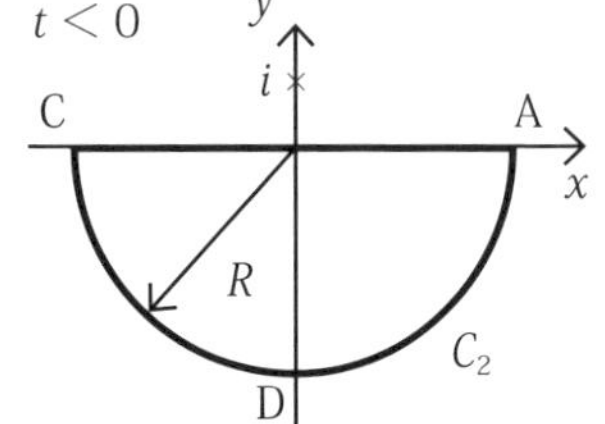

右の図に示す半円の閉曲線 C_2 を考えます(半円の半径 R)。このとき、C_2 の周と内部で $\dfrac{e^{i\omega t}}{\omega-i}$ は正則なので、コーシーの積分定理から、

$$\int_{C_2}\frac{e^{i\omega t}}{\omega-i}d\omega=\int_{R}^{-R}\frac{e^{i\omega t}}{\omega-i}d\omega+\int_{\mathrm{CDA}}\frac{e^{i\omega t}}{\omega-i}d\omega=0\quad\cdots(2.4)$$

$R\to\infty$ とすると、弧 CDA の上では、ω の虚部が負であり、$t<0$ から $i\omega t$ の実部も負になり、$e^{i\omega t}$ は指数関数的に減少します(→5章 §5)。

そこで、$\displaystyle\int_{\mathrm{CDA}}\frac{e^{i\omega t}}{\omega-i}d\omega\to 0$

また、実軸の経路に関する積分は、

$$\int_{-R}^{R}\frac{e^{i\omega t}}{\omega-i}d\omega\to\int_{-\infty}^{\infty}\frac{e^{i\omega t}}{\omega-i}d\omega$$

これらを(2.4)に代入して、$R\to\infty$ のとき、

$$\frac{1}{2\pi i}\int_{C_2}\frac{e^{i\omega t}}{\omega-i}d\omega=\frac{1}{2\pi i}\int_{-\infty}^{\infty}\frac{e^{i\omega t}}{\omega-i}d\omega=0\quad\cdots(2.5)$$

以上の(ア)(イ)の結果(2.3)(2.5)を(2.1)に代入して、

$$f(t)=\frac{1}{2\pi i}\int_{-\infty}^{\infty}\frac{e^{i\omega t}}{\omega-i}d\omega=\begin{cases}e^{-t} & (t>0)\\ 0 & (t<0)\end{cases}\quad\textbf{(答)}$$

04 ラプラス変換の計算と複素関数論

ラプラス変換はフーリエ変換の延長上にある変換で、線形応答理論などの世界で利用されます。そこでも複素関数論が活躍します。

ラプラス変換の定義

関数 $f(t)$ の**ラプラス変換**と**逆ラプラス変換**は次のように定義されます。

関数 $f(t)$ の**ラプラス変換**とは次の式から関数 $F(s)$ を得ることである。

$$F(s)=\int_0^\infty f(t)e^{-st}dt \quad \cdots (1)$$

こうして得られた関数 $F(s)$ から元の関数 $f(t)$ は次の式で得られる。

$$f(t)=\frac{1}{2\pi i}\int_{c-i\infty}^{c+i\infty} F(s)e^{st}ds \quad (c\text{は実定数}) \quad \cdots (2)$$

これを**逆ラプラス変換**という。

(注) $i\infty$ とは iR において、$R\to\infty$ の場合を考えることを表します。

$f(t)$ は**原関数**または **t 関数**と呼ばれます。$F(s)$ は**像関数**または **s 関数**と呼ばれます。なお、s は複素数です。

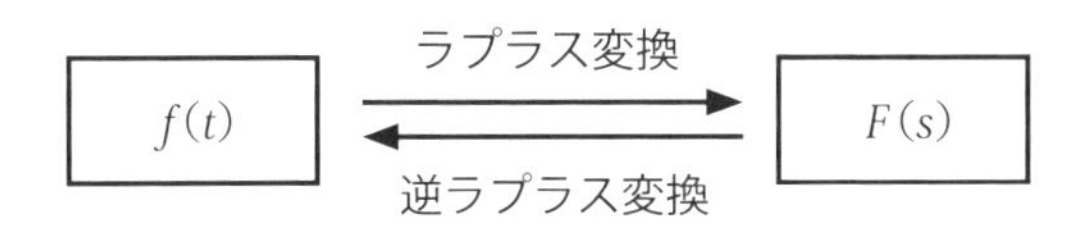

(注) 式 (1) は片側ラプラス変換と呼ばれます。両側ラプラス変換もあります。

式 (2) に、実定数 c が唐突に現れますが、この式 (2) の積分が収束するように設定されます。複素関数の世界では解析接続というアイデアがあり (→4章 §8)、複素平面の一部の領域で求めた式が、特異な点を踏み越えなければ、いくらでも拡張できるからです。

6章 複素関数の応用

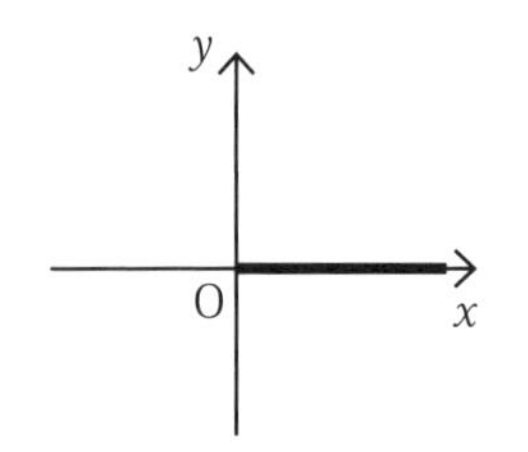

ラプラス変換の積分経路

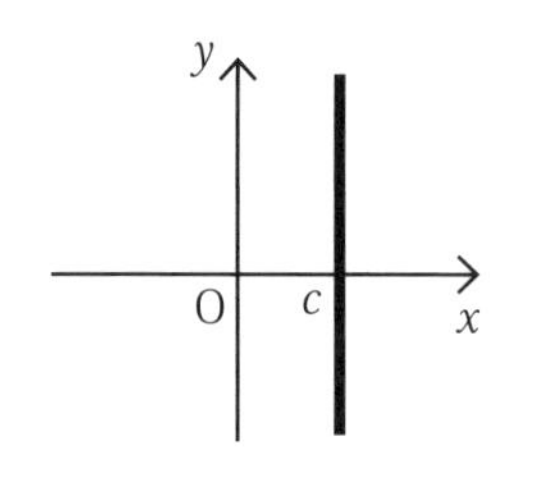

逆ラプラス変換の積分経路

実定数 c は（2）の積分が収束するように選択。

具体例で見てみよう

具体的にラプラス変換と逆ラプラス変換を実行してみましょう。

〔例題 1〕 次の関数をラプラス変換してみよう。ただし、$a>0$。

$$f(t)=\begin{cases} e^{-at} & (t \geqq 0) \\ 0 & (t<0) \end{cases} \quad \cdots (1.1)$$

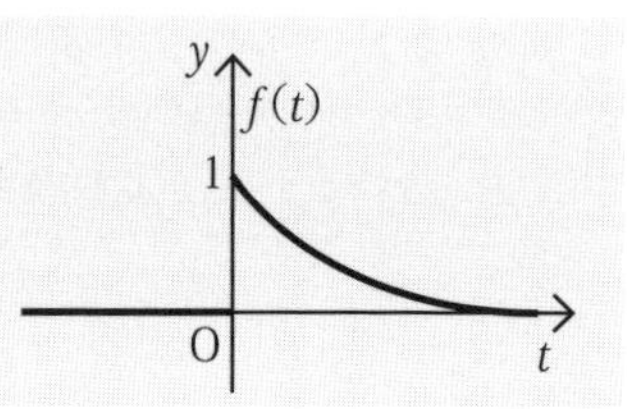

（解） ラプラス変換（1）に式（1.1）を代入しましょう。

$$F(s)=\int_0^{\infty} e^{-at} \times e^{-st}dt=\int_0^{\infty} e^{-(s+a)t}dt=\left[-\frac{e^{-(s+a)t}}{s+a}\right]_0^{\infty} \quad \cdots (1.2)$$

ここで、$s+a$ の実部が正となる s を考えます。すると、

$$\lim_{t\to\infty} e^{-(s+a)t}=0$$

これを（1.2）に適用して、$F(s)=-\dfrac{0}{s+a}+\dfrac{1}{s+a}=\dfrac{1}{s+a}$ **（答）**

〔例題 2〕 上記〔例題 1〕で得た関数 $F(s)=\dfrac{1}{s+a}$ $(a>0)$ を逆ラプラス変換してみよう。

（解） 変換公式（2）に与えられた $F(s)$ を代入して、

$$\frac{1}{2\pi i}\int_{c-i\infty}^{c+i\infty} F(s)e^{st}ds=\frac{1}{2\pi i}\int_{c-i\infty}^{c+i\infty} \frac{e^{st}}{s+a}ds \quad (a>0)$$

積分経路は右図のようにとってみましょう（すなわち、$c=0$）。このとき、

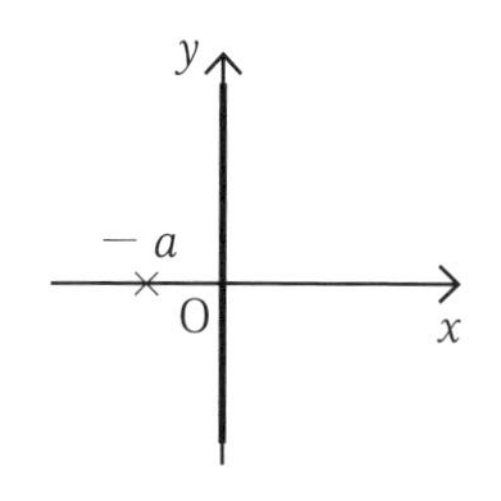

$$\frac{1}{2\pi i}\int_{c-i\infty}^{c+i\infty}F(s)e^{st}ds=\frac{1}{2\pi i}\int_{-i\infty}^{i\infty}\frac{e^{st}}{s+a}ds \quad \cdots (2.1)$$

以下では、t の正負に分けて、式 (2.1) の積分を考えましょう。

(ア) $t>0$ のとき

右図に示す半円の閉曲線 C_1 を考えます（半円の半径 R)。このとき、C_1 の周とその内部で e^{st} は正則なので、コーシーの積分公式から、

$$\int_{C_1}\frac{e^{st}}{s+a}ds=2\pi ie^{-at} \quad \cdots (2.2)$$

この C_1 を弧ABCと虚軸部CAの２つに分けましょう。

$$\int_{C_1}\frac{e^{st}}{s+a}ds=\int_{ABC}\frac{e^{st}}{s+a}ds+\int_{-Ri}^{Ri}\frac{e^{st}}{s+a}ds \quad \cdots (2.3)$$

弧ABCでは、$t>0$ のとき st の実部は負になり、$R\to\infty$ のとき、e^{st} は指数関数的に減少します（→５章 §5)。したがって、

$$R\to\infty\text{のとき、}\int_{ABC}\frac{e^{st}}{s+a}ds\to 0 \quad \cdots (2.4)$$

$$\text{また、}R\to\infty\text{のとき、}\int_{-Ri}^{Ri}\frac{e^{st}}{s+a}ds\to\int_{-i\infty}^{i\infty}\frac{e^{st}}{s+a}ds \quad \cdots (2.5)$$

式 (2.4)、(2.5) を式 (2.3) に代入し、式 (2.2) を適用すると、

$$\int_{C_1}\frac{e^{st}}{s+a}ds\to\int_{-i\infty}^{i\infty}\frac{e^{st}}{s+a}ds=2\pi ie^{-at} \quad \cdots (2.6)$$

よって、式 (2.1) から、$t>0$ のときの逆ラプラス変換が得られます。

$$\frac{1}{2\pi i}\int_{c-i\infty}^{c+i\infty}F(s)e^{st}ds=\frac{1}{2\pi i}\int_{-i\infty}^{i\infty}\frac{e^{st}}{s+a}ds=e^{-at}$$

(イ) $t<0$ のとき

右図の閉曲線 C_2 に関して、逆ラプラス変換の積分 (2.1) を調べます。(ア) と同様に積分経路を分解し計算すると、次の式が得られます（→詳細は次ページ〔問〕参照)。

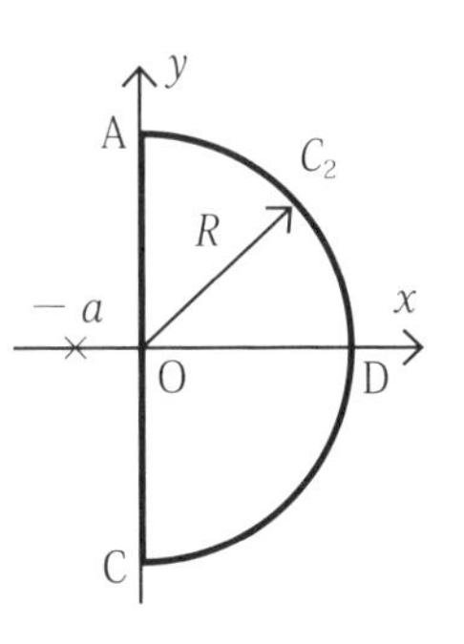

$$\frac{1}{2\pi i}\int_{c-i\infty}^{c+i\infty}F(s)e^{st}ds=\int_{-i\infty}^{i\infty}\frac{e^{st}}{s+a}ds=0 \quad \cdots (2.7)$$

以上（ア）（イ）より、次のように逆ラプラス変換の式が得られます。

$$\frac{1}{2\pi i}\int_{c-i\infty}^{c+i\infty}F(s)e^{st}ds=\begin{cases} e^{-at} & (t>0) \\ 0 & (t<0) \end{cases} \quad \textbf{(答)}$$

〔例題2〕の答が〔例題1〕の出発点の式（1.1）と一致していることを確かめましょう。ラプラス変換と逆ラプラス変換が互いに逆変換になっていることが例証されたことになります。

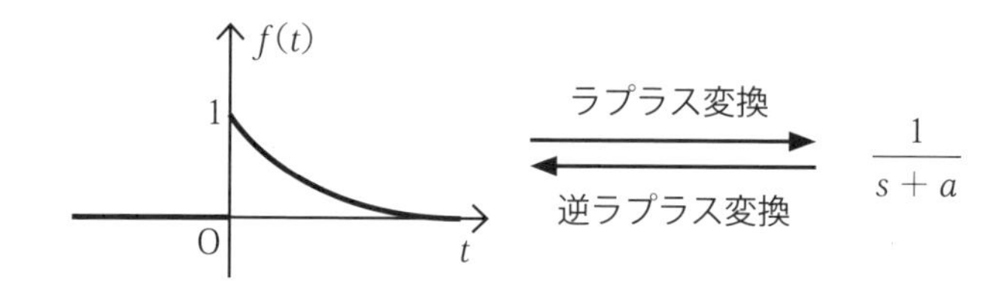

（注）〔例題2〕の答に $t=0$ が定義されていません。数学的には気になりますが、応用上問題になることはありません。$t=0$ という点では関数の面積が0であり、それが物理現象に影響を与えることはないからです。

演習

〔問〕〔例題2〕で、$t<0$ のとき、次の式が成立することを確かめよう。

$$\int_{-i\infty}^{i\infty}\frac{e^{st}}{s+a}ds=0 \quad (a>0、t<0) \quad （上記（2.7）と同一）$$

（解） 前ページの図に示す半円の閉曲線 C_2 を考えます（半円の半径 R）。

このとき、C_2 の内部と周上で、$\frac{e^{st}}{s+a}$ は正則なので、コーシーの積分定理から次の式が成立します。

$$\int_{C_2}\frac{e^{st}}{s+a}ds=0 \quad \cdots (2.8)$$

C_2 を半円周CDAと虚軸部分ACに分割してみます。

$$\int_{C_2}\frac{e^{st}}{s+a}ds=\int_{\mathrm{CDA}}\frac{e^{st}}{s+a}ds+\int_{Ri}^{-Ri}\frac{e^{st}}{s+a}ds \quad \cdots (2.9)$$

積分経路 C_2 の半円部CDAでは、$t<0$ のとき st の実部は負になり、$R\to\infty$ のとき e^{st} は指数関数的に減少します（→5章§5）。そこで、この図の弧CDAに関する積分は、

$$R\to\infty のとき、\int_{CDA}\frac{e^{st}}{s+a}ds\to 0 \quad \cdots (2.10)$$

また、$R\to\infty$ のとき、

$$\int_{Ri}^{-Ri}\frac{e^{st}}{s+a}ds\to\int_{i\infty}^{-i\infty}\frac{e^{st}}{s+a}ds=-\int_{-i\infty}^{i\infty}\frac{e^{st}}{s+a}ds \quad \cdots (2.11)$$

したがって、式（2.10）～（2.11）を式（2.9）に代入し、式（2.8）を適用して、

$$\int_{C_2}\frac{e^{st}}{s+a}ds\to-\int_{-i\infty}^{i\infty}\frac{e^{st}}{s+a}ds=0 すなわち、\int_{-i\infty}^{i\infty}\frac{e^{st}}{s+a}ds=0 \quad \textbf{（答）}$$

―《メモ》実際の逆ラプラス変換は複素積分しなくてもよい！

この〔例題2〕を見て、「ラプラス変換の計算は面倒だ！」という印象を受けるかもしれませんが、それは杞憂です。ほとんどの場合、ラプラス変換の実際は公式と見比べて行うことができるからです。この例題のように、複素関数の積分を実行することは稀です。

付　録

付録 A.

コーシーの積分定理をグリーンの定理で証明

付録 B.

リーマン面と主値のイメージ

付録 C.

Excel に用意されている複素数計算のための関数

付録 A. コーシーの積分定理をグリーンの定理で証明

本文でも調べたように、複素関数論の肝に当たる定理が次の**コーシーの積分定理**です。

> 複素数平面上の単連結の領域 K において関数 $f(z)$ が正則で、単純閉曲線 C がその K に含まれるとき、
>
> $\int_C f(z)dz = 0$ …（1）

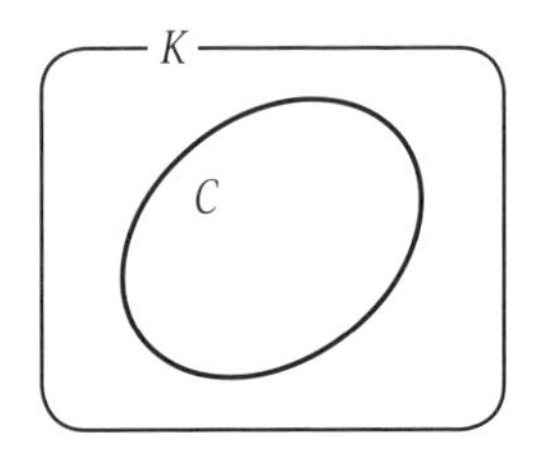

関数 $f(z)$ が領域 K 内で正則（すなわち、すべての点で微分可能）のとき、コーシーの積分定理が成立します。すなわち、

$$\int_C f(z)dz = 0$$

4 章 §1 では、この定理を技巧的な方法で証明しました。理解しにくい面もありますが、予備知識が不要であるという大きなメリットがあります。「関数の微分可能性」だけから証明しているからです。

ところで、多くの文献ではもっと単純な証明法を採用しています。「微分可能」から導出される「コーシー・リーマンの関係式」（→ 3 章 §3）を用いるのです。

この方法は単純で理解しやすいのですが、欠点もあります。2 重積分の知識とベクトルの線積分、さらにグリーンの定理（2 次元のストークスの定理）の知識が必要だからです。

この付録では、これらの知識を確認しながら、「コーシー・リーマンの関係式」を用いて上記の積分定理を証明しましょう。

（注）直感的な説明を重視するために、グリーンの定理をベクトル解析的に表現します。すなわち、ストークスの定理の平面表現を採用します。本書の読者の多くは物理系や工学系と思われるので、こちらの方が親しみやすいでしょう。なお、関数は考える領域で微分可能とします。

ベクトルの線積分

最初に、ベクトル$\boldsymbol{A}$の「線積分」を調べましょう。これは２章 §9で調べたスカラー場の線積分と形式的に同様です。

ベクトル$\boldsymbol{A}$は点(x, y)の関数とする。点P_0から点Pに向かう曲線Cを考え、そのCを次のようにn個の点で細分割する。

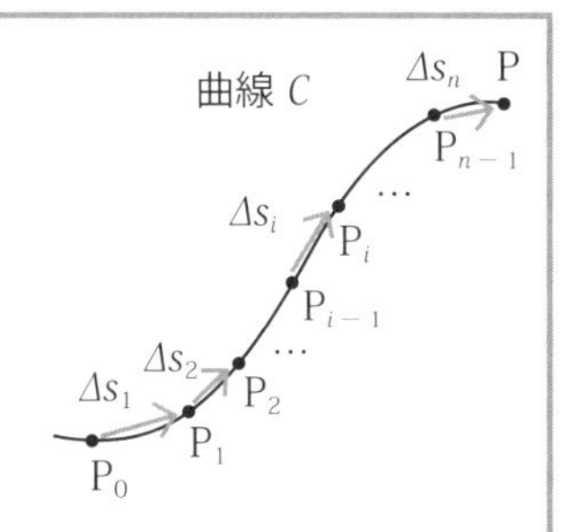

$P_0, P_1, P_2, \cdots, P_i, \cdots, P_n \ (= P)$

点$P_i(x_i, y_i)$のベクトル$\boldsymbol{A}$の値を$\boldsymbol{A}_i$として、次の内積の和を考える。

$$S_n = \boldsymbol{A}_1 \cdot \Delta\boldsymbol{s}_1 + \boldsymbol{A}_2 \cdot \Delta\boldsymbol{s}_2 + \cdots + \boldsymbol{A}_i \cdot \Delta\boldsymbol{s}_i + \cdots + \boldsymbol{A}_n \cdot \Delta\boldsymbol{s}_n \quad \cdots (2)$$

ここで、$\Delta\boldsymbol{s}_i$は次のように定義される。

$$\Delta\boldsymbol{s}_i = \overrightarrow{P_{i-1}P_i} = (\Delta x_i, \Delta y_i) \ (ここで、\Delta x_i = x_i - x_{i-1}、\Delta y_i = y_i - y_{i-1})$$

nを限りなく大きくし、分割幅を限りなく小さくするとき、和S_nの極限値を、曲線Cに沿うベクトル$\boldsymbol{A}$の**線積分**といい、次のように表記する。

$$\int_C \boldsymbol{A} \cdot d\boldsymbol{s} \quad \cdots (3)$$

（注）ベクトル$\boldsymbol{A}$が点(x, y)の関数のとき、その$\boldsymbol{A}$を**ベクトル場**といいます。

複素積分の復習

複素積分について簡単におさらいしましょう（→詳細は３章 §5）。

いま、関数$f(z)$は複素数平面上の領域Kで連続とします。この領域内の点z_0から点zに至る連続した曲線Cを考え、右の図のようにn個の区間に細かく区切ります。

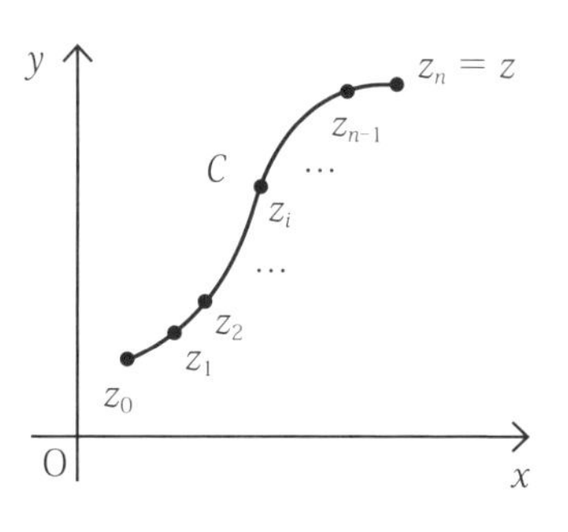

ここで、区切りの点を端点 z_0 から順に z_1、z_2、…、z_i、…、z_{n-1}、z_n と名付けることにします（i は n 以下の自然数、z_n は z と一致）。このとき、曲線 C に関する $f(z)$ の積分は次のように定義されます。

連続な複素関数 $f(z)$ に対して、次の和 S_n を考える。

$$S_n = f(z_1)(z_1 - z_0) + f(z_2)(z_2 - z_1) + \cdots + f(z_i)(z_i - z_{i-1}) + \cdots + f(z_n)(z_n - z_{n-1}) \quad \cdots (4)$$

n を限りなく大きくし区切りの幅を限りなく小さくするとき、区切りの取り方に無関係に和 S_n は一定の値に近づく。その極限値を曲線 C に関する関数 $f(z)$ の**積分**といい、次のように表す：$\int_C f(z)dz \quad \cdots (5)$

（注）和 S_n の定義式としては、３章 §５の式（4）を用いています。

複素積分のベクトル表記

複素積分の定義に用いられる和（4）の i 番目の項 $f(z_i)(z_i - z_{i-1})$ を調べます。最初に、次の約束をします。

$z = x + yi$ （x、y は実数）

$f(z) = u + vi$ （$u = u(x, y)$、$v = v(x, y)$ は実数）

$z_i = x_i + y_i i$ （x_i、y_i は実数）

$z_i - z_{i-1} = \Delta x_i + \Delta y_i i$ （Δx_i、Δy_i は実数）

$f(z_i) = u_i + v_i i$ （u_i、v_i は実数）

$u_i = u(x_i, y_i)$、$v_i = v(x_i, y_i)$

$\Delta x + \Delta yi$

z_i

z_{i-1}

このとき、和（4）の i 番目の項 $f(z_i)(z_i - z_{i-1})$ は次のように表せます。

$$f(z_i)(z_i - z_{i-1}) = (u_i + v_i i)(\Delta x_i + \Delta y_i i)$$
$$= (u_i \Delta x_i - v_i \Delta y_i) + i(v_i \Delta x_i + u_i \Delta y_i) \quad \cdots (6)$$

すると、この右辺の各項は、次のベクトルの内積と考えられます。

右辺第１項：ベクトル（u_i, $-v_i$）と（Δx_i, Δy_i）

右辺第２項：ベクトル（v_i, u_i）と（Δx_i, Δy_i）

そこで、つぎの２つのベクトルを考えましょう。

$\boldsymbol{F} = (u, -v)$、$\boldsymbol{G} = (v, u) \quad \cdots (7)$

そして、次のように $\boldsymbol{F}_i$、$\boldsymbol{G}_i$、$d\boldsymbol{s}_i$ を約束します。

$\boldsymbol{F}_i=(u_i,\ -v_i)$、$\boldsymbol{G}_i=(v_i,\ u_i)$、$d\boldsymbol{s}_i=(\Delta x_i,\ \Delta y_i)$

すると、式（6）は次のようにベクトルの内積の形で表せます。

$$f(z_i)(z_i-z_{i-1})=\boldsymbol{F}_i\cdot d\boldsymbol{s}_i+(\boldsymbol{G}_i\cdot d\boldsymbol{s}_i)i$$

したがって、和（4）は次のように内積の和で表現されることになります。

$$S_n=(\boldsymbol{F}_1\cdot d\boldsymbol{s}_1+\boldsymbol{F}_2\cdot d\boldsymbol{s}_2+\cdots+\boldsymbol{F}_i\cdot d\boldsymbol{s}_i+\cdots+\boldsymbol{F}_n\cdot d\boldsymbol{s}_n)$$
$$+i(\boldsymbol{G}_1\cdot d\boldsymbol{s}_1+\boldsymbol{G}_2\cdot d\boldsymbol{s}_2+\cdots+\boldsymbol{G}_i\cdot d\boldsymbol{s}_i+\cdots+\boldsymbol{G}_n\cdot d\boldsymbol{s}_n)\quad\cdots(8)$$

n を限りなく大きくし、分割幅を限りなく小さくすると、この和（8）の左辺 S_n は積分 $\int_C f(z)dz$ に収束します。また、右辺の和は先の線積分の定義から $\int_C \boldsymbol{F}\cdot d\boldsymbol{s}+i\int_C \boldsymbol{G}\cdot d\boldsymbol{s}$ に収束します。すなわち、

$$\int_C f(z)dz=\int_C \boldsymbol{F}\cdot d\boldsymbol{s}+i\int_C \boldsymbol{G}\cdot d\boldsymbol{s}\quad\cdots(9)$$

平面のストークスの定理（グリーンの定理）

ベクトルの線積分について、（平面の）**ストークスの定理**と呼ばれる次の有名な定理が成立します。

右の図のような単連結な領域 D とそれを縁取る単純閉曲線 C がある。このとき、ベクトル $\boldsymbol{A}=(A_x,\ A_y)$（$A_x$, A_y は点 $(x,\ y)$ の関数）について、次の関係が成立する。

$$\iint_D\left(\frac{\partial A_y}{\partial x}-\frac{\partial A_x}{\partial y}\right)dxdy=\int_C \boldsymbol{A}\cdot d\boldsymbol{s}\quad\cdots(10)$$

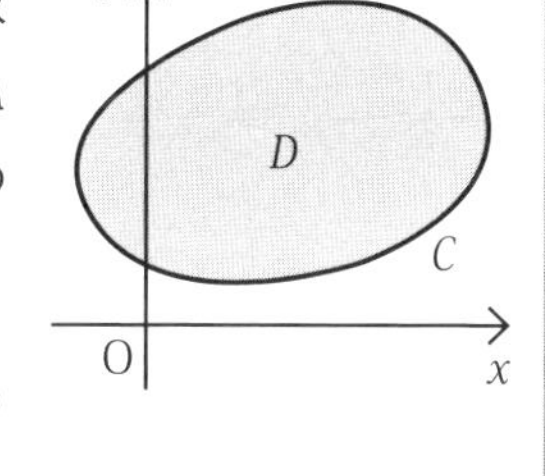

（注）この定理は**グリーンの定理**とも呼ばれます。証明は割愛します。

ストークスの定理（グリーンの定理）を応用

これで準備が整いました。証明の本番を開始します。

最初に、式（7）で定義したベクトルの関数 $\boldsymbol{F}$ について、ストークスの

定理を応用してみましょう。

$$\int_C \boldsymbol{F}\cdot d\boldsymbol{s} = \iint_D \left(\frac{\partial(-v)}{\partial x} - \frac{\partial u}{\partial y} \right) dxdy \quad \cdots (11)$$

ここで、D 内とその周で関数 $f(z)$ が微分可能であることを活かし、**コーシー・リーマンの関係式**を利用します（→3章 §3)。

$$\text{(コーシー・リーマンの関係式)}\ \frac{\partial u}{\partial x} = \frac{\partial v}{\partial y}、\frac{\partial u}{\partial y} = -\frac{\partial v}{\partial x} \quad \cdots (12)$$

この式（12）を式（11）右辺に代入して、

$$\int_C \boldsymbol{F}\cdot d\boldsymbol{s} = \iint_D \left(\frac{\partial(-v)}{\partial x} - \frac{\partial u}{\partial y} \right) dxdy$$

$$= \iint_D \left(\frac{\partial(-v)}{\partial x} - \left(-\frac{\partial v}{\partial x}\right) \right) dxdy = 0 \quad \cdots (13)$$

こうして、式（9）の実部が0になることが示されました。

同様にして、式（7）で定義したベクトルの関数 $\boldsymbol{G}$ について、ストークスの定理を応用してみましょう、

$$\int_C \boldsymbol{G}\cdot d\boldsymbol{s} = \iint_D \left(\frac{\partial u}{\partial x} - \frac{\partial v}{\partial y} \right) dxdy = \iint_D \left(\frac{\partial v}{\partial y} - \frac{\partial v}{\partial y} \right) dxdy = 0 \quad \cdots (14)$$

こうして、式（9）の虚部も0になることも示されました。

以上の式（13）（14）を式（9）に代入して、

$$\int_C f(z)dz = \int_C \boldsymbol{F}\cdot d\boldsymbol{s} + i\int_C \boldsymbol{G}\cdot d\boldsymbol{s} = 0$$

こうして、コーシーの積分定理が証明されました。**（証明終）**

付録B. リーマン面と主値のイメージ

5章 §8の（例3）（例4）で調べたように、複素関数 $z^{\frac{1}{2}}$（$= e^{\frac{1}{2}\log z}$）は2価関数になります。そこでは、次のことを調べました。

$$\left.\begin{array}{l} z = 1 \text{ には、} w = \pm 1 \\ z = i \text{ には、} w = \pm\left(\frac{1}{\sqrt{2}} + \frac{1}{\sqrt{2}}i\right) \end{array}\right\} \cdots (1)$$

なぜ2価関数になったかを見るために、もう一度、その計算を一般的に追ってみましょう。

$$w = z^{\frac{1}{2}} = e^{\frac{1}{2}\log z} = e^{\frac{1}{2}(\mathrm{Log}|z| + i\arg z)} = e^{\frac{1}{2}\mathrm{Log}|z|} e^{\frac{1}{2}i\arg z}$$

オイラーの公式から、次のことがわかります。

$$\arg w = \frac{1}{2}\arg z$$

これが関数の2価性を生む原因なのです。z が z 平面の原点を1周しても、w の偏角は w 平面上を半分しか回転しないのです。z が原点を2周し 4π 増えてようやく w は w 平面を1回転することになるのです。

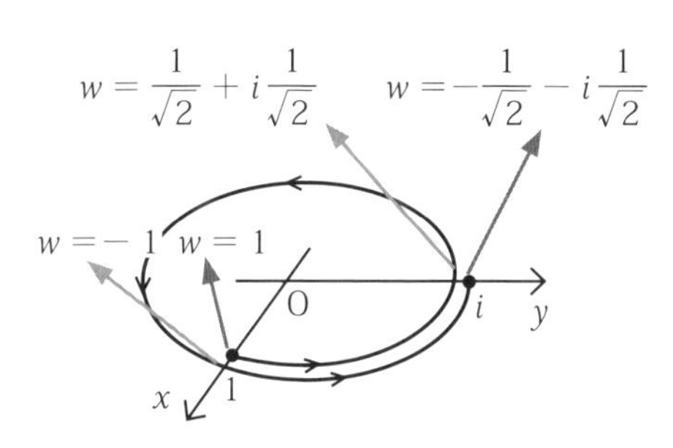

上記（1）の w が2価になる秘密。z が z 平面を1周しても、w は w 平面を反回転しかしないため。

そこで、次のような面を導入してこの関数を1価関数にする工夫をしてみましょう。例えば次ページの図のような2葉の z 平面を考え、実軸の負の部分に切り目を入れ貼り合わせるのです。そして、貼り合わせ部分を通過するときに、面を上下スイッチします。

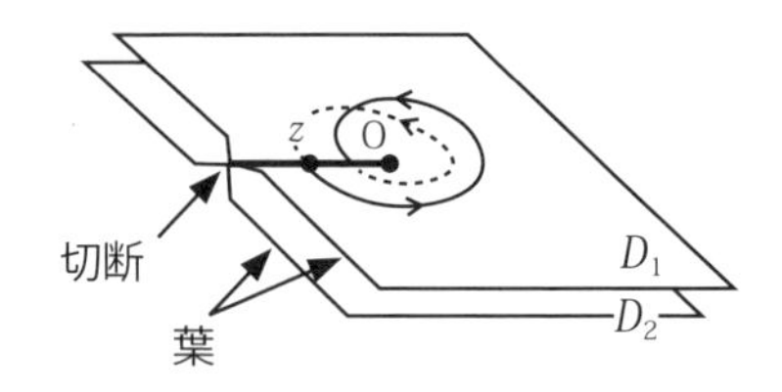

$z=0$と$z=-\infty$とを結んだ切断。原点Oが分岐の出発点（分岐点）になります。なお、切断の仕方は一通りではありません。

こうすることで、zは原点Oを2周することで元の位置に戻り、wとシンクロされます。複素関数$w=z^{1/2}$が1価関数になることができるのです。

複素関数を1価関数にするために作られたこのような面を**リーマン面**といいます。そして、切り目を**切断**といいます。また、切断の端点で多価性を生む点を**分岐点**と呼びます。

切断の入れ方は一意的ではありませんが、上図のように切断するなら、上の面に対応するwの値が主値になります。これが主値のイメージです。

序章で示した複素関数$w=z^{1/2}$のグラフをもう一度見てみましょう。Excelの複素関数を利用して描いたものですが、wの虚部のグラフで、実軸の負の部分に大きな断崖が生まれています。これはExcelがそこで切断を入れているからです。Excelの出力値は主値であることが確かめられます。

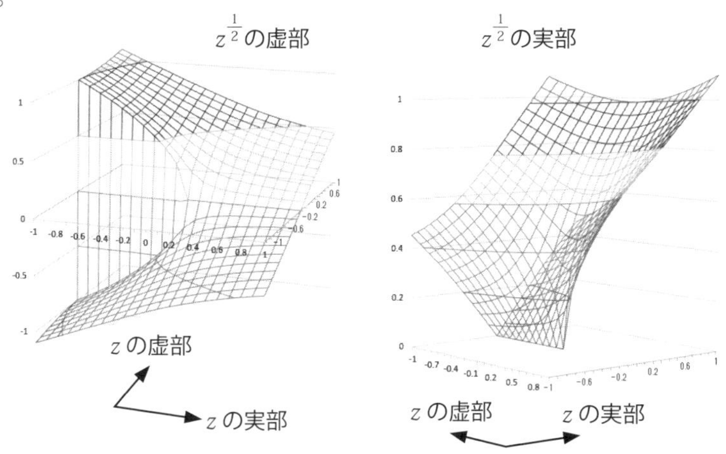

ちなみに、複素対数関数$\log z$ではリーマン面は無限枚の葉を重ねたものになります。

付録C. Excelに用意されている複素数計算のための関数

本書に掲載した複素関数のグラフはExcelの描画機能を利用しています。Excelは複素数の計算のために次のような関数を用意しています。これらを利用してグラフを描いてみると、より一層理解が深まります。

(注)複素関数を利用するには、Excel2002またはOFFICE XP以上のバージョンが必要です。

関数名	意　味
COMPLEX	2つの数値から1つの複素数文字列を作ります。
IMABS	複素数の絶対値を求めます。
IMAGINARY	複素数の虚部を求めます。
IMREAL	複素数の実部を求めます。
IMARGUMENT	複素数の偏角θを求めます。ただし、$-\pi < \theta \leqq \pi$。
IMCONJUGATE	共役な複素数を文字列として求めます。
IMCOS	複素数の余弦cosの値を求めます。
IMSIN	複素数の正弦sinの値を求めます。
IMDIV	2つの複素数の商を求めます。
IMPRODUCT	2つの複素数の積を求めます。
IMSUB	2つの複素数の差を求めます。
IMSUM	2つ以上の複素数の和を求めます。
IMEXP	eを底とする複素数の指数関数値を求めます。
IMLN	eを底とする複素数の対数関数値を求めます。
IMLOG10	10を底とする複素数の対数関数値を求めます。
IMLOG2	2を底とする複素数の対数関数値を求めます。
IMPOWER	複素数zのn乗値z^nを求めます。
IMSQRT	複素数の平方根の値を求めます。

これらの関数は、引数に文字型を要求しています。また、出力も文字列です。
(例) IMPOWER（“1 ＋ i”，2）
そこで、基本的な文字処理ができないと、関数を使いこなせません。次のような関数・演算子も確認しておきましょう。
(注) Excelの複素関数は、その引数 $a + bi$ を文字列として直接入力します。

関数名	意　味
FIXED	数値を文字型数字に変換します。
&	文字結合演算子です。
VALUE	文字型数字を数値に変換します。

複素関数やそのための計算から逆引きでExcel関数を引く表も下記に示しましょう。

関数名	意　味
三角関数	IMSIN、IMCOS
指数・対数関数	IMEXP、IMLN、IMLOG2、IMLOG10
累乗	IMPOWER
平方	IMSQRT
和差積商	IMSUM、IMSUB 、IMPRODUCT、IMDIV
実部、虚部	IMREAL、IMAGINARY
極形式	IMABS、IMARGUMENT
共役な複素数	IMCONJUGATE

これらの関数を利用することで、通常の３次元のグラフを描くように複素関数の実部と虚部のグラフが簡単に描けます。

索 引

英 数

ア 行

カ 行

サ 行

タ 行

ナ 行

ハ 行

マ 行

ヤ 行

ラ 行

涌井貞美（わくい　さだみ）
1952年、東京生まれ。東京大学理学系研究科修士課程修了後、富士通、神奈川県立高等学校教員を経て、サイエンスライターとして独立。
著書に『道具としてのベクトル解析』、共著に『道具としてのフーリエ解析』『Excelでスッキリわかる　ベイズ統計入門』『中学数学でわかる統計の授業』（以上、日本実業出版社）、『身につく　ベイズ統計学』『ディープラーニングがわかる数学入門』（以上、技術評論社）などがある。

道具としての複素関数

2017年12月1日　初版発行

著　者　涌井貞美
発行者　吉田啓二

発行所　株式会社日本実業出版社　東京都新宿区市谷本村町3-29 〒162-0845
大阪市北区西天満6-8-1 〒530-0047
編集部 ☎03-3268-5651
営業部 ☎03-3268-5161
振替 00170-1-25349
http://www.njg.co.jp/

印刷／壮光舎　製本／共栄社

この本の内容についてのお問合せは、書面かFAX（03-3268-0832）にてお願い致します。
落丁・乱丁本は、送料小社負担にて、お取り替え致します。

ISBN 978-4-534-05544-6 Printed in JAPAN